手把手教你 WPF

入门与开发

贺祥　编著

化学工业出版社
·北京·

内容简介

本书是一本系统全面的 WPF 技术实战指南，以 .NET 平台为基础，循序渐进地带领读者学习 WPF 开发的完整知识体系。全书从基础的 .NET 环境和 C# 语法入手，逐步深入到 WPF 的核心技术，包括内容模型、布局系统、资源样式、数据绑定、图形动画等核心内容，并重点讲解了 MVVM 设计模式的实战应用。书中精心设计了多个实用案例，如连连看布局、主题切换、富文本编辑器等，最后通过抽奖软件和自定义控件两个综合项目，将所学知识融会贯通。本书特别注重理论与实践相结合，不仅包含 WPF 的核心知识，还在讲解中融入基于实际开发项目的实用技巧和经验，帮助读者学以致用。

本书适合从事工业自动化系统、企业级桌面应用开发的工程师阅读，同时也可作为高等院校计算机相关专业的教学参考用书。

图书在版编目（CIP）数据

手把手教你WPF入门与开发 / 贺祥编著. -- 北京 : 化学工业出版社，2025. 9. -- ISBN 978-7-122-48584-7

Ⅰ. TP316.7

中国国家版本馆CIP数据核字第2025YD9797号

责任编辑：于成成
文字编辑：王　硕
责任校对：李雨晴
装帧设计：王晓宇

出版发行：化学工业出版社
（北京市东城区青年湖南街 13 号　邮政编码 100011）
印　　装：三河市航远印刷有限公司
787mm×1092mm　1/16　印张 15¼　字数 338 千字
2026 年 2 月北京第 1 版第 1 次印刷

购书咨询：010-64518888　　售后服务：010-64518899
网　　址：http://www.cip.com.cn
凡购买本书，如有缺损质量问题，本社销售中心负责调换。

定　　价：98.00元

>>

在这个数字化浪潮席卷全球的时代，软件开发技术日新月异。作为微软 .NET 生态中的重要组成部分，Windows Presentation Foundation（WPF）以其强大的可视化能力和灵活的开发模式，在工业自动化等领域展现出独特的优势。本书正是为了帮助开发者系统掌握这一技术而精心编写的。

从最初的 Hello World 到最后的综合实战项目，本书构建了一个循序渐进的学习路径。第 1 章从 .NET 平台基础讲起，带领读者搭建开发环境，打好 C# 语言基础；第 2 章深入 WPF 的核心内容模型，解析各类控件的使用技巧；第 3 ~ 5 章则重点讲解 WPF 的特色功能，包括资源样式、数据绑定等关键技术；第 6 章展示 WPF 强大的图形处理能力；第 7 章深入 MVVM 设计模式；最后第 8 章通过两个完整的实战项目，将所学知识融会贯通。

本书最大的特色在于“理论 + 实践”的双重设计。每个核心知识点都配有精心设计的实例，如“连连看布局”“主题切换”“富文本编辑器”等，这些案例既生动有趣，又具有实用价值。特别是最后的“抽奖软件”和“自定义控件”两个综合项目，完整呈现了 WPF 在实际开发中的应用场景。

同时，本书注重知识的系统性和实用性。一方面，从基础语法到高级特性，构建完整的知识体系；另一方面，通过大量实例演示，让抽象的概念变得具体可感。书中还特别加入了来自实际项目积累的软件开发常用技巧和经验。此外，附录提供了 C# 运算符优先级和 WPF 自带命令等实用参考资料。

技术学习永无止境，WPF 作为一项成熟而强大的技术，仍然在不断发展和完善中。

希望本书能够成为读者 WPF 学习路上的得力助手，帮助大家快速掌握这项技术，在实际项目中创造价值。由于水平有限，书中难免存在疏漏之处，恳请读者批评指正。

最后，祝愿每位读者都能在 WPF 的世界里找到开发的乐趣，创造出令人惊艳的应用程序!

编者

Contents 目录

Chapter
1

第1章

WPF 入门介绍

1.1 .NET 基础知识

.NET 是一种用于构建多种应用的免费开源开发平台，可以使用多种开发语言（如 C#、F#、Visual Basic 等）编写应用程序。.NET 平台可以用于生成多种类型的应用程序，如 Web 应用、桌面应用、移动应用、Windows 服务等，且不同类型的应用程序之间可以共享代码，看起来更像是一套程序。

1.1.1 .NET 体系架构

经过多年的发展，.NET 已具备完整的体系架构。在 .NET 体系中，不同组成部分之间的关系如下所示。

- .NET：一个通用的开源开发平台。
- 公共语言运行库（CLR）：为 .NET 提供了一个托管运行环境，负责运行托管代码、进行安全检查、进行垃圾回收等。也称为公共语言运行时。
- C#：基于 .NET 平台的一种开发语言，和其他开发语言一样，遵守公共语言规范（CLS）。而 CLS 提供了一种最低的语言标准，它制定了一种以 .NET 平台为目标的语言所必须支持的最小特征，以及该语言与其他 .NET 语言之间实现互操作所需要的完备特征。

具体 .NET 体系架构，如图 1-1 所示。

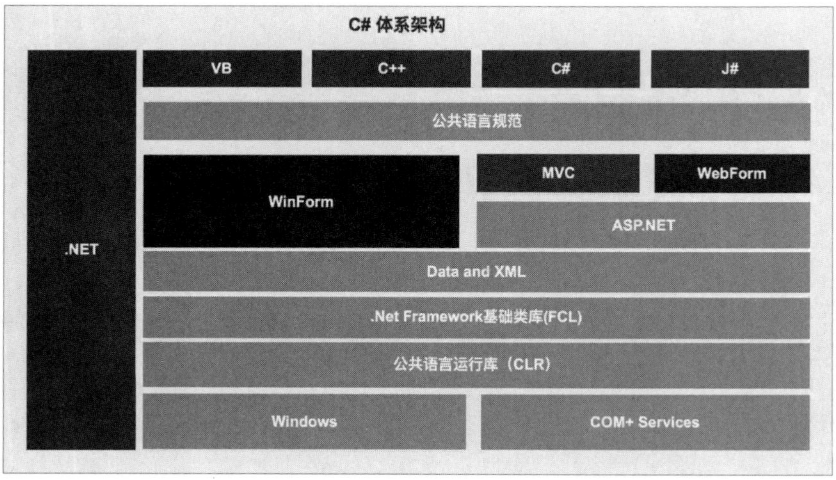

图 1-1 C# 体系架构

1.1.2 .NET 开发语言

.NET 作为一个开源的开发平台，支持多种开发语言，可以使用 C#、F# 或 Visual Basic 编写 .NET 应用，具体如下所示。

• C#（读作“C sharp”）：一种简单、现代、面向对象和类型安全的编程语言，也是使用最多的一种开发语言。

• F#（读作“F sharp”）：一种开放源代码编程语言，利用它可轻松编写简洁、可靠且性能出色的代码。

• Visual Basic：一种易于使用的语言，简单语法便于生成类型安全、面向对象的应用。

本书主要以 C# 作为开发语言。

1.2 集成开发环境介绍

所谓“工欲善其事、必先利其器”，开发 .NET 应用程序，首先需要安装运行环境和 IDE（集成开发环境），好的 IDE 可以达到事半功倍的效果。

1.2.1 什么是 Visual Studio？

Visual Studio 是一款功能强大的开发工具，通过它可以完成整个开发流程，如图 1-2（a）所示。它是一种全面的集成开发环境，可用于编写、编辑、调试和生成代码，然后部署应用。除了代码编辑和调试之外，Visual Studio 还包括编译器、代码完成工具、源代码管理、扩展和许多其他功能，以改进软件开发过程的每个阶段。

1.2.2 Visual Studio 下载

目前 Visual Studio 最新版本为 2022 版，其中又有三个版本可供选择，包括社区版、专业版、企业版，分别应用于不同的场景，如图 1-2（b）所示。具体如下：

• 社区版：主要面向学生、个人开发者，或开源贡献者。

• 专业版：适合小型开发团队。

• 企业版：适用于大型开发团队或企业。

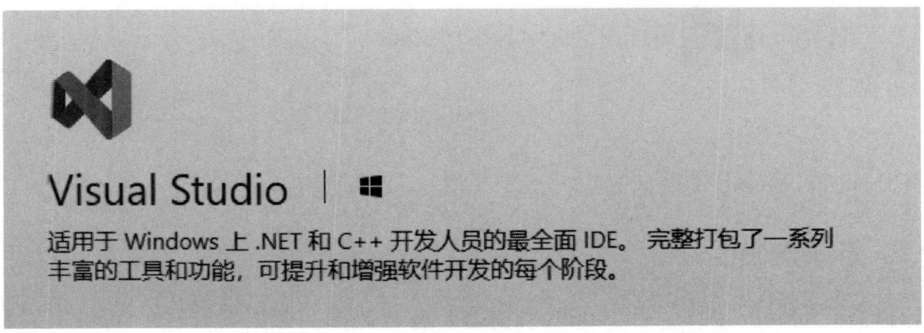

(a) Visual Studio官方简介

图 1-2

(b) Visual Studio下载说明

图 1-2　Visual Studio 官方简介与下载说明

对于个人开发者、学生、开源项目贡献者或参与开放源代码项目的组织，或者应用于教室学习环境、学术研究，则可以下载社区版。

1.2.3　Visual Studio 安装

下载完成后，双击安装启动程序“VisualStudioSetup.exe”进行安装，如图 1-3 所示。

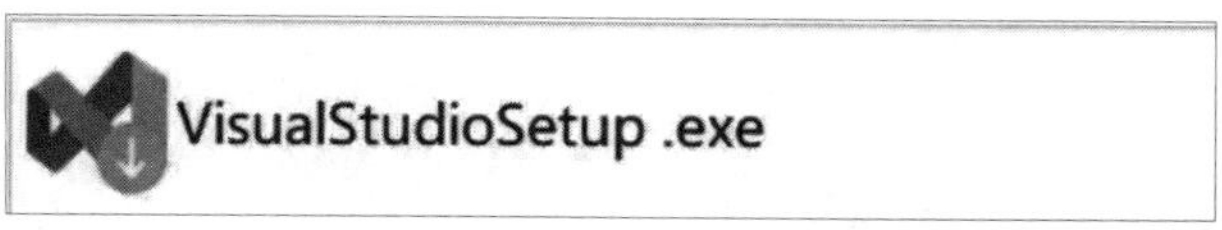

图 1-3　Visual Studio 安装包

打开 Visual Studio 安装向导后，点击“继续”，如图 1-4 所示。

1.2.3.1　选择安装组件

选择需要安装的工作组件，可以根据需要进行选择。如果需要进行 Web 开发和桌面开发，则可以勾选“ASP.NET 和 Web 开发”“.NET 桌面开发”。

选择后，在对话框右侧可以看到安装详细信息。具体如图 1-5 所示。

图 1-4　Visual Studio 安装向导

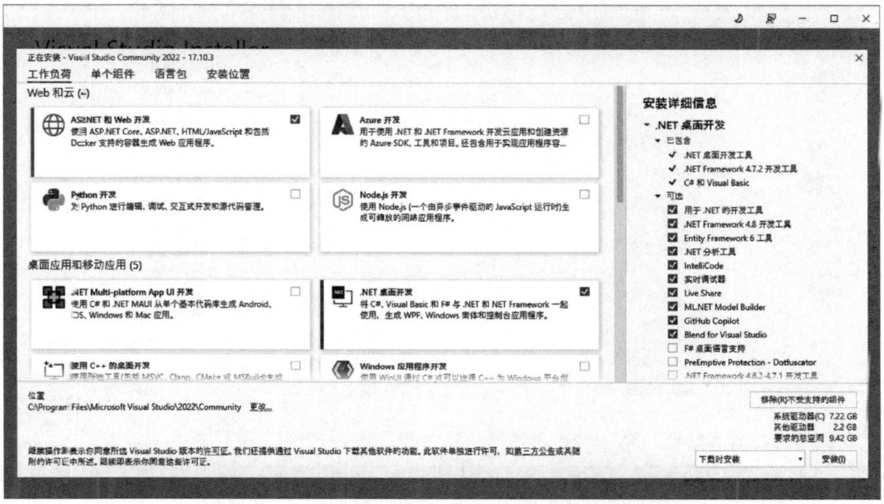

图 1-5　Visual Studio 安装组件

1.2.3.2　修改安装路径

在对话框左下角位置，可以查看默认安装路径，也可以点击“更改”以选择新的安装路径，或者直接点击并进入“安装位置”页面进行修改，如图 1-6 所示。

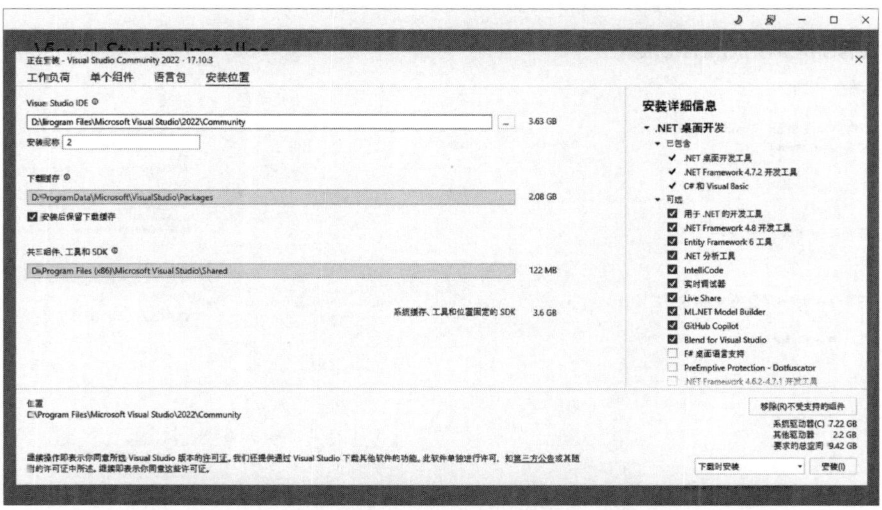

图 1-6　Visual Studio 安装路径

注意：Visual Studio 默认安装路径为 C 盘。但不推荐 C 盘存放，因 C 盘是系统盘，存放太多软件会导致 C 盘空间不足，电脑卡顿。

1.2.3.3 选择语言包

在“语言包”页面，可以选择需要安装的语言包，默认“中文（简体）”，如果有其他需要，可以进行勾选，如图 1-7 所示。

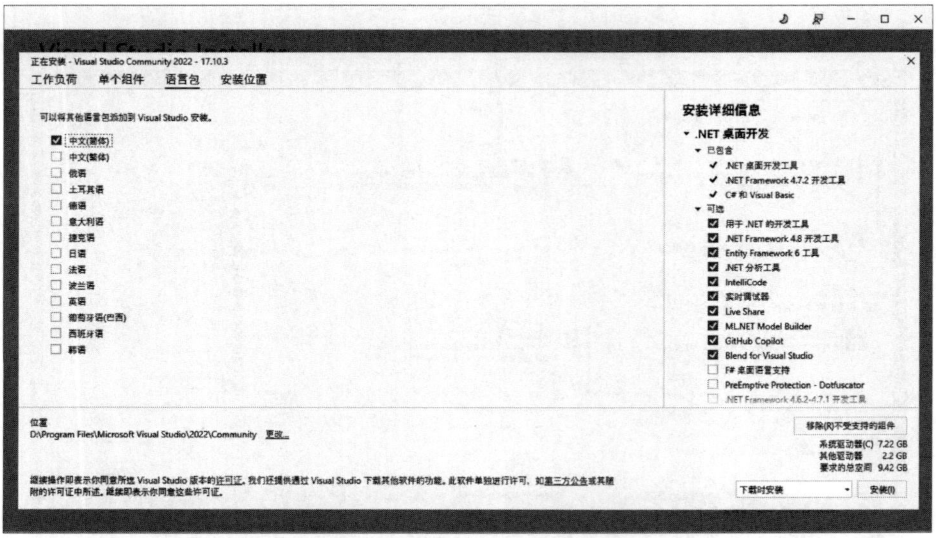

图 1-7　Visual Studio 语言包

1.2.3.4 进行安装

上述配置完成后，点击对话框右下角的“安装”进行下一步，会自动进行下载安装，时间大概需要几分钟到十几分钟不等，如图 1-8 所示。

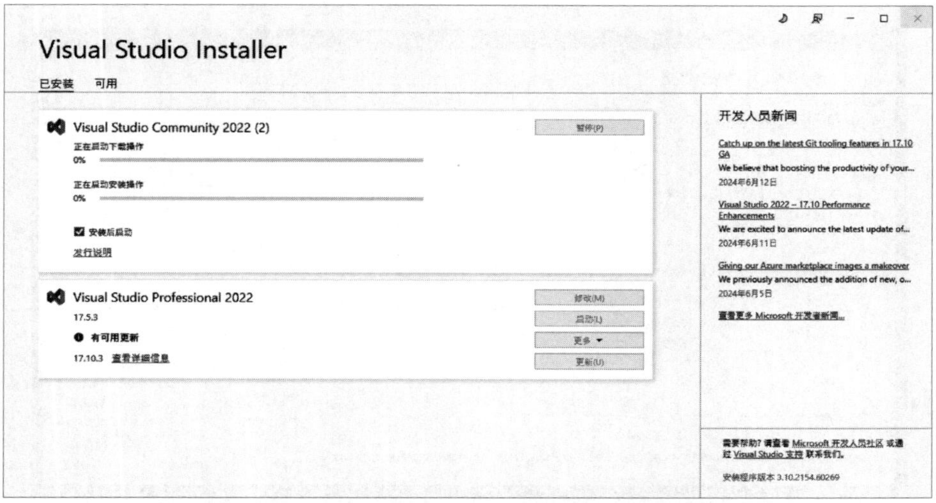

图 1-8　Visual Studio 安装进度

1.2.3.5　安装完成

安装成功后，会弹出“安装完毕”提示框，点击“确定”即可，如图 1-9 所示。

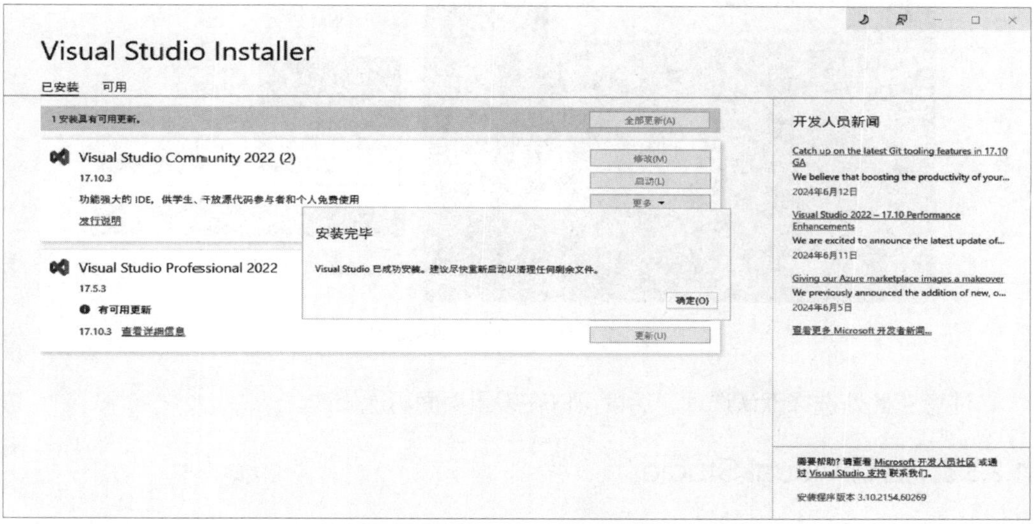

图 1-9　Visual Studio 安装成功

1.2.3.6　登录或创建账户

安装成功后，首次打开，会提示登录或创建账户，可根据需要进行选择。如不想创建，可点击“暂时跳过此项”，如图 1-10 所示。

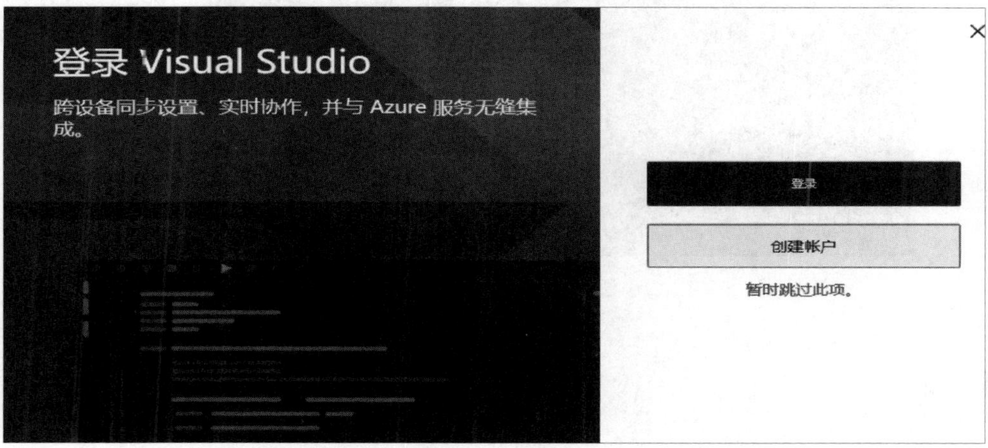

图 1-10　Visual Studio 登录页面

1.2.3.7　个性化设置

可选择开发设置（默认为“常规”），以及颜色主题（默认为“深色”）。可根据个人喜好进行选择，如图 1-11 所示。

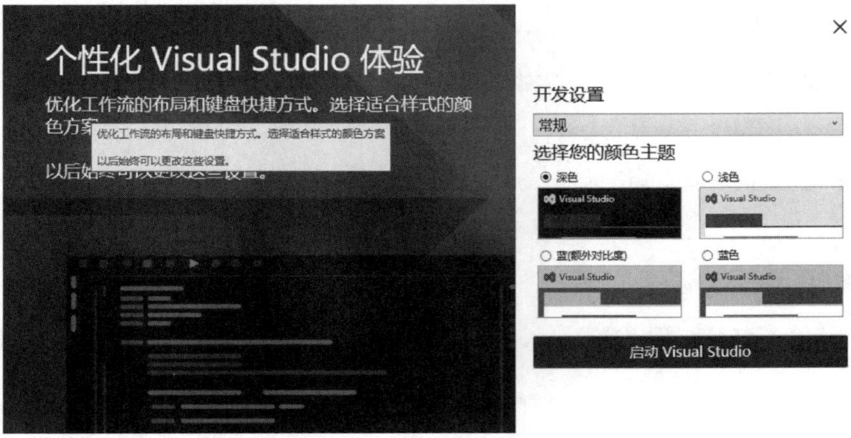

图 1-11　Visual Studio 个性化设置

注意：此处选择默认选项，后续可以在设置页面再次修改。

1.2.3.8　启动 Visual Studio

配置完成后，点击“启动 Visual Studio”即可打开，打开后如图 1-12 所示。

图 1-12　Visual Studio 主页面

1.3 C# 基础语法介绍

.NET 作为一种开源开发平台，支持多种开发语言，C# 是其中最具代表性的一门语言，也是使用最广泛的一门语言。WPF 作为 .NET 开源开发平台的一部分，可以使用 C# 语言来完成实例化类、设置属性、调用方法以及处理事件等操作。所以掌握 C# 的基础语法操作，是一项基本能力，也是必备能力。

1.3.1 什么是C#?

C#是微软公司发布的一种由C和C++衍生出来的面向对象的编程语言，是运行于.NET Framework和.NET Core（完全开源，跨平台）之上的高级程序设计语言。

1.3.2 C#的特点

C#语言是一种安全的、稳定的、简单的、面向对象的编程语言，它不仅去掉了C++和Java语言中的一些复杂特性，还提供了可视化工具，能够高效地编写程序。

C#语言具备如下4个特点:

① C#是一门面向对象的高级语言，具备面向对象编程的基本特征：封装，继承，多态。

② C#简单、安全、高效，具备自动内存管理及垃圾回收机制，不再使用指针，不能直接读取写入内存等操作。

③ C#支持跨平台。从最初仅支持Windows操作系统，到现在可跨平台应用，.NET迈出了一大步，实现了质的飞跃。

④ C#可以开发多种类型的应用程序。在.NET生态体系中，应用C#可以开发多种类型的应用程序，如控制台、桌面程序，以及进行Web开发、App开发等。

1.3.3 C#数据类型

C#是强类型语言，每个变量和对象都必须声明数据类型。主要有两种类型区分方法，不同分类方法侧重点不一样:

• 根据是否为用户自定义，分为内置数据类型（如int或char等）、用户自定义数据类型（如class或interface）。

• 根据数据在内存中的存放位置，可以分为值类型和引用类型。

1.3.3.1 值类型

值类型（Value Type）是一种简单的数据类型，它直接存储数据的值，而不是引用。值类型派生自System.ValueType，可以直接分配一个值，并存储在内存栈上。常见的值类型如表1-1所示。

表1-1 C#值类型

类型	描述	范围	默认值
bool	布尔值	True或False	False
byte	8位无符号整数	0～255	0
char	16位Unicode字符	U +0000～U +ffff	'\0'
decimal	128位高精度浮点数，提供28～29位有效数字的精度	$(-7.9\times10^{28} \sim 7.9\times10^{28})/10^{0\sim28}$	0.0M

续表

类型	描述	范围	默认值
double	64位双精度浮点型	$\pm 5.0\times 10^{-324}$ ～ $\pm 1.7\times 10^{308}$	0.0D
float	32位单精度浮点型	-3.4×10^{38} ～ $+3.4\times 10^{38}$	0.0F
int	32位有符号整数类型	−2 147 483 648 ～ 2 147 483 647	0
long	64位有符号整数类型	−9 223 372 036 854 775 808 ～ 9 223 372 036 854 775 807	0L
sbyte	8位有符号整数类型	−128 ～ 127	0
short	16位有符号整数类型	−32 768 ～ 32 767	0
uint	32位无符号整数类型	0 ～ 4 294 967 295	0
ulong	64位无符号整数类型	0 ～ 18 446 744 073 709 551 615	0
ushort	16位无符号整数类型	0 ～ 65 535	0

除了系统自带的值类型，还可以自定义值类型，如结构体（struct）。

1.3.3.2 引用类型

引用类型（Reference Type）不包含存储在变量中的实际数据，但它包含对变量的引用。引用类型在内存堆上存储的是一个地址，指向实际的数据在堆上所对应的实际位置。

常见的引用类型包括：字符串、数组、类、接口、委托等。其中，字符串表示一串字符，是最常见的一种引用类型，派生自 System.Object。

值类型和引用类型之间的关系，如图 1-13 所示。

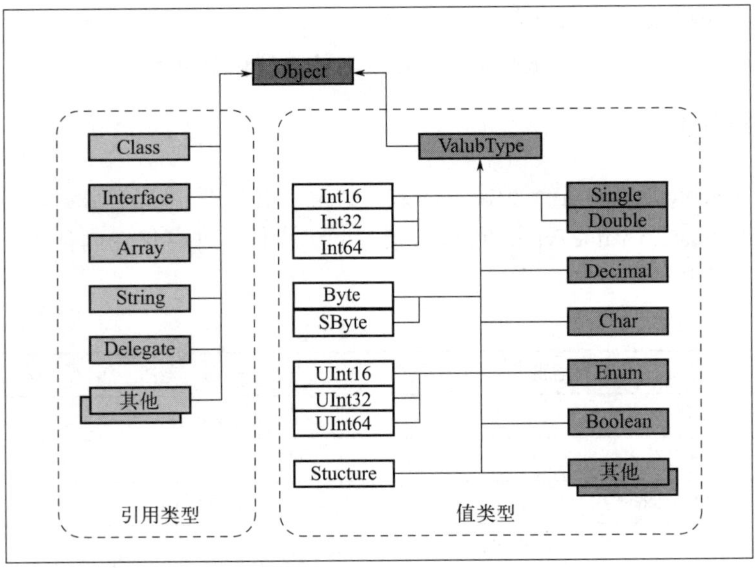

图 1-13　值类型与引用类型之间的关系

1.3.4　C# 变量

在 C# 中，变量是用于存储和表示数据的标识符。在声明变量（即定义变量）时，需要指定变量的类型，并且可以选择性地为变量指定一个初始值。变量类型可以是值类型，也可以是引用类型。不同的变量类型，可以存储的数据大小不同。

1.3.4.1　变量定义

定义一个 C# 变量非常简单，可以参考如下变量定义格式：

```
<data_type> <variable_list>;
```

关于 C# 变量定义的说明：

• data_type 必须是一个有效的数据类型，如 int、char、bool 等内置数据类型，也可以是自定义数据类型。

• variable_list 是一个或多个用英文逗号隔开的变量名称，也就是说可以一行定义一个或者多个变量。

以下是 C# 变量定义示例：

```
int i, j, k;
char c, ch;
float f, salary;
double d;
```

也可以在定义变量名称时，同时为变量赋初始值，如下所示。

```
int i = 100;
string name="ok_coder";
```

1.3.4.2　变量命名规则

在 C# 中，变量命名需要遵循相应的规则，具体变量命名规则如下所示。

• 变量名可以包含字母、数字和下划线。

• 变量名必须以字母或下划线开头，不能以数字开头。

• 变量名区分大小写。

• 避免使用 C# 的关键字作为变量名。

在实际开发中，每一个变量都应具备实际意义，应尽量便于理解，通俗易懂。随意的变量命名（如 a、b），会为后续的业务梳理、问题排查带来困难。而具备实际意义的变量命名（如：name、age），则非常通俗易懂，便于理解。以下是变量定义的示例：

```
int a=1;
string b="A";
int age=18;
string name="ok_code";
```

1.3.4.3 变量初始化

在声明变量时，引用类型可以进行初始化，也可以不进行初始化，如果是值类型变量，则必须进行初始化。变量通过在等号后跟一个常量表达式进行初始化（赋值）。

声明变量时初始化的一般形式为：

```
<data_type> <variable_name> = value;
```

声明变量后，进行初始化的一般形式为：

```
variable_name = value;
```

变量初始化实例：

```
int d = 3, f = 5;      /* 初始化 d 和 f. */
byte z = 22;           /* 初始化 z. */
double pi = 3.14159; /* 声明 pi 的近似值 */
char x = 'x';          /* 变量 x 的值为 'x' */
```

说明：正确地初始化变量是一个良好的编程习惯，否则有时程序会产生意想不到的结果。

1.3.5 C# 常量

变量可以在声明时进行赋值，也可以在程序执行过程中进行赋值，即变量的值是可以改变的。常量则是固定值，在初始化声明之后不能改变。使用常量，可以为特殊值提供有意义的名称，而不是单纯的数字文本，并且常量可以是任何基本数据类型，如：整数，浮点数，布尔类型，枚举类型，字符串等。用户定义的类型（如：类，结构，数组）不能为常量。通俗点讲就是“常量即静态的字面量”。

1.3.5.1 常量定义

常量是不可变的值，在编译时是已知的，在程序的生命周期内不会改变。常量使用 const 关键字来定义。定义一个常量的语法如下：

```
const <data_type> <constant_name> = value;
```

说明：const 作为修饰符，只能修饰内置类型的常量，除 string 类型以外的引用类型常量只能初始化为 null。

1.3.5.2 常量示例

常量用 const 关键字进行修饰，如果是类中创建的常量，还可以通过 public、private、protected、internal 来定义常量的访问范围。具体常量示例如下：

```
public const int Months = 12;
```

```
public const int Weeks = 52;
public const int Days = 365;
```

1.3.6 C#运算符

程序本质上就是“数据 + 算法”，而算法就是各种数据之间的相互运算。在实际业务中，经常需要进行各种业务逻辑处理，如：加、减、乘、除等数学运算，与、或、非等逻辑运算。C#提供了丰富的内置运算符，根据分类，主要有以下几种：

- 算术运算符，如：加（+），减（−），乘（*），除（/）；
- 关系运算符，如：大于（>），小于（<），等于（==）；
- 逻辑运算符，如：与（&&），或（||），非（!）；
- 位运算符，按位进行运算，如：按位与（&），按位或（|），按位异或（^），按位取反（~），左移（<<），右移（>>）；
- 赋值运算符，运算的同时进行赋值，如：等于（=），加等（+=）；
- 其他运算符，如：是类型判断（is），强制转换（as）。

接下来将具体介绍各种运算符以及相关示例。

1.3.6.1 算术运算符

算术运算符，主要进行一些数学运算，如：加、减、乘、除等。假设变量A的值为5，变量B的值为8，则相关数学运算如表1-2所示。

表1-2 算术运算符

运算符	描述	实例
+	把两个操作数相加	A + B将得到13
−	从第一个操作数中减去第二个操作数	A−B将得到−3
*	把两个操作数相乘	A * B将得到40
/	分子除以分母	B / A将得到1
%	取模运算符，求整除后的余数。如果两边都是整数类型，则会舍去小数部分；如果有一个是浮点数，则除法的结果会保留小数	B % A将得到3
++	自增运算符，整数值增加1	A++将得到6
−−	自减运算符，整数值减少1	A−−将得到4

1.3.6.2 关系运算符

关系运算符，主要表示变量之间的关系，如大于、小于等，并返回一个布尔值，表示关系运算符的结果。假设变量A的值为5，变量B的值为8，则相关关系运算如表1-3所示。

表 1-3 关系运算符

运算符	描述	实例
==	检查两个操作数的值是否相等，如果相等则条件为真	(A == B) 不为真
!=	检查两个操作数的值是否相等，如果不相等则条件为真	(A != B) 为真
>	检查左操作数的值是否大于右操作数的值，如果是则条件为真	(A > B) 不为真
<	检查左操作数的值是否小于右操作数的值，如果是则条件为真	(A < B) 为真
>=	检查左操作数的值是否大于或等于右操作数的值，如果是则条件为真	(A >= B) 不为真
<=	检查左操作数的值是否小于或等于右操作数的值，如果是则条件为真	(A <= B) 为真

1.3.6.3 逻辑运算符

逻辑运算符，表示两个操作数逻辑上的真或假。假设变量 A 为布尔值 true，变量 B 为布尔值 false，如表 1-4 所示。

表 1-4 逻辑运算符

<table>
<tr><th>运算符</th><th>描述</th><th>实例</th></tr>
<tr><td>&&</td><td>称为逻辑与运算符。如果两个操作数都非零，则条件为真</td><td>(A && B) 为假</td></tr>
<tr><td>||</td><td>称为逻辑或运算符。如果两个操作数中有任意一个非零，则条件为真</td><td>(A || B) 为真</td></tr>
<tr><td>!</td><td>称为逻辑非运算符，用来逆转操作数的逻辑状态。如果条件为真，则逻辑非运算符将使其为假</td><td>!(A && B) 为真</td></tr>
</table>

1.3.6.4 位运算符

位运算符，按位进行运算，即将运算操作数用二进制进行表示，然后再进行运算，见表 1-5。假设 p 和 q 代表两个数对应二进制的某一个位置上的取值（0 或 1），分别进行位运算（&、| 和 ^）的真值表如表 1-6 所示。

表 1-5 位运算符

<table>
<tr><th>运算符</th><th>描述</th><th>实例</th></tr>
<tr><td>&</td><td>按位与运算符。两个用二进制表示的数字，同一个位上的值进行按位与操作，有一个为 0，则为 0；两个均为 1，则为 1</td><td>(1 & 1) 为 1，(0 & 1) 为 0，(0 & 0) 为 0</td></tr>
<tr><td>|</td><td>按位或运算符。两个用二进制表示的数字，同一个位上的值进行按位或操作，有一个为 1，则为 1；两个均为 0，则为 0</td><td>(1 | 0) 为 1，(0 | 0) 为 0</td></tr>
<tr><td>^</td><td>按位异或运算符。两个用二进制表示的数字，同一个位上的值进行按位异或操作，当且仅当只有一个操作数为 1 时，结果才为 1，否则为 0</td><td>(1 ^ 1) 为 0，(0 ^ 1) 为 1，(0 ^ 0) 为 0</td></tr>
<tr><td>~</td><td>按位非运算符。也可称为按位取反运算符，表示对进行运算的二进制数字进行按位取反，即 0 变 1，1 变 0</td><td>(~1) 为 0，(~0) 为 1</td></tr>
</table>

续表

运算符	描述	实例
<<	按位左移运算符，将第一个操作数向左移动第二个操作数指定的位数，空出的位置补0。左移相当于乘。左移一位相当于乘2；左移两位相当于乘4；左移三位相当于乘8	2的二进制为0010，所以2<<2，则为0010向左移两位，为1000，对应整数为8
>>	按位右移运算符，将第一个操作数向右移动第二个操作数所指定的位数，空出的位置补0。右移相当于整除。右移一位相当于除以2；右移两位相当于除以4；右移三位相当于除以8	8的二进制为1000，所以8>>2，则为1000向右移两位，为0010，对应整数为2

表1-6 位运算

<table>
<tr><th>p</th><th>q</th><th>p & q</th><th>p | q</th><th>p ^ q</th></tr>
<tr><td>0</td><td>0</td><td>0</td><td>0</td><td>0</td></tr>
<tr><td>0</td><td>1</td><td>0</td><td>1</td><td>1</td></tr>
<tr><td>1</td><td>1</td><td>1</td><td>1</td><td>0</td></tr>
<tr><td>1</td><td>0</td><td>0</td><td>1</td><td>1</td></tr>
</table>

假设 A = 60，且 B = 13，现在以二进制格式表示，如下所示。

```
A = 0011 1100
B = 0000 1101
-----------------
A&B = 0000 1100
A|B = 0011 1101
A^B = 0011 0001
~A  = 1100 0011
```

1.3.6.5 赋值运算符

赋值运算符，即在进行数学运算的同时进行赋值，如表1-7所示。最常用的赋值运算符是等于（=）。

表1-7 赋值运算符

运算符	描述	实例
=	简单的赋值运算符，把右边操作数的值赋给左边操作数	C = A + B，把A + B的值赋给C
+=	加且赋值运算符，把右边操作数加上左边操作数的结果赋值给左边操作数	C += A，相当于C = C + A
−=	减且赋值运算符，把左边操作数减去右边操作数的结果赋值给左边操作数	C −= A，相当于C = C − A
*=	乘且赋值运算符，把右边操作数乘以左边操作数的结果赋值给左边操作数	C *= A，相当于C = C * A
/=	除且赋值运算符，把左边操作数除以右边操作数的结果赋值给左边操作数	C /= A，相当于C = C / A

续表

运算符	描述	实例
%=	取模且赋值运算符，对两个操作数进行取模运算并赋值给左边操作数	C %= A，相当于 C = C % A
<<=	左移且赋值运算符	C <<= 2，等同于 C = C << 2
>>=	右移且赋值运算符	C >>= 2，等同于 C = C >> 2
&=	按位与且赋值运算符	C &= 2，等同于 C = C & 2
^=	按位异或且赋值运算符	C ^= 2，等同于 C = C ^ 2
|=	按位或且赋值运算符	C |= 2，等同于 C = C | 2

1.3.6.6 其他运算符

除上述运算符外，C# 还支持一些其他运算符，如 sizeof()、typeof()、is、as 等。常用的如表 1-8 所示。

表 1-8 其他运算符

运算符	描述	实例
sizeof()	返回数据类型的大小	sizeof(int) 将返回 4
typeof()	返回 class 的类型	typeof(StreamReader);
&	返回变量的地址	&a; 将得到变量的实际地址
*	变量的指针	*a; 将指向一个变量
? :	条件表达式	condition ? first_value：second_value; 表示根据 condition 表达式的值来决定返回值，如果为 true，则返回 first_value，否则返回 second_value
is	判断对象是否为某一类型	If(Ford is Car) // 检查 Ford 是否为 Car 类的一个对象
as	强制转换，即使转换失败也不会抛出异常	Object obj = new StringReader(“Hello”); StringReader r = obj as StringReader;

在 C# 中，一般采用从左到右的顺序进行计算，然而如果有多个不同的运算符一起参与运算，则会涉及运算符之间的优先级。具体运算符优先级可参考本书最后附录中的说明。

1.3.7 C# 基本语句结构

在 C# 中，程序执行的操作采用语句表达，常见的操作包括声明变量、赋值、调用方法、循环访问集合，以及根据给定条件分支到一个或者另一个代码块。语句在程序中执行的顺序称为“控制流”或“执行流”。根据程序对运行时所收到的输入的响应，程序每次运行时执行的控制流可能会有所不同。

语句可以是以分号（;）结尾的单行代码，也可以是语句块中的多条语句。语句块用花括号 {} 包起来，并且可以相互嵌套。基本语句结构，主要分为以下几种：

• 顺序结构，表示在作用域内，代码按顺序执行。

• 分支结构，表示根据不同条件，执行不同的程序块。即条件满足时执行一段程序；不满足时，执行另一段程序。

• 循环结构，表示可以多次重复执行同一代码块。

• 跳转语句，表示跳转到指定代码块。

1.3.7.1　顺序结构

顺序结构，是最常见的语句结构，按照代码顺序从上到下依次执行。顺序结构示例如下：

```
int a=10;
int b=5;
int c=a+b;
```

1.3.7.2　分支结构

分支结构，表示根据不同的条件，执行不同的代码块。也常被称为条件语句。

（1）条件语句：if 语句

if 语句是最常见的分支结构，条件满足时执行代码块。语法如下：

```
if( 条件 )
{
    语句1;
    语句2;
    语句n;
}
```

（2）条件语句：if-else 语句

if-else 语句表示条件满足和不满足时，分别执行两段程序块。语法如下所示。

```
if( 条件 )
{
    语句A1;
    语句A2;
    语句An;
}
else
{
    语句B1;
    语句B2;
    语句Bn;
}
```

（3）条件语句：switch 语句

一个条件表达式有多个值时，可以使用 switch 语句，每一个值表示一个 case。此处，

case 可以理解为场景、分支，对于不同的输入表达式的结果可能会有多个值，则可以根据表达式结果分别匹配到不同分支，执行对应代码。如：学生成绩，0 ～< 60 分为不及格; 60 ～< 80 分为良好; 80 ～< 100 分为优秀。

switch 语句语法如下:

```
switch(expression){
    case constant-expression1  :
       statement(s);
       break;
    case constant-expression2  :
       statement(s);
       break;

    /*  case 语句可以有多个 */
    default : /* 可选的 */
       statement(s);
       break;
}
```

以上只是最基础的分支结构语句，实际开发中可以根据业务需要进行嵌套。

1.3.7.3 循环结构

循环结构表示可以重复执行同一代码块。

（1）for 循环

for 循环允许编写执行特定次数的控制结构，语法如下:

```
for ( init; condition; increment )
{
   statement(s);
}
```

for 循环语法说明:

① init 会首先执行，表示初始化循环控制变量。

② 进行 condition 条件判断，如果条件为真，则执行 statement(s) 代码块；如果条件为假，则退出循环。

③ 当执行完 statement(s) 代码块后，会执行 increment 语句，更新循环控制变量。

④ 然后再进行第 2 步的 condition 条件判断。

for 循环示例：求 0 到 20 之间整数的和，如下所示。

```
/* for 循环执行 */
int sum=0;
for (int i = 1; i < 21; i = a + 1)
{
    sum+=i;
}
```

（2）foreach 循环

foreach 循环主要迭代（遍历）一个集合或者数组对象。foreach 循环语法如下所示。

```
foreach (var item in collection)
{
    statement;//代码块
}
```

foreach 循环语法说明:

① collection 是需要遍历的集合对象。

② item 是当前元素项。

foreach 循环示例:

```
int[] array = new int[] { 0, 1, 1, 2, 3, 5, 8, 13 };
int count = 0;
foreach (int element in array)
{
    count += 1;
    System.Console.WriteLine("第{0}个元素: {1}", count, element);
}
```

（3）while 循环

while 循环表示只要条件为真，则一直执行同一代码块。while 循环语法如下所示。

```
while(condition)
{
   statement(s);
}
```

while 循环语法说明：如果 condition 的初始条件为假，则一次都不会执行；如果初始条件为真，则执行循环体，直至条件为假时，退出循环。

while 循环示例: i 初始值为 0，每执行一次循环体，i 的值加 1，当大于或等于 20 时，退出循环结构，如下所示。

```
int i = 0;
/* while 循环执行 */
while (i < 20)
{
    Console.WriteLine("i 的值: {0}", i);
    i++;
}
```

（4）do-while 循环

for、while 循环，都是在执行同一代码块之前，判断条件是否满足; do-while 循环是在代码块执行结尾进行判断。

do-while 循环语法结构:

```
do
{
   statement(s);

}while( condition );
```

do-while 循环语法说明：在执行过程中，会先执行一遍代码块，再判断条件是否满足。如条件判断为真，则循环执行同一代码块；如果条件判断为假，则退出循环。所以在 do-while 结构语句中，代码块至少会被执行一次。

do-while 循环示例：i 初始值为 0，每执行一次循环体，i 的值加 1，当大于或等于 20 时，退出循环结构，如下所示。

```
int i = 0;
/* do 循环执行 */
do
{
   Console.WriteLine("i 的值： {0}", i);
    i = i + 1;
} while (i < 20);
```

说明：do-while 循环结构一般不常用，只有在特定场景下才会使用，了解即可。

1.3.7.4 循环控制语句

循环控制语句，主要用于终止或改变正常的执行顺序。常用的有 continue、break 语句，说明如表 1-9 所示。

表 1-9 循环控制语句

控制语句	描述
break 语句	终止 loop 或 switch 语句，程序流将继续执行紧接着 loop 或 switch 的下一条语句
continue 语句	跳过本轮循环，开始下一轮循环

1.3.8 C# 程序结构

在 C# 程序中，一个基本的（最小的）程序结构，一般包含以下几个部分：

- namespace，表示命名空间。同一个命名空间，可以包含一组类对象。
- class，表示一个类对象。
- 类的成员属性和成员方法。
- 一个 Main 方法，表示程序的入口。
- 语句 statement。
- 注释说明。常以 // 或 /* 进行标识。

以控制台程序为例，默认生成的 Program 类就是最基本的程序结构，如下所示。

```
namespace DemoFirst
{
    internal class Program
    {
        static void Main(string[] args)
        {
            Console.WriteLine("Hello, World!");
        }
    }
}
```

1.3.9 C# 面向对象

C# 是一门面向对象的高级编程语言，具备面向对象的全部特征。所以了解面向对象基础，对学习 C# 语言非常重要。面向对象的基本特征，如下所示。

• 类：用来描述相同事物的特征的集合。如：Person 类，表示人，具有人的属性和特征。

• 对象：通过类定义的具体的实例。如：zhangsan 表示一个具体的人。

• 继承：派生类继承基类的方法和属性，并具有自己属性和特征。如：Man 是 Person 的子类。

• 封装：隐藏数据和实现细节，提供对外访问方法。

• 多态：一个基类，可以有多个派生类，可以有不同的形态。

• 抽象：抛开细节，只关注本质特征的过程。

1.3.9.1 类

当你定义一个类时，你定义了一个数据类型的蓝图。对象是类的实例。构成类的方法（即被封装在类里的函数）和属性称为类的成员。比如：一个饼，具备形状、大小等属性；一只狗，除具备形状、大小等属性外，同时还具备吃饭、奔跑等方法。

在 C# 中，定义类的语法如下：

```
<access specifier> class  class_name
{
    // member variables
    <access specifier> <data type> variable1;
    <access specifier> <data type> variable2;
    ...
    <access specifier> <data type> variableN;
    // member methods
    <access specifier> <return type> method1(parameter_list)
    {
        // method body
    }
    <access specifier> <return type> method2(parameter_list)
    {
        // method body
    }
    ...
    <access specifier> <return type> methodN(parameter_list)
    {
        // method body
    }
}
```

类语法说明：

① <access specifier> 表示访问修饰符，常用的有 public、private、protected、internal。

② <data type> 表示成员变量的数据类型。

③ <return type> 表示成员方法返回的数据类型。

④ parameter_list 表示方法的参数，可以有一个或多个。

⑤ class_name 表示类名称，是类所代表的含义。

⑥ 在类中，成员属性和成员方法都可以有多个，也可以没有。

C#类示例：定义一个Student类，具有姓名、班级、年级等属性，以及“学习（Study）”方法，具体代码如下所示。

```
namespace DemoFirst
{
    public class Student
    {
        public int Grade { get; set; }
        public int Class { get; set; }
        public string Name { get; set; }
        public void Study()
        {
            Console.WriteLine($"{this.Name}正在学习.");
        }
    }
}
```

建议：类包含在对应的命名空间（namespace）之内，这样会便于管理。

1.3.9.2 封装

在面向对象开发中，封装主要是为了对实现细节进行保护，避免执行过程中被外部程序影响。在类中，通过访问修饰符来设置对内部方法的访问权限，定义类成员的访问权限和可见状态。

C# 中常见的访问修饰符及访问权限，如下所示。

- public：所有对象都可以访问；
- private：只在声明它的对象内部可以访问；
- protected：只有该类对象及其子类对象可以访问；
- internal：同一个程序集的对象可以访问；
- protected internal：访问限于当前程序集或派生自包含类的类型。

不同的访问修饰符，根据访问权限，从内到外如图 1-14 所示。

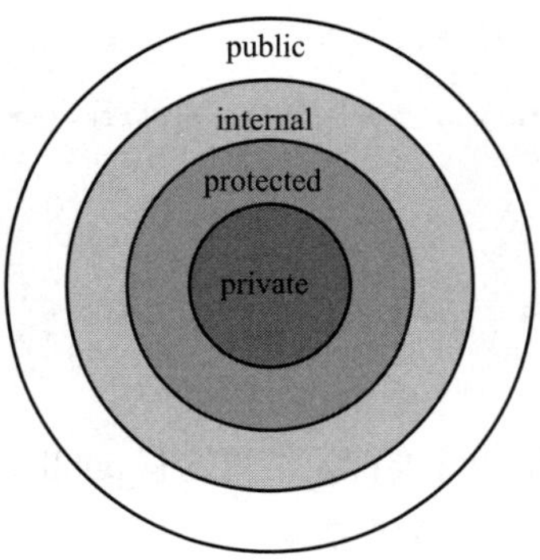

图 1-14 访问修饰符

1.3.9.3 继承

继承是面向对象程序设计中最重要的概念之一。继承的思想实现了“属于（IS-A）”关系。例如，哺乳动物“属于（IS-A）”动物，狗“属于（IS-A）”哺乳动物，因此狗“属于（IS-A）”动物。再如，B继承自A，则B是A的派生类（子类），A是B的基类（父类）。

C# 中类继承语法，如下所示。

```
<访问修饰符> class <基类>
{
 ...
}
<访问修饰符> class <派生类> : <基类>
{
 ...
}
```

在 C# 中，继承具有如下特点：

• C# 不支持类（class）的多继承，只支持接口（interface）的多继承。

• 派生类会继承基类的成员（字段、方法、属性等），除非它们被明确地标记为私有（private）。

• 派生类可以通过关键字 base 来调用基类的构造函数和方法。

1.3.9.4 多态

多态表示同一个行为具有多种表现形式或形态的能力。比如猫和狗都是动物，它们的声音却截然不同。在面向对象思想中，猫和狗都是动物的子类，继承动物的一切公共属性和方法，但又有各自不同的形态，这就是多态。

类的多态性体现为同一个接口使用不同的实例而执行不同操作，主要有方法重载和方法重写两种实现方式。类的多态示例如图 1-15 所示。

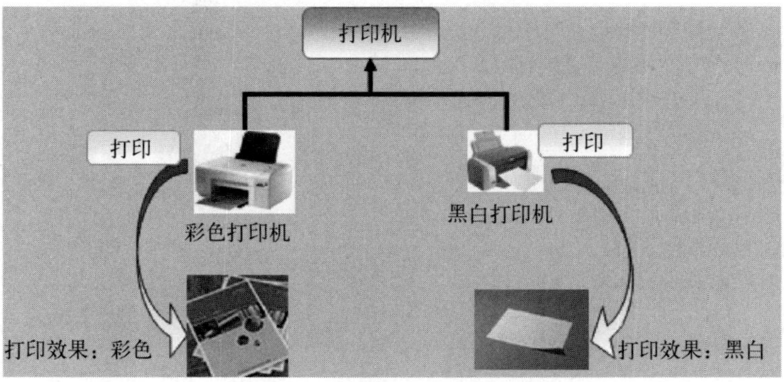

图 1-15 类的多态示例

（1）方法重载

在同一个范围内，函数名称相同，但函数定义不同（可以是参数个数不同，或者参数类型不同）。例如：加法（Add），可以是两个数相加，也可以是三个数相加，如下所示。

```
public class TestData
{
    public int Add(int a, int b, int c)
    {
        return a + b + c;
    }
    public int Add(int a, int b)
    {
        return a + b;
    }
}
```

（2）方法重写

派生类在继承基类的属性和方法时也可以对基类的方法进行重写。C# 允许用户使用关键字 abstract 创建抽象类，抽象类中的方法是抽象方法，只是定义行为，而没有具体实现。当一个派生类继承自该抽象类时，则可以进行实现。如果在非抽象类中，有方法需要在派生类中实现，则可以定义为虚方法（virtual）。抽象类继承多态示例，如下所示。

```
abstract class Shape
{
    abstract public double Area();
}
class Rectangle : Shape
{
    private double length;
    private double width;
    public Rectangle(double a = 0, double b = 0)
    {
        length = a;
        width = b;
    }
    public override double Area()
    {
        Console.WriteLine("Rectangle 类的面积：");
        return (width * length);
    }
}

class Circle : Shape
{
    private double radius;
    public Circle(double r)
    {
        radius = r;
    }
    public override double Area()
    {
        Console.WriteLine("Circle 类的面积：");
        return (Math.PI * radius * radius);
    }
}
```

C# 基础语法和面向对象思想是编程的基础。所谓“万丈高楼平地起”，要想有长足的发展，打好基础很重要，所以理解和掌握基本知识点以后，才能进行下一阶段的学习，切不可舍本逐末，一味求快。

1.4 WPF 概述

WPF（Windows Presentation Foundation）作为微软推出的新一代图形系统，也是一套全新的 UI 框架，自 .NET Framework3.0 以来开始支持，一经推出，影响巨大。WPF 是 Windows 操作系统中一次重大变革，与早期的 GDI+/GDI 不同，WPF 是基于 DirectX 引擎的，支持 GPU 硬件加速，在不支持硬件加速时也可以使用软件绘制。

WPF 不仅支持 Windows 桌面程序开发，还支持手机 App 的开发，不过主要以开发 Windows 桌面程序为主，目前在工业领域，尤其是自动控制领域，可谓一枝独秀，颇受欢迎。

1.4.1 WPF 项目创建

首先打开 Visual Studio 2022，选择“创建新项目”或者通过菜单栏“文件”→“新建”→“项目”打开项目对话框，如图 1-16 所示。

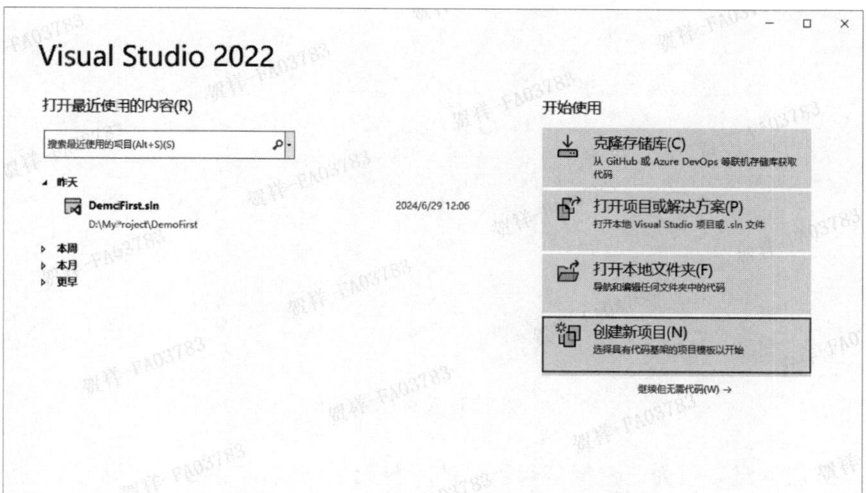

图 1-16　Visual Studio 创建项目向导

在“创建新项目”对话框中，可以选择条件进行筛选，例如：开发语言（C#），程序运行平台（所有平台），程序类型（桌面）。或者直接在模板搜索框中输入“WPF”，然后按回车键进行搜索。

在应用程序模板列表中选择“WPF 应用程序”，点击“下一步”，如图 1-17 所示。

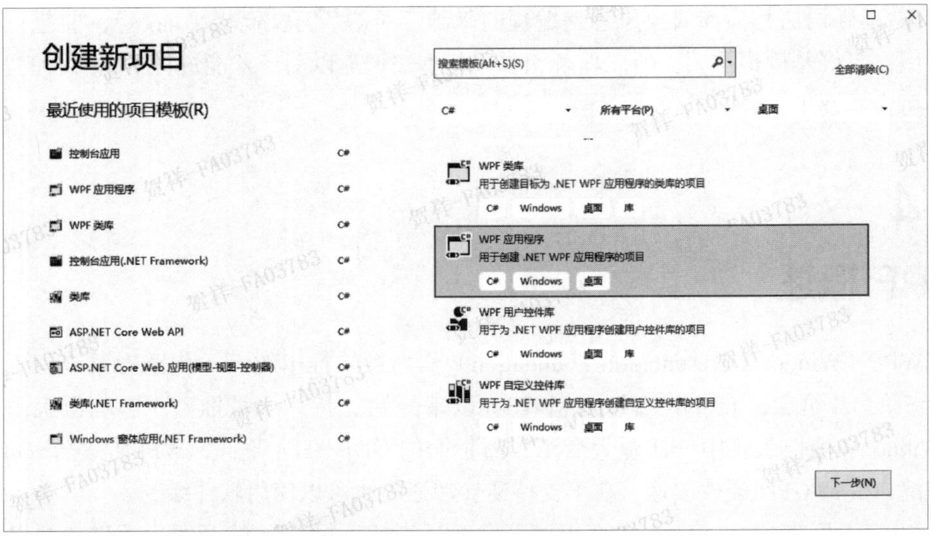

图 1-17　选择项目模板

在“配置新项目”页面，输入项目名称“DemoFirstApp”，选择项目“位置”，然后点击“下一步”按钮，如图 1-18 所示。

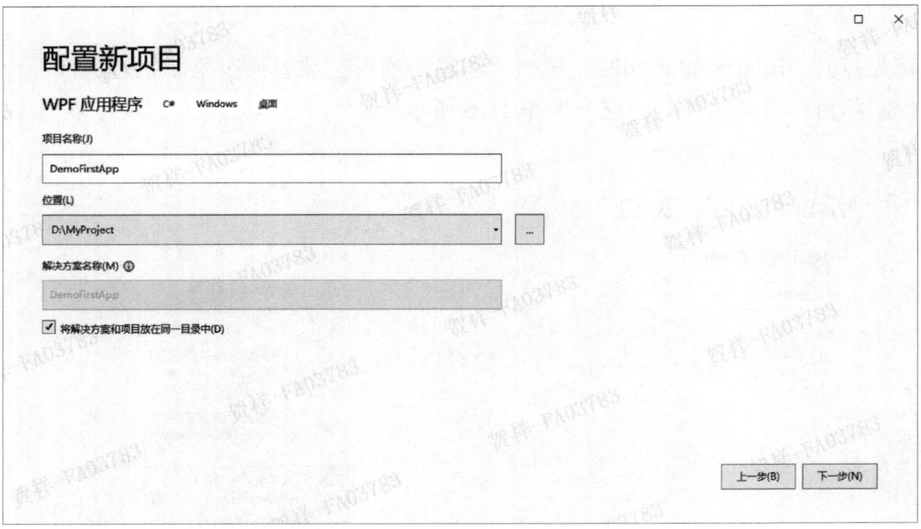

图 1-18　配置新项目

在“其他信息”页面，选择应用程序的“框架”，选择“.NET6.0（长期支持）”，然后点击“创建”即可。

1.4.2　IDE 开发工具说明

WPF 项目创建成功以后，会在 Visual Studio 集成开发环境（IDE）中默认打开，所以在开发之前，快速了解 Visual Studio 中不同模块的功能，会起到事半功倍的作用。IDE

主要包含如下几个组成部分：

• 解决方案资源管理器：主要用于查看项目的整体信息（例如：项目名称、目录结构等）。

• 主窗口区域：编程的主要区域，主要用于开发人员查看或者修改程序代码。对于 UI 页面，分为 UI 视图和代码视图两部分；如果是后台业务逻辑页面，则只有代码视图。

• 属性区域：主要用于查看页面或者控件的属性信息。

• 输出窗口：主要包含编译信息、错误信息等不同输出窗口。

• 菜单栏和工具栏：主要通过菜单对项目进行操作，常用的有查找、替换、调试、运行等功能。

• 工具箱：显示当前支持的控件。在 UI 设计页面，可以拖动控件到页面中。适当地拖动控件编程，可以节约时间，提高编程速度。工具箱一般“停靠”在 Visual Studio 开发工具的左边，也可以采用“浮动”方式。

Visual Studio 开发工具如图 1-19 所示。

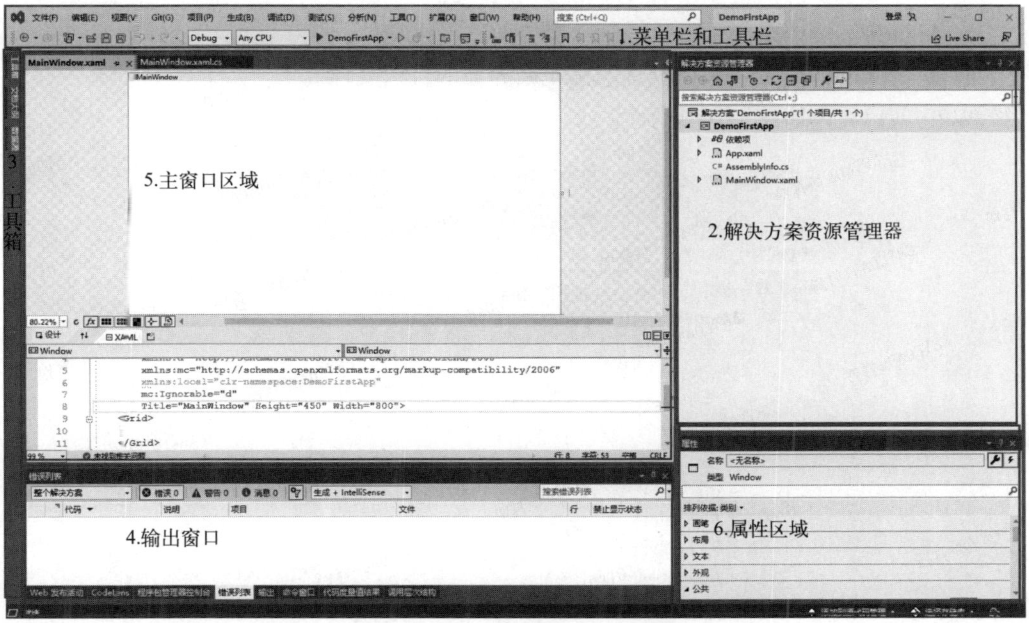

图 1-19　Visual Studio 开发工具

说明：在实际开发应用中，常用功能包含“解决方案资源管理器”“主窗口区域”“工具栏”“输出窗口”；而“属性区域”和“工具箱”一般不常用。

1.4.3　项目结构说明

在 Windows 操作系统中，一个程序就是一个进程（Process），而一个 GUI（图形用户界面）进程需要包含一个主窗体（Window）。WPF 应用程序和 Winform 程序一样，也是图形化程序之一，遵循 GUI 程序的开发标准。通过模板创建的 WPF 应用程序是最基础的，实际项目中的应用程序可能更加复杂。一般情况下，WPF 应用程序包含以下几个组成部分：

① 解决方案：表示一个整体，将不同项目组织成一个整体，对应的文件为 DemoFirstApp.sln。

② 项目：表示一个独立的编译整体，可以是应用程序项目、类库等不同类型。

③ bin：用来保存项目生成后的程序集，一般有 Debug 和 Release 两个目录。我们可以通过项目属性→配置属性→输出路径来修改。

④ obj：保存每个模块的编译结果，对应的会有 Debug 和 Release 两个目录。

⑤ AssemblyInfo.cs：程序集配置信息文件，可以修改。

⑥ App.xaml：项目入口 Application 类的子类的 xaml 文件，是应用程序的入口文件，定义了应用程序的全局资源和属性。

⑦ App.xaml.cs：应用程序的入口代码文件，它负责实例化应用程序的第一个页面，以及处理应用程序生命周期事件。

⑧ DemoFirstApp.csproj：项目结构配置文件。

⑨ MainWindow.xaml：默认的第一个界面的设计文件。

⑩ MainWindow.xaml.cs：默认的第一个界面的代码文件。

WPF 项目具体如图 1-20 所示。

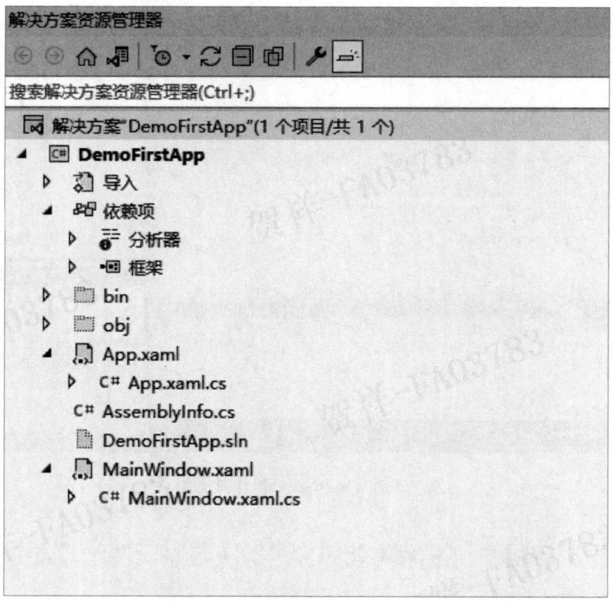

图 1-20　WPF 项目

1.4.4　XAML 语法说明

WPF 的 UI 设计页面，采用 XAML 语法进行编程，所以我们首先需要了解 XAML 语法及其结构。

如果以前接触过 XML（Extensible Markup Language，可扩展标记语言），或者 HTML（Hyper Text Markup Language，超文本标记语言），再来学习 XAML（Extensible Application Markup Language，可扩展应用程序标记语言），则会发现相通之处，因为它们都是标记语言，也是一种声明性语言。从某种意义上来说，XAML 即为 XML。

XAML 是一种“声明式”标签语言，当看到一个标签时，就表示创建了一个对象。对象与对象之间的层级关系，要么是并列，要么是包含，全部体现在标签的关系上。

在 WPF 应用程序中，XAML 文件即是带 .xaml 扩展名的 XML 文件，利用 XAML 语言可以初始化对象和设置对象的属性，使用一种可显示多个对象间分层关系的语言结构，以及一种支持类型扩展的约定。通过 XAML 语言，可以创建可视 UI 元素。

一般情况下，每一个 .xaml 文件，都有一个 .xaml.cs 文件与之对应，往往成对出现。以 MainWindow.xaml 文件为例：

① XAML 中声明标签一般成对出现，如：<Window></Window>，<Grid></Grid>。

② XAML 中标签属性在标签内部，如：xmlns 表示命名空间，Title 表示标题等。

③ XAML 中标签是可以嵌套的，如：<Window><Grid></Grid></Window>。

MainWindow.xaml 文件内容如下：

```
<Window x:Class="DemoFirstApp.MainWindow"
        xmlns="http://schemas.microsoft.com/winfx/2006/xaml/presentation"
        xmlns:x="http://schemas.microsoft.com/winfx/2006/xaml"
        xmlns:d="http://schemas.microsoft.com/expression/blend/2008"
        xmlns:mc="http://schemas.openxmlformats.org/markup-compatibility/2006"
        xmlns:local="clr-namespace:DemoFirstApp"
        mc:Ignorable="d"
        Title="MainWindow" Height="450" Width="800">
    <Grid>

    </Grid>
</Window>
```

1.4.5　基础控件说明

了解 WPF 常用的控件，对于应用程序的开发非常重要。在 WPF 默认提供的控件库中，常用的控件根据内容模型分类，主要有表 1-10 所示的几种。

表 1-10　基础控件说明

控件类型	说明	常用控件
内容控件	包含一个任意对象	Button，CheckBox，Label
带标题的内容控件	包含一个标头和一个项（两者都是任意对象）	GroupBox，TabItem，Expander
条目控件	包含一个任意对象集合	ListView，ListBox，ItemsControl，Menu
标题条目控件	包含一个标头和一个项集合（全部都是任意对象）	Menu，ToolBar，TreeViewItem
容器控件	包含一个或多个 UI 元素的控件	Grid，Canvas，StackPanel
装饰控件	影响其他元素外观的控件	Border，ViewBox，BulletDecorator

常用控件如图 1-21 所示。

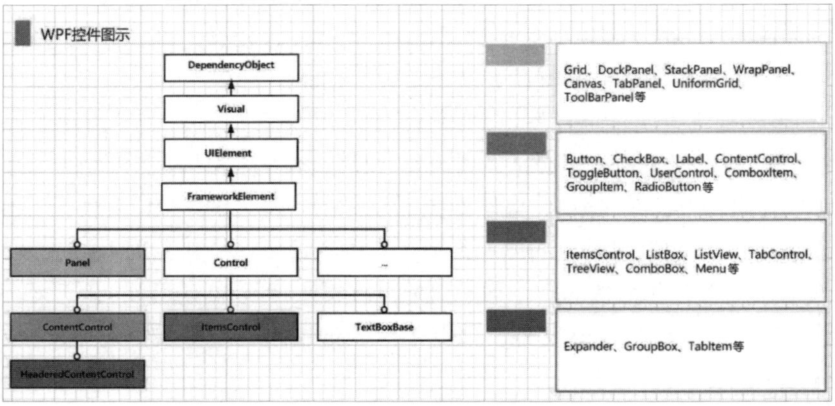

图 1-21　常用控件

1.5 开发实例：Hello World

千里之行，始于足下。在了解了 C# 和 WPF 开发的基础知识后，就可以尝试开发第一个 WPF 应用程序了。为了致敬经典，我们从“Hello World”开始，打开 WPF 新世界的大门。

1.5.1 创建新项目

首先通过 Visual Studio 2022 创建一个 WPF 应用程序项目，具体步骤可参考 1.4.1 节。创建的项目命名为 HelloWorld，如图 1-22 所示。

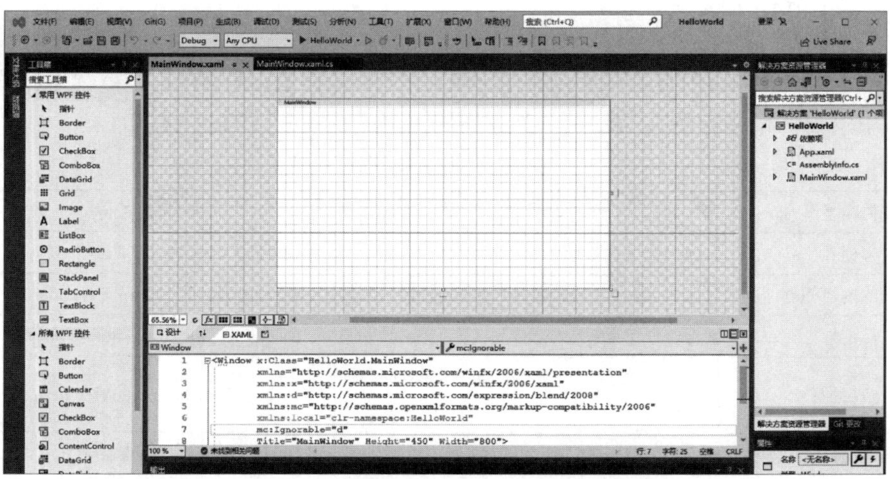

图 1-22　HelloWorld 项目示例

1.5.2 添加按钮

在创建的 HelloWorld 项目中，默认会打开主窗口页面（MainWindow.xaml），在页面中添加按钮，主要有两种方式：①拖动左侧“工具箱”中的控件到页面上；②手动写 XAML 代码以添加控件。对于 WPF 开发人员来说，建议手写 XAML 代码来实现功能，第一次可能会不熟练，但是熟能生巧，坚持手写 XAML 代码对于掌握 XAML 语言会很有裨益。

添加按钮代码如下所示。

```
<Grid>
    <Button x:Name="btnHelloWorld" Content="Click Say Hello World"
                Width="150" Height="30"></Button>
</Grid>
```

1.5.3 添加按钮事件

为控件添加事件，常见的有三种方式：

① 选择窗口设计器中的控件，在右侧属性窗口点击闪电图标，为“选定的元素添加处理程序”。

② 手写代码，为按钮控件的 Click 属性添加处理程序，根据提示，按 Tab 键可以快捷生成处理程序。

③ 在窗口设计器中，双击按钮同样可以生成响应事件。

在这里建议采用第二种方式，手写代码有助于对控件各种属性的掌握。添加了事件处理程序的 XAML 代码如下所示。

```
<Grid>
    <Button x:Name="btnHelloWorld" Content="Click Say Hello World"
                Width="150" Height="30"
                Click="btnHelloWorld_Click"></Button>
</Grid>
```

而事件处理程序 btnHelloWorld_Click 是在 MainWindow.xaml.cs 中定义，这也是 WPF 结构设计的优越之处，XAML 页面只负责 UI 方面的设计，而业务逻辑相关的代码则进行了后置，放在 xaml.cs 中。添加了业务逻辑的后台代码，如下所示。

```
namespace HelloWorld
{
    /// <summary>
    /// Interaction logic for MainWindow.xaml
    /// </summary>
    public partial class MainWindow : Window
    {
        public MainWindow()
        {
            InitializeComponent();
```

```
        }

        private void btnHelloWorld_Click(object sender, RoutedEventArgs e)
        {
            MessageBox.Show("Hello world, my first wpf!");
        }
    }
}
```

注意：由上述代码可以看出，MainWindow 类派生自 Window 且是由 partial 修饰的部分类，所以在编译时，编译器会自动将后台代码和前台 UI 代码合并成一个类。

1.5.4　调试运行

在 Visual Studio 2022 开发工具中，启动程序可以通过以下几种方式：

① 通过点击工具栏的“开始调试”或者“开始执行（不调试）”启动程序。

② 通过点击菜单栏中“调试”菜单，并在下拉菜单中选择“开始调试”或者“开始执行（不调试）”菜单来启动程序。

③ 通过快捷键“F5/ 开始调试”或“Ctrl+F5/ 开始执行（不调试）”启动程序。

程序启动以后，在打开的窗口中，点击按钮“Click Say Hello World”即可弹出对话框“Hello world , my first wpf!”，如图 1-23 所示。

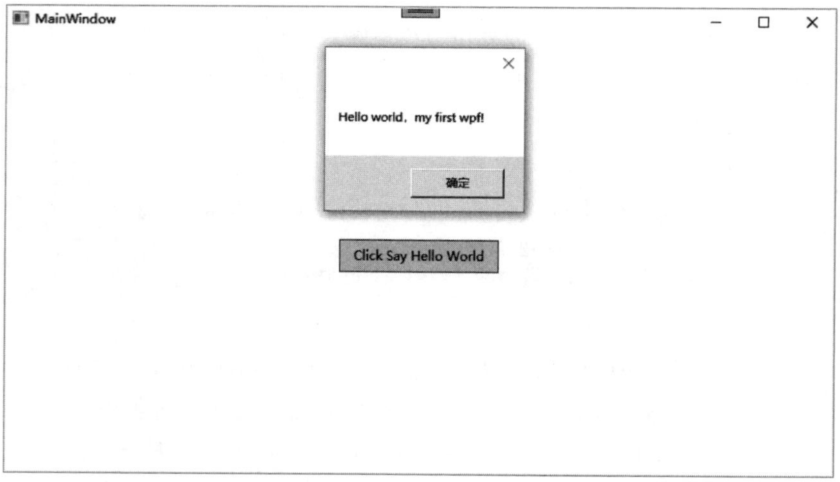

图 1-23　Hello World 项目运行示例

Chapter 2

第 2 章

控件与布局

在日常工作生活中，我们可以见到各式各样的程序：有用户能够直观体验得到的 GUI 程序（如浏览器上百度一下，或者输入网址打开网页；电脑上双击打开 WPS 等桌面软件；手机上打开 App 等），还有用户看不到或者需要专业人员操作的程序（如后台服务，命令行程序，数据库软件等）。程序的呈现形式多种多样，但归根结底，程序的本质就是收集用户输入的数据，经过相关业务逻辑处理，再输出给客户端，展现在用户面前。图形化（GUI）的方便之处在于它对数据表达的直观性，程序开发人员可以使用编程的手段把数据之间的关系以图形的方式展现出来，而不是要用户来面对原始的数据，从而提高工作效率，达到事半功倍的效果。

2.1 WPF 内容模型

在我们接触到的不同形式软件中，软件上的内容表现形式多种多样，如文本，表格，下拉框，单选框，多选框，图片等。根据是否可以装载内容、能够装载什么样的内容，WPF 的 UI 元素可以根据内容模型划分成不同的类别。

WPF 的内容模型，主要是指继承于 System.Windows.Controls.Control 类的各种控件，根据包含内容的类型进行区分。常见的内容模型主要有以下四种：

• ContentControl：用于包含一段任意类型的内容。但是只能包含一个子元素作为其“内容”。它可以包含任何类型的 CLR（公共语言运行库）对象（例如 string 或 DateTime 对象）或 UIElement 对象（如 Rectangle 或 Panel）。

• HeaderedContentControl：提供了一个带标题的单一内容控件的基实现。控件包含一个 Header 和一个 Content 属性。Header 属性用于设置控件的标题，而 Content 属性用于设置控件的内容。

• ItemsControl：用于呈现集合数据的一种控件。它提供了将集合数据以自定义方式呈现的功能，常用于列表、网格等数据展示。

• HeaderedItemsControl：用于呈现带标题的集合数据的强大工具。通过自定义布局和样式，可以灵活地展示具有标题的集合数据。

这四个类用作 WPF 中大多数控件的基类。使用这些内容模型的类可以包含相同类型的内容，并以相同的方式处理该内容，具体如图 2-1 所示。

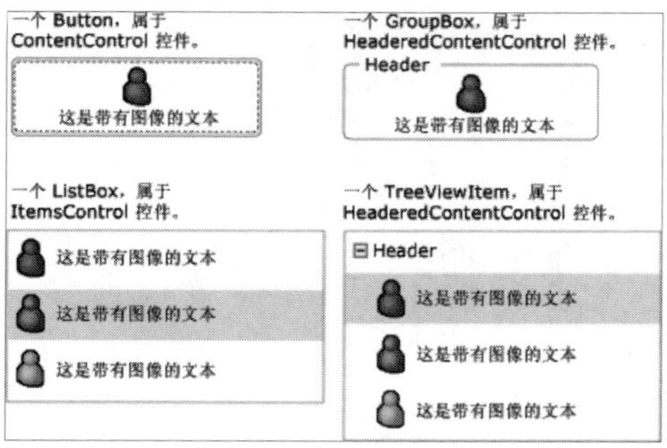

图 2-1 控件示例

2.2 基础控件

程序的本质就是接收用户输入的数据，经过一系列的运算，再反馈给用户，进而形成“输入 + 运算 = 结果”的完整闭环。而图形用户界面（GUI）最重要的功能，就是能让用户观察和操作数据。我们需要用 UI 元素来显示数据，并响应用户的操作，所以把具备这一特征的 UI 元素称为控件（Control）。控件所展示的数据，我们称之为控件的“数据内容”；控件响应用户的操作，称之为控件的“行为”。不同类型的控件，会以不同的形态展示数据内容，也会以不同的方式响应用户的行为。接下来将详细介绍各种类型的控件。

2.2.1 内容控件

内容控件是包含一段内容的控件。通常见到的 Window、Button 等控件都属于此类。因为只能容纳一个控件作为其内容，所以经常需要借助布局控件来规划其内容。内容控件具有如下特点：

- 内容控件均派生自 ContentControl，也是控件（Control）的子集。
- 内容属性是 Content。
- 只能由单一元素充当其内容。

内容控件的详细说明如表 2-1 所示。

表 2-1　内容控件

项目	说明
含义	内容控件是一种包含一段内容的控件
内容属性	Content
属于此类型的控件	Button, ButtonBase, CheckBox, ComboBoxItem, ContentControl, Frame, GridViewColumnHeader, GroupItem, Label, ListBoxItem, ListViewItem, NavigationWindow, RadioButton, RepeatButton, ScrollViewer, StatusBarItem, ToggleButton, ToolTip, UserControl, Window
可包含 ContentControl 类型的控件类型	ContentControl 类、HeaderedContentControl 类、ItemsControl 类、HeaderedItemsControl 类、Panel 类、Decorator 类和 Adorner 类
子类别	HeaderedContentControl 类

内容控件只能由单一元素充当其内容，我们应该如何理解呢？如果 Button 的内容只有一个，如果我们想让 Button 的内容既包含文本，又包含图标，应该怎么做呢？别忘了，控件的内容可以是文本，也可以是控件。我们只需要先用一个可以包含多个元素的布局控件把图片和文字包装起来，再把布局控件作为 Button 的内容就好了。

2.2.2 带标题的内容控件

带标题的内容控件相当于一个内容控件，但是可以加一个标题（Header），标题部分也是一个内容控件，如 GroupBox、TabItem 等是这类控件的典型代表。此类控件具有如下特点：

- 它们都派生自 HeaderedContentControl 类，而 HeaderedContentControl 类又是 ContentControl 的子类，所以此类控件具备内容控件的所有特点。
- 除了用于显示主体内容（Content）的区域外，还有一个显示标题（Header）的区域。
- 无论是内容，还是标题，都只能容纳一个元素作为其内容。

带标题的内容控件的详细说明如表 2-2 所示。

表 2-2 带标题的内容控件

项目	说明
含义	带标题的内容控件是一种包含一段内容并具有 Header 的内容控件
内容属性	Content, Header
属于此类型的控件	Expander, GroupBox, HeaderedContentControl, TabItem
可包含 HeaderedContentControl 类型的控件类型	ContentControl 类、HeaderedContentControl 类、ItemsControl 类、HeaderedItemsControl 类、Panel 类、Decorator 类和 Adorner 类

2.2.3 文本控件

文本控件包含可编辑文本控件（TextBox）和不可编辑文本控件（TextBlock）两种。其中，TextBlock 只能显示文本，不能编辑，所以又称为静态文本；TextBox 则允许用户编辑其中内容。TextBox 作为最常用控件之一，不需要太多的格式显示，所以它的内容就是简单的文本，内容属性为 Text。而 TextBlock 由于需要操作格式，所以内容属性为 Inlines，同时也保留了 Text 属性，用于简单的字符串赋值。

2.2.4 列表控件

列表控件又称为条目控件，可以包含一列（多个）内容项，且这列数据的类型相同，常见的有菜单（Menu）、下拉框（ComboBox）、列表框（ListBox）等。列表控件具有如下特点：

- 列表控件均派生自 ItemsControl 类，用于显示列表化数据。
- 内容属性为 Items 和 ItemSource。
- 每一种 ItemsControl 都对应有自己的条目容器（ItemsContainer）。

列表控件的详细说明如表 2-3 所示。

表 2-3　列表控件

项目	说明
含义	列表控件是一种可包含多个项目（例如字符串、对象或其他元素）的控件
内容属性	Items, ItemsSource
主内容类型	多个项目，可以是字符串、对象或其他元素
属于此类型的控件	Menu, MenuBase, ContextMenu, ComboBox, ItemsControl, ListBox, ListView, TabControl, TreeView, Selector, StatusBar
可包含 ItemsControl 类型的控件类型	ContentControl 类、HeaderedContentControl 类、ItemsControl 类、HeaderedItemsControl 类、Panel 类、Decorator 类和 Adorner 类
子类别	HeaderedItemsControl 类

2.2.5　带标题的列表控件

带标题的列表控件，顾名思义，既包含一个或多个列表项，也包含标题。如：工具栏（ToolBar）、MenuItem、TreeViewItem 等都属于此类控件。此类控件往往用于显示具有层级关系的数据，节点显示在其 Header 区域，子级节点显示在其列表控件区域。此类控件具备如下特点：

- 带标题的列表控件，均派生自 HeaderedItemsControl，用于显示列表化的数据，同时可以显示一个标题。
- 内容属性为 Items、ItemsSource 和 Header。

带标题的列表控件详细说明如表 2-4 所示。

表 2-4　带标题的列表控件

项目	说明
含义	带标题的列表控件是一种列表控件，可包含多个项目（例如字符串、对象或其他元素）并具有标题
内容属性	Header, Items, ItemsSource
属于此类型的控件	HeaderedItemsControl, MenuItem, TreeViewItem, ToolBar
可包含 HeaderedItemsControl 类型的控件类型	通常，MenuItem 对象用作 Menu 元素的子元素；TreeViewItem 对象用作 TreeView 元素的子元素；ToolBar 对象用作 ToolBarTray 的子元素

此类控件和列表控件非常相似，在此不作过多赘述。

2.2.6　图形控件

在常见的软件中，并不只有文本、列表等内容，还有图形。友好的用户界面离不开图形元素的点缀。而 Shape 类的元素就是专门用来绘制图形的一类元素，不过它们并不是控件，只是简单的视觉元素。此类元素的特点如下所示。

- 此类元素均派生自 Shape 类，用于在 UI 页面上绘制图形。
- 此类元素无内容属性。
- 此类元素使用 Fill 属性设置填充，使用 Stroke 属性设置边框。

图形控件详细说明如表 2-5 所示。

表 2-5 图形控件

项目	说明
含义	图形控件是一种用于显示几何形状的 FrameworkElement
内容属性	无
主内容类型	无
属于此类型的控件	有关从 Shape 派生的类型的列表，请参见 Shape 类
可包含 Shape 类型的控件类型	ContentControl 类、HeaderedContentControl 类、ItemsControl 类、HeaderedItemsControl 类、Panel 类、Decorator 类和 Adorner 类

2.2.7 容器控件

在日常开发中，合理的布局不仅可以有效地利用空间，还可以让用户快捷便利地操作软件，以达到预期的效果。容器控件用来布局（布局控件会在后续章节展开来讲），此类控件具备如下特点：

- 所有的容器控件，均派生自 Panel 抽象类，主要功能是控制 UI 元素布局。
- 容器控件的内容属性为 Children。
- 容器内容可以是多个元素或控件，分别控制它们的布局。

容器控件详细说明如表 2-6 所示。

表 2-6 容器控件

项目	说明
含义	容器控件是一种 FrameworkElement，它用于定位和排列子对象
内容属性	Children
主内容类型	一个或多个 UIElement 对象
属于此类型的控件	Canvas, DockPanel, Grid, TabPanel, ToolBarOverflowPanel, StackPanel, ToolBarPanel, UniformGrid, VirtualizingPanel, VirtualizingStackPanel, WrapPanel
可包含 Panel 类型的控件类型	ContentControl 类、HeaderedContentControl 类、ItemsControl 类、HeaderedItemsControl 类、Panel 类、Decorator 类和 Adorner 类

对比列表控件和容器控件，它们都可以包含多个元素，但两者侧重点不同：

• 列表控件强调的是以列表形式来展现数据，而容器控件则重在对包含的元素进行布局。

• 列表控件的内容属性为 Items 和 ItemsSource，而容器控件的内容属性为 Child。这种命名上的差异，虽然细微，却也值得学习。

2.2.8　流文本

流文本一般用于文件操作，如 PDF 文档或富文本编辑等内容，如图 2-2 所示。通常情况下，所有在富文本编辑器中呈现的内容，都是流内容（FlowContent），而用于呈现流内容的构建块，称为流内容元素（Element）。不同的流内容元素，组成了流文档（FlowDocument），RichTextBox 是流文档的托管对象之一。

流文档旨在根据窗口大小、设备分辨率和其他环境变量来“重排内容”。此外，流文档还具有很多内置功能，包括搜索、能够优化可读性的查看模式以及更改字体大小和外观等功能。当易读性是文档的主要使用要求时，最适合使用流文档。

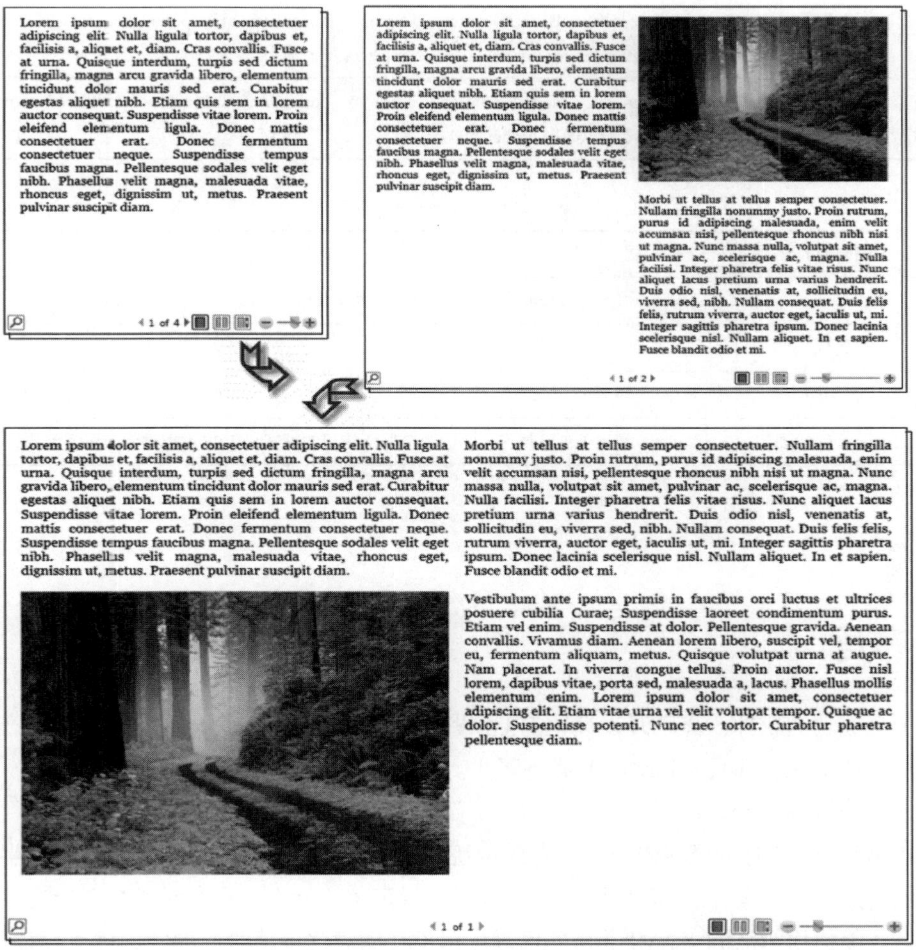

图 2-2　流文本

2.2.9　装饰控件

装饰控件中的元素是在 UI 上起到装饰效果的控件。例如可以使用 Border 元素为一些组织在一起的内容加个边框，或者使用 ViewBox 对组织在一起的元素进行自由缩放。

此类控件具备如下特点：

- 装饰控件均派生自 Decorator 类，起到 UI 装饰的作用。
- 内容属性为 Child，且只能由单一元素充当内容。

装饰控件详细说明如表 2-7、表 2-8 所示。

表 2-7 装饰控件：Decorator

项目	说明
含义	Decorator 是一种 FrameworkElement，它将效果应用于单一子 UIElement 之上或周围
内容属性	Child
主内容类型	单一 UIElement
属于此类型系列的类型	ButtonChrome, ClassicBorderDecorator, ListBoxChrome, SystemDropShadowChrome, Border, InkPresenter, BulletDecorator, Viewbox, AdornerDecorator
可包含 Decorator 类型的类型	ContentControl 类、HeaderedContentControl 类、ItemsControl 类、HeaderedItemsControl 类、Panel 类、Decorator 类和 Adorner 类

表 2-8 装饰控件：Adorner

项目	说明
含义	Adorner 是一个 FrameworkElement，它绑定到（"装饰"）单一 UIElement
内容属性	无
主内容类型	无
属于此类型系列的类型	Adorner 类用于创建用户自己的装饰器所使用的框架；WPF 不提供任何已实现的装饰器

2.3 UI 布局

一个成功的软件，离不开人性化的 UI 设计。要想抓住用户第一视觉，让用户产生依赖感，合适优雅的布局（Layout）必不可少。WPF 作为专门的 GUI 程序开发技术，布局功能是它的核心之一。

在 WPF 提供的布局容器中，既有像传统的 Windows Form 程序那样使用绝对坐标进行定位的元素，也有像 Html 页面中使用行列进行定位的元素。只有对各个布局控件了如指掌，才能使用简洁的 XAML 和 C# 代码让用户在动静之中体验设计师的优雅设计理念。布局面板控件主要有以下几种：

① Grid：网格面板。Grid，顾名思义就是"网格"，以表格形式布局元素，对于整个面板上的元素进行布局。它的子控件被放在一个一个事先定义好的小格子里面，整齐排列。Grid 和其他各个 Panel 比较起来，功能最多也最为复杂。

② StackPanel：栈面板，可以将元素排列成一行或者一列。其特点是每个元素各占一行或者一列。

③ Canvas：画布面板。用于完全控制每个元素的精确位置。它是布局控件中最为简单的一种，直接将元素放到指定位置，主要用来布置图面。

④ DockPanel：停靠面板。它定义一个区域，在此区域中，用户可以使子元素通过描点的形式排列，这些对象位于 Children 属性中。

⑤ WrapPanel：环绕面板。它将各个控件从左至右按照行或列的顺序罗列，当长度或高度不够时就会自动调整进行换行，后续排序按照从上至下或从左至右的顺序进行。

⑥ UniformGrid：统一布局，提供一种在网格（网格中的所有单元格都具有相同的大小）中排列内容的方法。

每一种布局控件都有自己的特点。选择合适的布局元素，将会极大地简化编程。熟练掌握各种布局控件的特点与技巧，需要大量的练习，所谓熟能生巧。

2.3.1　Grid

Grid 可以自定义行和列，并通过行列的数量、行高和列宽来调整控件的布局，这种布局方式类似于 Html 中的 Table。Grid 和其他各个 Panel 比较起来，功能最多也最为复杂。

基于 Grid 布局特点，它适用的场景有以下几种：

- UI 布局的大框架设计。
- 大量 UI 元素需要成行或者成列对齐的情况。
- UI 整体尺寸改变时，元素需要保持固有的高度和宽度比例。
- UI 后期可能有较大的变更或扩展。

2.3.1.1　Grid 常用属性

Grid 常用属性如下：

• 定义行列：要使用 Grid，首先要向 RowDefinitions 和 ColumnDefinitions 属性中添加一定数量的 RowDefinition 和 ColumnDefinition 元素，从而定义行数和列数。

• 指定行列：放置在 Grid 面板中的控件元素可以通过设置 Row 和 Column 附加属性定义其所在的行和列，这两个属性的值都是从 0 开始的索引数，如果没有显式设置任何行或列，Grid 将会隐式地将控件加入在第 0 行第 0 列。Grid 的组成并非简单地添加属性标记来区分行列，这也使得用户在实际应用中可以具体到某一单元格中，所以布局起来就很精细了。

2.3.1.2　Grid 列宽与行高设置

Grid 的列宽和行高，分别可以在 ColumnDefinition、RowDefinition 里面指定 Width、Height 的值。

设置列宽与行高的几种方式：

① 绝对值：设置具体的数字，默认单位为像素（px），具体信息可参考表 2-9。

② Auto：根据子元素的大小，自动分配大小，刚好能够容纳子元素的内容。

③ 比例值: double 类型的数值后加一个星号（*），Grid 会根据比例自动分配剩余空间。

表 2-9　Grid 可接受的宽度和高度单位

名称	简写	换算
pixel（像素）	px（默认单位，可以省略）	图形基本单位
inch（英寸）	in	1inch=96pixel
centimeter（厘米）	cm	1cm=(96/2.54)pixel
point（点）	pt	1pt=(96/72)pixel

在实际工作中使用什么单位，要看程序的功能：如果 UI 只用于显示在计算机屏幕上，那么像素单位最为合适；如果程序涉及打印输出，则公制单位选择厘米，英制单位选择英寸比较合适。Grid 行高与列宽设置示例如图 2-3 所示。

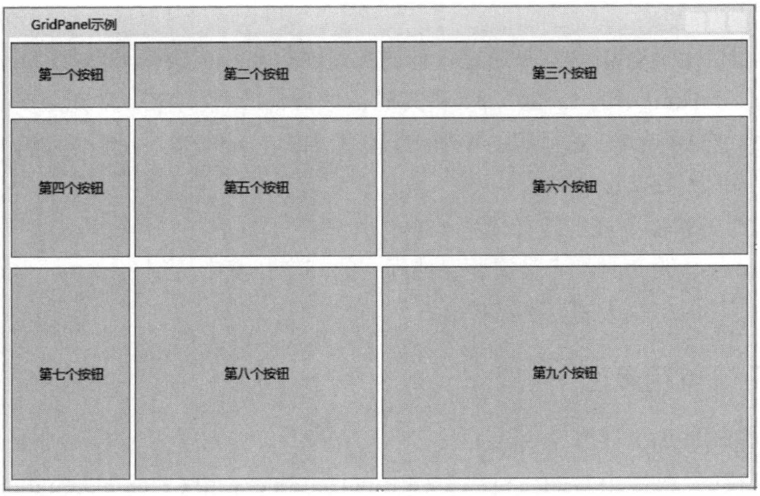

图 2-3　Grid 布局行高与列宽示例

Grid 示例（图 2-3）代码如下所示。

```
<Grid>
    <Grid.RowDefinitions>
        <RowDefinition Height="1*"></RowDefinition>
        <RowDefinition Height="2*"></RowDefinition>
        <RowDefinition Height="3*"></RowDefinition>
     </Grid.RowDefinitions>
     <Grid.ColumnDefinitions>
        <ColumnDefinition Width="1*"></ColumnDefinition>
        <ColumnDefinition Width="2*"></ColumnDefinition>
        <ColumnDefinition Width="3*"></ColumnDefinition>
     </Grid.ColumnDefinitions>
     <Button x:Name="button1" Content="第一个按钮" Margin="2,5,2,5" Grid.Row="0"
Grid.Column="0" ></Button>
    <Button x:Name="button2" Content="第二个按钮" Margin="2,5,2,5" Grid.Row="0" Grid.
```

```
Column="1"  ></Button>
    <Button x:Name="button3" Content="第三个按钮" Margin="2,5,2,5" Grid.Row="0" Grid.
Column="2" ></Button>
    <Button x:Name="button4" Content="第四个按钮" Margin="2,5,2,5" Grid.Row="1" Grid.
Column="0"  ></Button>
    <Button x:Name="button5" Content="第五个按钮" Margin="2,5,2,5" Grid.Row="1" Grid.
Column="1"  ></Button>
    <Button x:Name="button6" Content="第六个按钮" Margin="2,5,2,5" Grid.Row="1" Grid.
Column="2"  ></Button>
    <Button x:Name="button7" Content="第七个按钮" Margin="2,5,2,5" Grid.Row="2" Grid.
Column="0"  ></Button>
    <Button x:Name="button8" Content="第八个按钮" Margin="2,5,2,5" Grid.Row="2" Grid.
Column="1"  ></Button>
    <Button x:Name="button9" Content="第九个按钮" Margin="2,5,2,5" Grid.Row="2" Grid.
Column="2" ></Button>
</Grid>
```

2.3.1.3　Grid 应用注意事项

在使用 Grid 进行页面布局时，有以下几点需要注意:

• Grid 的单元格可以是空的，一个单元格中可以有多个元素，而在单元格中元素是根据它们的 Z 顺序（即 ZIndex 值由小到大）一个接着一个呈现的。

• Grid 面板将元素分割到不可见的行列网格中。尽管可以在一个单元格中放置多个元素（这时这些元素会相互重叠），但在每个单元格中只放置一个元素通常更合理。当然，Grid 单元格中的元素本身也可能是另一个容器以及它所包含的一组控件。

• 默认情况下，如果不设置 Grid 面板的行高与列宽，则默认均分，且如果不显式设置子元素的大小，则默认填充。

Grid 页面默认布局示例，如图 2-4 所示。

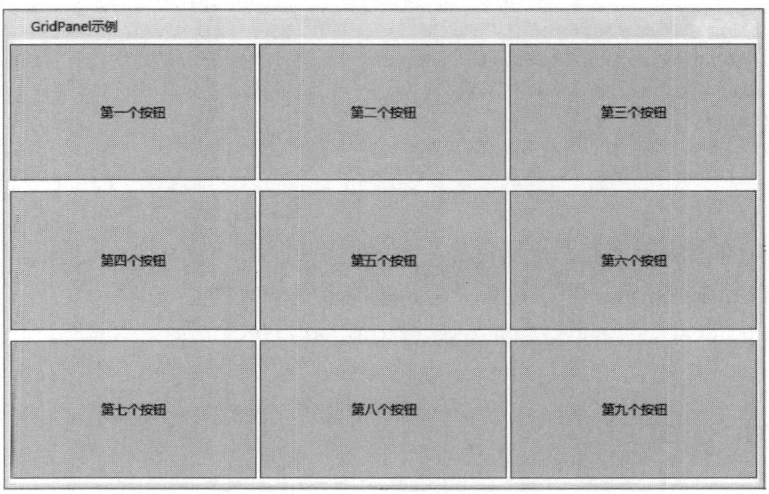

图 2-4　Grid 默认布局

Grid 默认布局示例（图 2-4）代码如下所示。

```
<Window x:Class="WpfApp1.FiveWindow"
        xmlns="http://schemas.microsoft.com/winfx/2006/xaml/presentation"
        xmlns:x="http://schemas.microsoft.com/winfx/2006/xaml"
        xmlns:d="http://schemas.microsoft.com/expression/blend/2008"
        xmlns:mc="http://schemas.openxmlformats.org/markup-compatibility/2006"
        xmlns:local="clr-namespace:WpfApp1"
        mc:Ignorable="d"
        Title="GridPanel示例" Height="450" Width="700">
    <Grid>
        <Grid.RowDefinitions>
            <RowDefinition></RowDefinition>
            <RowDefinition></RowDefinition>
            <RowDefinition></RowDefinition>
        </Grid.RowDefinitions>
        <Grid.ColumnDefinitions>
            <ColumnDefinition></ColumnDefinition>
            <ColumnDefinition></ColumnDefinition>
            <ColumnDefinition></ColumnDefinition>
        </Grid.ColumnDefinitions>
        <Button x:Name="button1" Content="第一个按钮" Margin="2,5,2,5" Grid.Row="0"
Grid.Column="0" ></Button>
        <Button x:Name="button2" Content="第二个按钮" Margin="2,5,2,5" Grid.Row="0"
Grid.Column="1" ></Button>
        <Button x:Name="button3" Content="第三个按钮" Margin="2,5,2,5" Grid.Row="0"
Grid.Column="2" ></Button>
        <Button x:Name="button4" Content="第四个按钮" Margin="2,5,2,5" Grid.Row="1"
Grid.Column="0" ></Button>
        <Button x:Name="button5" Content="第五个按钮" Margin="2,5,2,5" Grid.Row="1"
Grid.Column="1" ></Button>
        <Button x:Name="button6" Content="第六个按钮" Margin="2,5,2,5" Grid.Row="1"
Grid.Column="2" ></Button>
        <Button x:Name="button7" Content="第七个按钮" Margin="2,5,2,5" Grid.Row="2"
Grid.Column="0" ></Button>
        <Button x:Name="button8" Content="第八个按钮" Margin="2,5,2,5" Grid.Row="2"
Grid.Column="1" ></Button>
        <Button x:Name="button9" Content="第九个按钮" Margin="2,5,2,5" Grid.Row="2"
Grid.Column="2" ></Button>
    </Grid>

</Window>
```

Grid 网格布局容器还有两个属性，也会经常用到，如下所示。

① Grid.ColumnSpan： 用于设置元素跨越的单元格列数。

② Grid.RowSpan： 用于设置元素跨越的单元格行数。

2.3.2 StackPanel

StackPanel（栈面板）可以将内容元素在纵向或横向上紧凑排列，形成栈式布局，通俗点讲，就是把内容元素像垒积木一样堆积在一起。栈面板可以将元素排列成一行或者一列，其特点是：每个元素各占一行或者一列。

基于 StackPanel 的特点，其适用的场景主要有以下几种：

- 同类元素需要紧凑排列（如制作菜单或列表）。
- 移除其中的元素后能够自动补缺地布局或者动画。

2.3.2.1　StackPanel 常用属性

StackPanel 使用三个属性来控制内部元素的布局，分别是 Orientation、HorizontalAlignment 和 VerticalAlignment，具体如表 2-10 所示。

表 2-10　StackPanel 的常用属性

属性名称	数据类型	可取值	描述
Orientation	枚举	Vertical，Horizontal	决定内部元素是横向排列还是纵向排列
HorizontalAlignment	枚举	Left，Center，Right，Stretch	决定内部元素水平方向上的对齐方式
VerticalAlignment	枚举	Top，Center，Bottom，Stretch	决定内部元素竖直方向上的对齐方式

当 StackPanel 的 Orientation 属性设置为 Vertical（垂直）时，默认情况下，每一个元素都与面板一样宽，如图 2-5 所示。

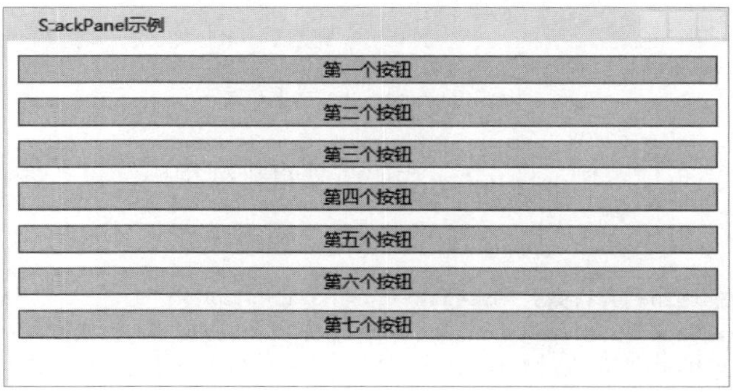

图 2-5　StackPanel 垂直布局

StackPanel 垂直布局示例（图 2-5）代码如下所示。

```
<Window x:Class="WpfApp1.SecondWindow"
        xmlns="http://schemas.microsoft.com/winfx/2006/xaml/presentation"
        xmlns:x="http://schemas.microsoft.com/winfx/2006/xaml"
        xmlns:d="http://schemas.microsoft.com/expression/blend/2008"
        xmlns:mc="http://schemas.openxmlformats.org/markup-compatibility/2006"
        xmlns:local="clr-namespace:WpfApp1"
        mc:Ignorable="d"
        Title="StackPanel示例" Height="450" Width="500">


    <StackPanel Margin="5,5,5,5">
        <Button x:Name="button1" Content="第一个按钮" Margin="2,5,2,5"></Button>
        <Button x:Name="button2" Content="第二个按钮" Margin="2,5,2,5"></Button>
        <Button x:Name="button3" Content="第三个按钮" Margin="2,5,2,5"></Button>
        <Button x:Name="button4" Content="第四个按钮" Margin="2,5,2,5"></Button>
        <Button x:Name="button5" Content="第五个按钮" Margin="2,5,2,5"></Button>
```

```
        <Button x:Name="button6" Content="第六个按钮" Margin="2,5,2,5"></Button>
        <Button x:Name="button7" Content="第七个按钮" Margin="2,5,2,5"></Button>
    </StackPanel>
</Window>
```

当 StackPanel 的 Orientation 属性设置为 Horizontal（水平）时，默认情况下，每个元素都与面板一样高。如图 2-6 所示。

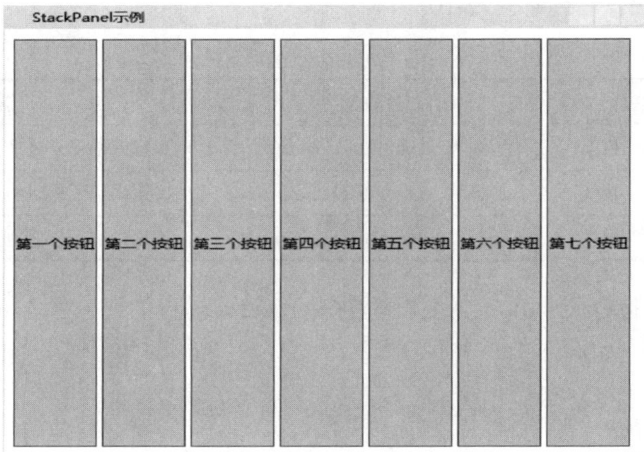

图 2-6　StackPanel 水平布局

StackPanel 水平布局示例（图 2-6）代码与垂直排列相同，只是多了一个 Orientation 属性，如下所示。

```
<StackPanel Margin="5,5,5,5" Orientation="Horizontal">
    <Button x:Name="button1" Content="第一个按钮" Margin="2,5,2,5"></Button>
    <Button x:Name="button2" Content="第二个按钮" Margin="2,5,2,5"></Button>
    <Button x:Name="button3" Content="第三个按钮" Margin="2,5,2,5"></Button>
    <Button x:Name="button4" Content="第四个按钮" Margin="2,5,2,5"></Button>
    <Button x:Name="button5" Content="第五个按钮" Margin="2,5,2,5"></Button>
    <Button x:Name="button6" Content="第六个按钮" Margin="2,5,2,5"></Button>
    <Button x:Name="button7" Content="第七个按钮" Margin="2,5,2,5"></Button>
</StackPanel>
```

StackPanel 其他常用属性:

① Visibility：设置 StackPanel 是否可见。值: Visible，Hidden，Collapsed。

② Background：设置背景颜色，值为 Brush 类型的枚举值。

③ Width、Height、MinWidth、MinHeight、MaxWidth、MaxHeight：分别用来设置 StackPanel 的宽、高、最小宽、最小高、最大宽、最大高。

2.3.2.2　StackPanel 应用注意事项

如果包含的元素超过了面板空间，它只会截断多出的内容。元素的 Margin 属性用于使元素之间产生一定的间隔，当元素空间大于其内容的空间时，剩余空间将由 HorizontalAlignment 和 VerticalAlignment 属性来决定如何分配。

千万不要因为 StackPanel 的功能简单就冷落它！实际上它有很多不可替代的优势。在后续的开发中读者将会慢慢地体会到这点。

2.3.3 Canvas

Canvas 译成中文就是“画布”，用于完全控制每个元素的精确位置。它是布局控件中最为简单的一种，直接将元素放到指定位置，主要用来布置图面。使用 Canvas 时必须指定一个子元素的位置（相对于画布），否则所有元素都将出现在画布的左上角。如果 Canvas 是窗口主元素（即最外层的布局面板是 Canvas），用户改变窗口大小时，Canvas 也会随之变化，子元素的位置也会随之移动，以保证相对于 Canvas 的位置属性不变。

使用 Canvas 布局与在 Windows Form 窗体上布局基本上是一样的，区别只是在 Windows Form 开发时我们通过设置控件的 Left 和 Top 等属性来确定控件在窗体上的位置，而 WPF 的控件没有 Left 和 Top 属性。就像把控件放在 Grid 里时会被附加上 Grid.Column 和 Grid.Row 属性一样，当控件被放在 Canvas 里时就会被附加上 Canvas.X 和 Canvas.Y 属性。所以 Canvas 很容易被原本从事 Windows Form 开发的人员所滥用，实际上大多数时候我们都可以使用 Grid 或者 StackPanel 等布局元素来进行更简洁的布局。

基于 Canvas 的特点，它适用的场景主要有如下几种：

- 一些经过设计，基本上不会再有改动的小型布局。
- 艺术性比较强的布局。
- 需要大量使用横、纵坐标进行绝对定位的布局。
- 依赖横、纵坐标的动画。

2.3.3.1 Canvas 常用属性

Canvas 通过设置 Left、Top、Bottom、Right 等属性来设置子元素的位置，如图 2-7 所示。

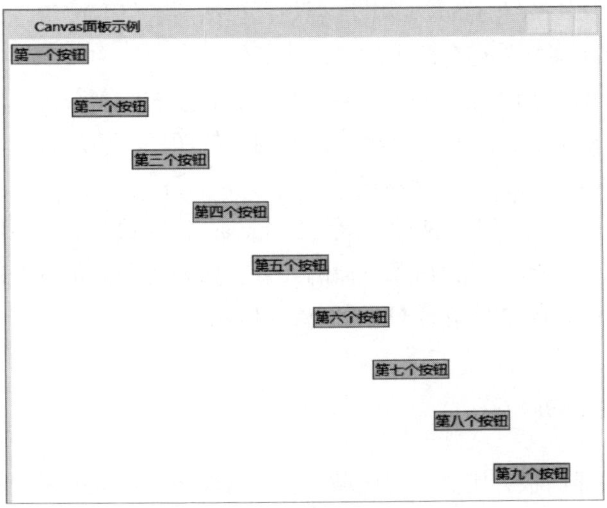

图 2-7 Canvas 布局

Canvas 布局示例（图 2-7）代码如下所示。

```
<Window x:Class="WpfApp1.SixWindow"
        xmlns="http://schemas.microsoft.com/winfx/2006/xaml/presentation"
        xmlns:x="http://schemas.microsoft.com/winfx/2006/xaml"
        xmlns:d="http://schemas.microsoft.com/expression/blend/2008"
        xmlns:mc="http://schemas.openxmlformats.org/markup-compatibility/2006"
        xmlns:local="clr-namespace:WpfApp1"
        mc:Ignorable="d"
        Title="Canvas面板示例" Height="500" Width="500">
    <Canvas>
        <Button x:Name="button1" Content="第一个按钮" Margin="2,5,2,5" Canvas.Left=
"0" Canvas.Top="0"></Button>
        <Button x:Name="button2" Content="第二个按钮" Margin="2,5,2,5" Canvas.Left=
"50" Canvas.Top="50"></Button>
        <Button x:Name="button3" Content="第三个按钮" Margin="2,5,2,5" Canvas.Left=
"100" Canvas.Top="100"></Button>
        <Button x:Name="button4" Content="第四个按钮" Margin="2,5,2,5" Canvas.Left=
"150" Canvas.Top="150"></Button>
        <Button x:Name="button5" Content="第五个按钮" Margin="2,5,2,5" Canvas.Left=
"200" Canvas.Top="200"></Button>
        <Button x:Name="button6" Content="第六个按钮" Margin="2,5,2,5" Canvas.Left=
"250" Canvas.Top="250"></Button>
        <Button x:Name="button7" Content="第七个按钮" Margin="2,5,2,5" Canvas.Left=
"300" Canvas.Top="300"></Button>
        <Button x:Name="button8" Content="第八个按钮" Margin="2,5,2,5" Canvas.Left=
"350" Canvas.Top="350"></Button>
        <Button x:Name="button9" Content="第九个按钮" Margin="2,5,2,5" Canvas.Left=
"400" Canvas.Top="400"></Button>
    </Canvas>
</Window>
```

2.3.3.2 Canvas 应用注意事项

在使用 Canvas 进行页面布局时，它的子控件不能使用两个以上的 Canvas 附加属性，如果同时设置 Canvas.Left 和 Canvas.Right 属性，那么后者将会被忽略。

Canvas 除了常用属性外还有两个属性，如下所示。

① ClipToBounds：用于设置超出边界部分是否需要进行剪裁。

② Panel.ZIndex：用于设置子元素在 Z 方向上的顺序，值越大，越靠上。如果两个元素重叠，则 ZIndex 值小的将会被覆盖。

最后，与 Grid 一样，如果两个元素在 Canvas 上位置、大小相同，且没有设置 ZIndex 属性，那么上面的元素会覆盖下面的元素。如果想要显示下面的元素，则可以修改上面元素的 Visibility 属性值或者 Opacity 属性值。

2.3.4 DockPanel

DockPanel（停靠面板）定义一个区域，在此区域中，可以使子元素通过锚点的形式排列，这些对象位于 Children 属性中。停靠面板类似于 WinForm 中控件的 Dock 属性。

DockPanel 会对每个子元素进行排序，并将根据指定的边进行停靠，多个停靠在同侧的元素则按顺序排序。在 DockPanel 中，指定停靠边的控件，会根据定义的顺序占领边角，所有控件绝不会交叠。

2.3.4.1 DockPanel 常用属性

DockPanel 内的元素会被附加上 DockPanel.Dock 属性，这个属性的类型为 Dock 枚举。Dock 枚举可取值为 Left、Top、Right、Bottom。根据 Dock 属性值，DockPanel 内的元素会向指定方向累积，切分剩余空间，就像船舶靠岸一样。

默认情况下，所有子元素都是靠左停靠（DockPanel.Dock=Left），如图 2-8 所示。

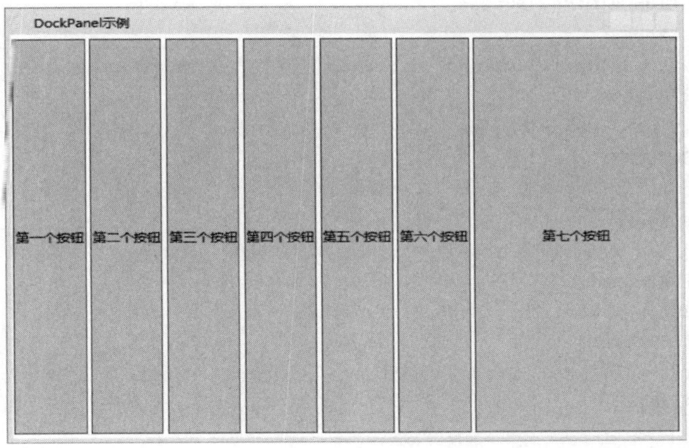

图 2-8 DockPanel 默认布局

如果不想使用 DockPanel.Dock 属性的默认值，也可以单独设置每一个子元素的 Dock 属性，如图 2-9 所示。

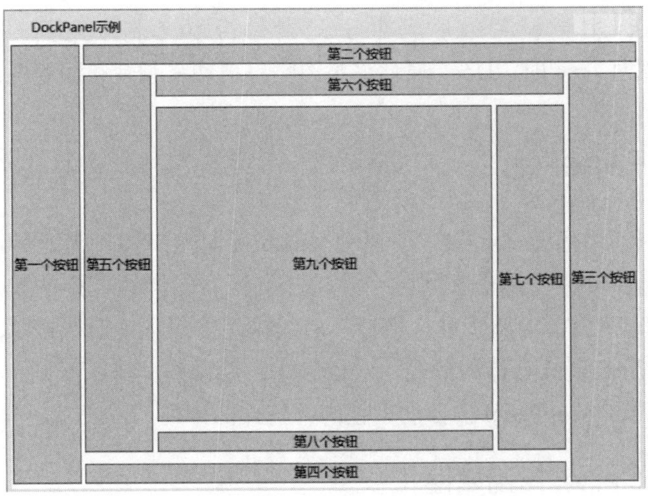

图 2-9 单独设置 Dock 属性

DockPanel 设置子元素 Dock 属性的示例（图 2-9）代码如下所示。

```
<Window x:Class="WpfApp1.FourWindow"
        xmlns="http://schemas.microsoft.com/winfx/2006/xaml/presentation"
        xmlns:x="http://schemas.microsoft.com/winfx/2006/xaml"
        xmlns:d="http://schemas.microsoft.com/expression/blend/2008"
        xmlns:mc="http://schemas.openxmlformats.org/markup-compatibility/2006"
        xmlns:local="clr-namespace:WpfApp1"
        mc:Ignorable="d"
        Title="DockPanel示例" Height="450" Width="600">
    <DockPanel LastChildFill="True" >
        <Button x:Name="button1" Content="第一个按钮" Margin="2,5,2,5" DockPanel.Dock
="Left"></Button>
        <Button x:Name="button2" Content="第二个按钮" Margin="2,5,2,5" DockPanel.Dock
="Top"></Button>
        <Button x:Name="button3" Content="第三个按钮" Margin="2,5,2,5" DockPanel.Dock
="Right">Button>
        <Button x:Name="button4" Content="第四个按钮" Margin="2,5,2,5" DockPanel.Dock
="Bottom"></Button>
        <Button x:Name="button5" Content="第五个按钮" Margin="2,5,2,5" DockPanel.Dock
="Left"></Button>
        <Button x:Name="button6" Content="第六个按钮" Margin="2,5,2,5" DockPanel.Dock
="Top"></Button>
        <Button x:Name="button7" Content="第七个按钮" Margin="2,5,2,5" DockPanel.Dock
="Right"></Button>
        <Button x:Name="button8" Content="第八个按钮" Margin="2,5,2,5" DockPanel.Dock
="Bottom"></Button>
        <Button x:Name="button9" Content="第九个按钮" Margin="2,5,2,5"></Button>
    </DockPanel>
</Window>
```

2.3.4.2 DockPanel 应用注意事项

在 DockPanel 中，元素的先后顺序很重要，关系着元素是否“顶边”。DockPanel 除了常用属性，还有一个属性，如下所示。

LastChildFill：用于设置最后一个子元素是否填充剩余空间，默认值为 True。LastChildFill 的值为 True 时，Dock 属性将被忽略，自动将剩余空间填满。

2.3.5 WrapPanel

WrapPanel 内部采用流式布局，使用 Orientation 属性来控制流延伸的方向。在流延伸的方向上，WrapPanel 布局面板将各个控件从左至右按照行或列的顺序罗列，当容器长度或高度不够时就会自动调整进行换行，后续排序按照从上至下或从左至右的顺序进行。通俗点讲：WrapPanel 容器内的控件，依顺序自动排列，排不下则自动换行。当改变窗体的尺寸大小时，WrapPanel 会自动调整内部控件的排列。

2.3.5.1 WrapPanel 常用属性

WrapPanel 和 StackPanel 一样，通过 Orientation 属性设置内部元素的延伸的方向。Orientation 属性为 Orientation 枚举值，分别为 Horizontal（水平排列）、Vertical（竖直排列）。

当 Orientation 属性的值设置为 Horizontal 时，元素是从左向右排列的，然后自上至下自动换行，如图 2-10 所示。

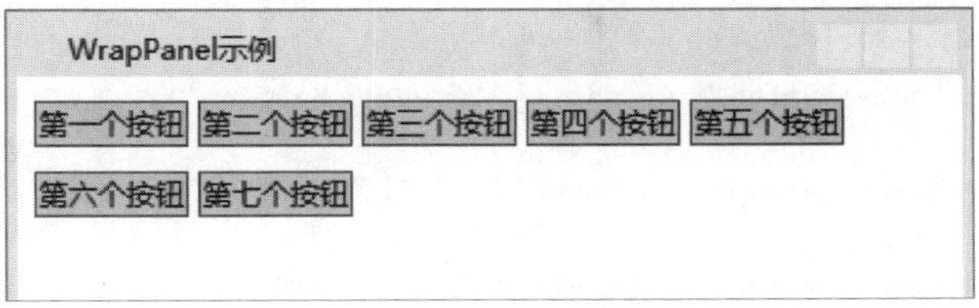

图 2-10 WrapPanel 默认水平布局

WrapPanel 水平排列示例（图 2-10）代码如下所示。

```
<Window x:Class="WpfApp1.ThirdWindow"
        xmlns="http://schemas.microsoft.com/winfx/2006/xaml/presentation"
        xmlns:x="http://schemas.microsoft.com/winfx/2006/xaml"
        xmlns:d="http://schemas.microsoft.com/expression/blend/2008"
        xmlns:mc="http://schemas.openxmlformats.org/markup-compatibility/2006"
        xmlns:local="clr-namespace:WpfApp1"
        mc:Ignorable="d"
        Title="WrapPanel示例" Height="450" Width="400">
    <WrapPanel Margin="5,5,5,5">
        <Button x:Name="button1" Content="第一个按钮" Margin="2,5,2,5"></Button>
        <Button x:Name="button2" Content="第二个按钮" Margin="2,5,2,5"></Button>
        <Button x:Name="button3" Content="第三个按钮" Margin="2,5,2,5"></Button>
        <Button x:Name="button4" Content="第四个按钮" Margin="2,5,2,5"></Button>
        <Button x:Name="button5" Content="第五个按钮" Margin="2,5,2,5"></Button>
        <Button x:Name="button6" Content="第六个按钮" Margin="2,5,2,5"></Button>
        <Button x:Name="button7" Content="第七个按钮" Margin="2,5,2,5"></Button>
    </WrapPanel>
</Window>
```

当 WrapPanel 的 Orientation 属性设置为 Vertical 时，可以修改排列方向为竖直排列，元素自上而下排列，当超过容器高度时，从左往右换行，如图 2-11 所示。

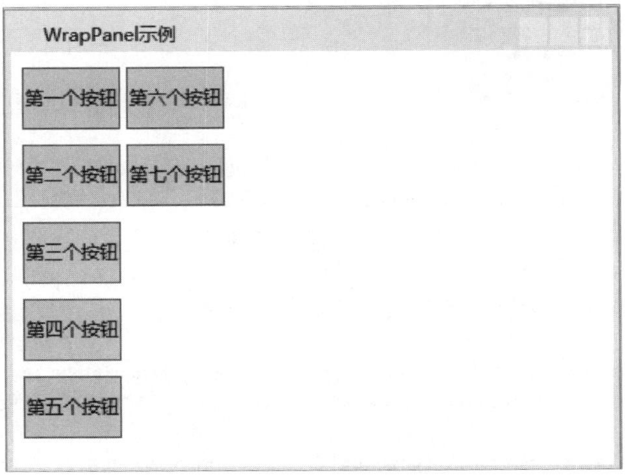

图 2-11 WrapPanel 竖直排列布局

WrapPanel 竖直排列示例（图 2-11）代码如下所示。

```
<WrapPanel Margin="5,5,5,5" Orientation="Vertical">
    <Button x:Name="button1" Content="第一个按钮" Margin="2,5,2,5" Height="40">
</Button>
    <Button x:Name="button2" Content="第二个按钮" Margin="2,5,2,5" Height="40">
</Button>
    <Button x:Name="button3" Content="第三个按钮" Margin="2,5,2,5" Height="40">
</Button>
    <Button x:Name="button4" Content="第四个按钮" Margin="2,5,2,5" Height="40">
</Button>
    <Button x:Name="button5" Content="第五个按钮" Margin="2,5,2,5" Height="40">
</Button>
    <Button x:Name="button6" Content="第六个按钮" Margin="2,5,2,5" Height="40">
</Button>
    <Button x:Name="button7" Content="第七个按钮" Margin="2,5,2,5" Height="40">
</Button>
</WrapPanel>
```

WrapPanel 常用属性，除了 Orientation 还有两个，如下所示。

① ItemHeight： 所有的元素都有相同高度。

② ItemWidth： 所有的元素都有相同宽度。

2.3.5.2 WrapPanel 应用注意事项

如果子元素设置的高度属性大于 ItemHeight 的值，则被截取，如图 2-12 所示。

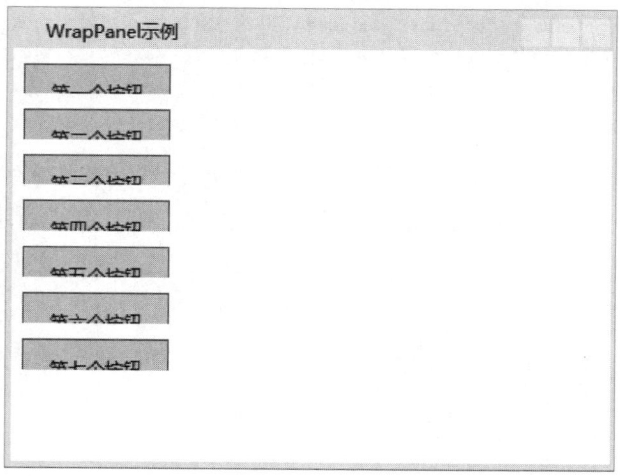

图 2-12　WrapPanel 高度设置

WrapPanel 高度设置示例（图 2-12）代码如下所示。

```
<WrapPanel Margin="5,5,5,5" Orientation="Vertical" ItemHeight="30" ItemWidth="100">
    <Button x:Name="button1" Content="第一个按钮" Margin="2,5,2,5" Height="40">
</Button>
    <Button x:Name="button2" Content="第二个按钮" Margin="2,5,2,5" Height="40">
</Button>
```

```
        <Button x:Name="button3" Content="第三个按钮" Margin="2,5,2,5" Height="40">
    </Button>
        <Button x:Name="button4" Content="第四个按钮" Margin="2,5,2,5" Height="40">
    </Button>
        <Button x:Name="button5" Content="第五个按钮" Margin="2,5,2,5" Height="40">
    </Button>
        <Button x:Name="button6" Content="第六个按钮" Margin="2,5,2,5" Height="40">
    </Button>
        <Button x:Name="button7" Content="第七个按钮" Margin="2,5,2,5" Height="40">
    </Button>

    </WrapPanel>
```

2.3.6 UniformGrid

WPF 开发中提供了一种 Grid 布局，此布局应用灵活、形式多样，在使用之前需要定义行、列，设置高度、宽度等内容，使用方法相对复杂。为了简化布局，针对等宽、等高的布局，提供了一种更加简化的布局容器 UniformGrid。

UniformGrid（统一布局），提供一种在网格（网格中的所有单元格都具有相同的大小）中排列内容的方法。

2.3.6.1 UniformGrid 常用属性

UniformGird 主要特点是：同一行，列等宽；同一列，行等高。常用属性为：

• Margin：获取或设置元素的外边距；

• Name：元素的标识名称；

• Opacity：透明度；

• Width/Height：宽度和高度；

• Visibility：该元素可见性；

• Rows：获取或设置网格中的行数；

• Columns：获取或设置网格中的列数；

• FirstColumn：获取或设置网格第一行中前导空白单元格的数量，必须小于属性 Columns 的值。

UniformGrid 相当于简化版的 Gird，但并不是 Grid 的子类，而是和 Grid 同级，都继承于 Panel 类。如果不设置子元素的控件大小，会根据容器的大小和行列数自动填充，如下所示。

```
    <UniformGrid Columns="4" Margin="5">
        <Button Content="按钮1" Margin="2"></Button>
        <Button Content="按钮2" Margin="2"></Button>
        <Button Content="按钮3" Margin="2"></Button>
        <Button Content="按钮4" Margin="2"></Button>
        <Button Content="按钮5" Margin="2"></Button>
        <Button Content="按钮6" Margin="2"></Button>
    </UniformGrid>
```

UniformGrid 页面默认布局如图 2-13 所示。

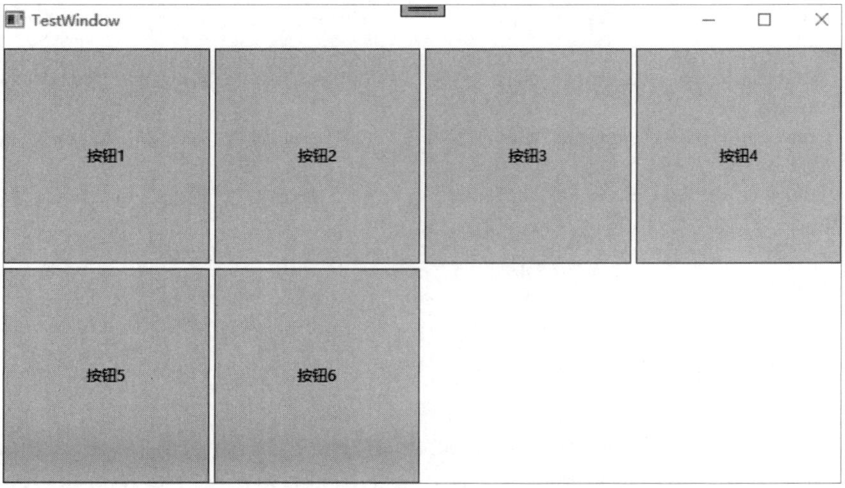

图 2-13 UniformGrid 默认布局

2.3.6.2 UniformGrid 应用注意事项

在实际使用 UniformGrid 进行 UI 页面布局时，有以下几点需要注意：

① 如果设置了 Columns，没有设置 Rows，则会根据元素个数和列数自动计算行数。

② 如果设置了 Rows，没有设置 Columns，则会根据元素个数和行数自动计算列数。

③ 如果 Rows、Columns 都没有设置，则会根据元素个数自动匹配。建议至少设置一个，否则可能与预期的布局不符。

④ 如果没有设置容器中元素的大小，则自动填充。

⑤ 如果设置了容器中元素的大小，且小于容器为该元素分配的平均大小，则以元素为准，其他以空白填充。

⑥ 如果设置了元素大小，且元素的大小大于容器为该元素分配的平均大小，则多余部分会隐藏，只显示能够显示的那部分。

2.4 开发实例：“连连看”布局

经过前文基础控件和 UI 布局相关知识的学习，我们已经可以开发简单的 WPF 程序了。接下来我们将以小时候经常玩的“连连看”小游戏的 UI 布局为例，通过基础控件和 UI 布局开发基于 WPF 版的“连连看”页面。

2.4.1　案例分析

玩过“连连看”小游戏的都知道，此款游戏以一些小的游戏元素按照一定规则排列[如：6×6，8×8，10×10（行数 × 列数）等] 组成一个方形的游戏图盘，点击图盘内两个相同的游戏元素，就可以相互配对，如果匹配成功，则双双消失。那么在 WPF 中，我们就可以“以 Grid 为图盘容器，以 Button 搭配背景图片为游戏元素，点击按钮响应事件，判断相关业务逻辑”。

2.4.2　游戏 UI 布局

首先创建一个 WPF 应用程序项目，项目名称为 LinkGame，游戏布局采用左右布局，左侧为功能按钮，如启动、停止、时间、分数等，右侧为“连连看”核心区域，用于图盘布局。在此案例中布局容器采用 Grid，通过 Grid 的 RowDefinitions 和 ColumnDefinitions 分别定义 Grid 的行和列，如下所示。

```
<Window x:Class="LinkGame.MainWindow"
        .....
        Title="连连看" Height="600" Width="800" Loaded="Window_Loaded">
    <Grid>
        <Grid.Background>
            <ImageBrush ImageSource="icon\bg.jpg">
            </ImageBrush>
        </Grid.Background>
        <Grid.ColumnDefinitions>
            <ColumnDefinition Width="200"></ColumnDefinition>
            <ColumnDefinition></ColumnDefinition>
        </Grid.ColumnDefinitions>
        <Grid>
            <Grid.RowDefinitions>
                <RowDefinition></RowDefinition>
                <RowDefinition></RowDefinition>
                <RowDefinition></RowDefinition>
                <RowDefinition></RowDefinition>
            </Grid.RowDefinitions>
            <StackPanel VerticalAlignment="Center" HorizontalAlignment="Center" Ori
entation="Horizontal">
                <TextBlock Text="分数：" FontSize="18" FontWeight="Bold" ></TextBlock>
                <TextBlock Text="18" FontSize="18" FontWeight="Bold" ></TextBlock>
            </StackPanel>
            <Button Grid.Row="1" Content="Play" FontSize="18" Width="100" Height=
"40"  FontWeight="Bold">
                <Button.Background>
                    <ImageBrush ImageSource="icon\play.png"></ImageBrush>
                </Button.Background>
            </Button>
            <Button Grid.Row="2" Content="Stop" FontSize="18" Width="100" Height=
"40" FontWeight="Bold">
                <Button.Background>
                    <ImageBrush ImageSource="icon\play.png"></ImageBrush>
                </Button.Background>
```

```
            </Button>
        </Grid>
        <GridSplitter Grid.Column="0" HorizontalAlignment="Right" Width="4"
Background="White" BorderBrush="White" BorderThickness="2"></GridSplitter>
        <Grid Grid.Column="1" x:Name="gridContainer" Margin="3">
        </Grid>
    </Grid>
</Window>
```

在本案例中，为了页面美观，分别为窗口、容器、按钮设置了背景图片。

2.4.3 游戏元素生成

在窗口加载时，调用 Loaded 事件，并在事件中初始化“连连看”核心区域布局:

① 定义游戏图盘的行和列，如 10×10，则定义 Grid 为 10 行、10 列。

② 循环生成游戏元素（Button），并随机为元素匹配背景图片。

③ 设置元素的所属行列值，并添加到 Grid 容器中。

“连连看”游戏示例具体代码如下所示。

```
private void Window_Loaded(object sender, RoutedEventArgs e)
{
      InitLinkGame();
}

private void InitLinkGame()
{
      for(int i = 0; i < 10; i++)
      {
            //定义容器行列
            RowDefinition row = new RowDefinition();
            ColumnDefinition col = new ColumnDefinition();
            gridContainer.RowDefinitions.Add(row);
            gridContainer.ColumnDefinitions.Add(col);
      }
      var random = new Random();
      for (int i = 0; i < 10; i++)
      {
            for (int j = 0; j < 10; j++)
            {
                  var rnd = random.Next(1, 18);
                  var img = @$"icon\{rnd.ToString("00")}.png";
                  Button element = new Button();
                  element.Margin = new Thickness(2);
                  element.Background=new ImageBrush(new BitmapImage(new Uri(img,
UriKind.Relative)));
                  element.SetValue(Grid.RowProperty, i);
                  element.SetValue(Grid.ColumnProperty, j);
                  this.gridContainer.Children.Add(element);
            }
      }
}
```

2.4.4　游戏运行

游戏布局创建成功后，通过 Visual Studio 开发工具运行调试，效果如图 2-14 所示。

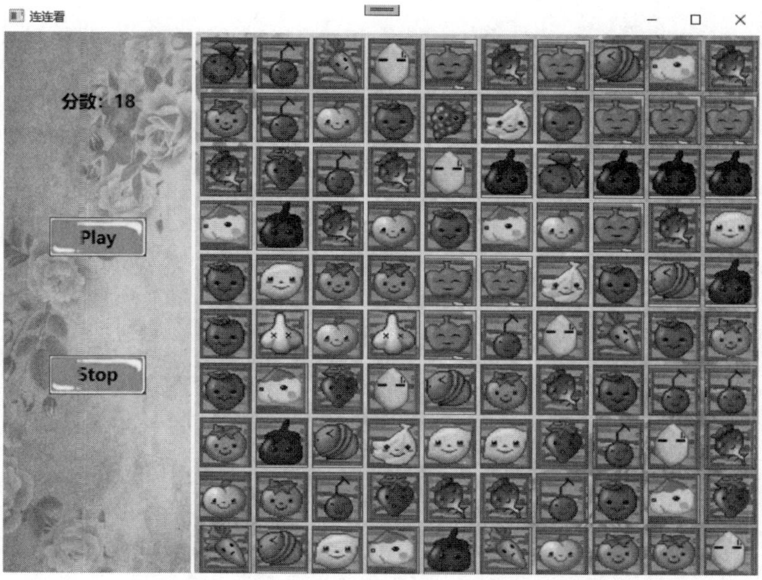

图 2-14　“连连看”布局

第 3 章

Chapter 3

资源与样式

在现实世界中，我们把有用的东西称为“资源”，它是人力、物力、财力的统称。在程序中，各种数据就是算法的粮草和原料。程序中可以存放数据的地方有很多，如数据库、内存变量、配置文件里等。外部配置文件与程序主体分离，就有可能丢失或者损坏，为了避免丢失或损坏，编译器允许我们把外部文件编译进程序主体，成为程序主体不可分割的一部分，这就是传统意义上的程序资源，也称为二进制资源。

WPF 不仅支持程序级的传统资源，同时还推出了独具特色的对象级资源，每一个页面都可以拥有自己的资源并可被自己的子级元素共享。比如，后面还会讲到的模板、程序样式和主题文件就经常放在对象级资源里。这样一来，WPF 中的数据就可以分为四个等级了：数据库里面的数据相当于存放在仓库里，资源文件里面的数据相当于存放在行李箱里，WPF 对象资源里面的数据相当于存放在背包里，内存变量中的数据就像是握在手里。

对于资源这个概念，很多 WPF 的初学者会感到迷惑。为了不把资源字典里面的资源和程序内嵌的资源搞混，我们明确地称呼资源字典里面的资源为“WPF 资源”或“对象资源”，称呼应用程序内嵌的资源为“程序集资源”或“二进制资源”。

本章主要讲解 WPF 独有的对象级资源以及相关样式的应用。

3.1 资源

资源是可以在应用程序中的不同位置重复使用的对象。WPF 不仅支持传统的程序级资源，还有独具特色的对象级资源，每一个界面元素都可以拥有自己的资源，并被子元素共享。

3.1.1 资源基础用法

通常情况下，资源是在当前页面（UserControl.Resources）或窗口（Window.Resources）节点下，以便于当前范围内所有的子元素共享，如图 3-1 所示。

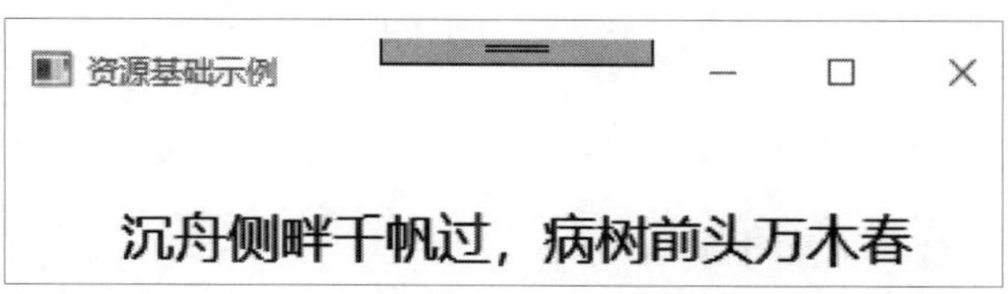

图 3-1 资源示例

要实现上述资源示例中的功能，需要将 System 引入 XAML 代码并映射为 sys 名称空间，然后在 Windows.Resources 属性里面添加资源条目（如：定义一个字符串类型的资源），最后再用 TextBlock 通过 Text="{StaticResource default}" 的方式来消费这些资源。

代码如下所示。

```
<Window x:Class="WpfApp1.TenWindow"
        xmlns="http://schemas.microsoft.com/winfx/2006/xaml/presentation"
        xmlns:x="http://schemas.microsoft.com/winfx/2006/xaml"
        xmlns:d="http://schemas.microsoft.com/expression/blend/2008"
        xmlns:mc="http://schemas.openxmlformats.org/markup-compatibility/2006"
        xmlns:local="clr-namespace:WpfApp1"
        xmlns:sys="clr-namespace:System;assembly=mscorlib"
        mc:Ignorable="d"
        Title="资源基础示例" Height="250" Width="400">
    <Window.Resources>
        <sys:String x:Key="default">
            沉舟侧畔千帆过，病树前头万木春
        </sys:String>
    </Window.Resources>
    <Grid>
        <TextBlock x:Name="tbInfo" Text="{StaticResource default}" FontSize="20"
Margin="10" Padding="10" VerticalAlignment="Center" HorizontalAlignment="Center">
        </TextBlock>
    </Grid>
</Window>
```

3.1.2 资源层级

在检索资源时，WPF 资源是采用从内到外的方式逐层进行查找的：会先查找控件自己的 Resources 属性，如果没有这个资源，程序会沿着逻辑树向上一级进行查找；如果在当前窗口未检索到资源，则继续到 App.xaml 中的 Application.Resources 继续查找，如果还没有找到，就会抛出异常。资源层级示例如图 3-2 所示。

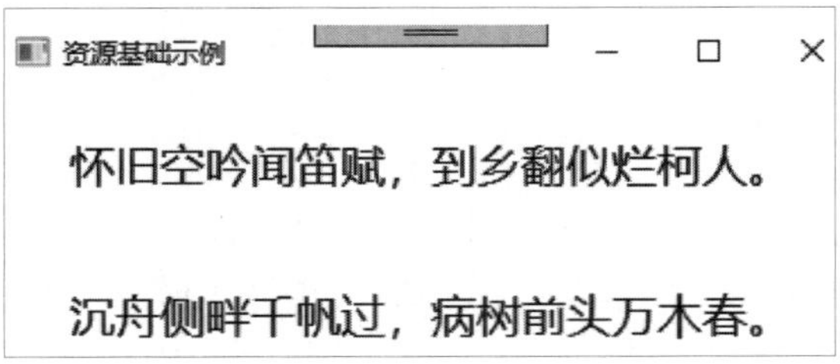

图 3-2　资源层级

在 App.xaml 中定义资源，然后在 Window 中应用资源，代码如下所示。

```
<Application x:Class="WpfApp1.App"
             xmlns="http://schemas.microsoft.com/winfx/2006/xaml/presentation"
             xmlns:x="http://schemas.microsoft.com/winfx/2006/xaml"
             xmlns:local="clr-namespace:WpfApp1"
             xmlns:sys="clr-namespace:System;assembly=mscorlib"
             StartupUri="TenWindow.xaml">
    <Application.Resources>
        <sys:String x:Key="story">
```

```
                怀旧空吟闻笛赋，到乡翻似烂柯人。
        </sys:String>
    </Application.Resources>
</Application>
```

在 Window（窗口）中调用，和调用页面内资源是一样的，代码如下所示。

```
<Window x:Class="WpfApp1.TenWindow"
        xmlns="http://schemas.microsoft.com/winfx/2006/xaml/presentation"
        xmlns:x="http://schemas.microsoft.com/winfx/2006/xaml"
        xmlns:d="http://schemas.microsoft.com/expression/blend/2008"
        xmlns:mc="http://schemas.openxmlformats.org/markup-compatibility/2006"
        xmlns:local="clr-namespace:WpfApp1"
        xmlns:sys="clr-namespace:System;assembly=mscorlib"
        mc:Ignorable="d"
        Title="资源基础示例" Height="250" Width="400">
    <Window.Resources>
        <sys:String x:Key="default">
            沉舟侧畔千帆过，病树前头万木春。
        </sys:String>
    </Window.Resources>
    <Grid>
        <Grid.RowDefinitions>
            <RowDefinition></RowDefinition>
            <RowDefinition></RowDefinition>
        </Grid.RowDefinitions>
        <TextBlock x:Name="tbInfo1" Grid.Row="0" Text="{StaticResource story}" Font
Size="20" Margin="10" Padding="10" VerticalAlignment="Center" HorizontalAlignment="
Center">
        </TextBlock>
        <TextBlock x:Name="tbInfo2" Grid.Row="1" Text="{StaticResource default}" Fo
ntSize="20" Margin="10" Padding="10" VerticalAlignment="Center" HorizontalAlignment
="Center">
        </TextBlock>
    </Grid>
</Window>
```

3.1.3　资源分类

在 WPF 中，当资源被存储进资源字典后，根据资源的加载时间点，分为静态资源和动态资源。主要区别如下：

① 静态资源（Static Resource）：在程序启动初始化时进行加载且只加载一次的资源。

② 动态资源（Dynamic Resource）：在程序执行过程中，动态地去访问资源，引用资源的属性，它的值会随着资源的改变而改变，所以动态资源对系统的消耗相对比较大。

3.1.3.1　静态资源

静态资源是在程序启动初始化时进行加载且只加载一次的资源。上述资源示例，均为静态资源。静态资源语法如下：

```
属性名称 ="{StaticResource 资源名称 }"
```

3.1.3.2 动态资源

由于静态资源只加载一次，所以当资源发生更新时它也不会知道。比如，在程序运行过程中允许用户更改“皮肤”的颜色搭配，则不能再使用静态资源，而必须使用动态资源才可以。动态资源就是在程序执行过程中允许属性随着资源的改变而改变。动态资源语法如下：

```
属性名称 ="{DynamicResource 资源名称 }"
```

如图 3-3 所示，两个按钮使用同一个资源（背景图片），其中第一个采用静态资源引用，第二个采用动态资源引用，当资源发生改变时，第一个不改变，第二个实时变化。

(a) 资源改变前

(b) 资源改变后

图 3-3 动态资源

上述静态资源与动态资源示例，其代码如下所示。

```
<Window x:Class="WpfApp1.NineWindow"
        xmlns="http://schemas.microsoft.com/winfx/2006/xaml/presentation"
        xmlns:x="http://schemas.microsoft.com/winfx/2006/xaml"
        xmlns:d="http://schemas.microsoft.com/expression/blend/2008"
        xmlns:mc="http://schemas.openxmlformats.org/markup-compatibility/2006"
        xmlns:local="clr-namespace:WpfApp1"
        mc:Ignorable="d"
        Title="资源基础示例" Height="320" Width="400">
    <Window.Resources>
        <!--ViewportUnits——设置平铺的相对/绝对坐标，即图片在哪平铺。-->
        <ImageBrush x:Key="one" Viewport="0 0 50 50" ViewportUnits="Absolute"
TileMode="Tile" ImageSource="alan_logo.png" Opacity="0.3"></ImageBrush>
    </Window.Resources>
    <StackPanel Margin="5" x:Name="stackpanel1">
        <Button Content="第一个按钮" Name="first" Margin="5" Padding="25" FontSize=
"58" Background="{ StaticResource one}"></Button>
        <Button Content="第二个按钮" Name="second" Margin="5" Padding="25" FontSize=
"58" Background="{ DynamicResource one}" Click="second_Click" ></Button>
    </StackPanel>
```

```
</Window>
```

当点击按钮时，后台修改资源。代码如下所示。

```
private void second_Click(object sender, RoutedEventArgs e)
{
        var img = this.FindResource("one") as ImageBrush ;
        img = new ImageBrush(new BitmapImage(new Uri(@"imgs/alan_logo1.png",
UriKind.Relative)));
        img.TileMode = TileMode.Tile;
        img.Opacity = 0.3;
        img.Viewport = new Rect(0, 0, 50, 50);
        img.ViewportUnits = BrushMappingMode.Absolute;
        this.Resources["one"] = img;
        //注意：此处是直接重写覆盖资源key=one的对象，并不是对原资源设置ImageSource属性。两者
效果不同
}
```

3.1.4　资源文件

程序集资源文件位于 Properties/Resources.resx 中，如果想要在程序中访问资源文件的内容，则必须将访问修饰符设置成 Public，如图 3-4 所示。Resources.resx 文件内容的组织形式也是“键 - 值”对，编译后 Resources.resx 会形成 Properties 名称空间中的 Resources 类，使用这个类的属性或方法就能获取资源。

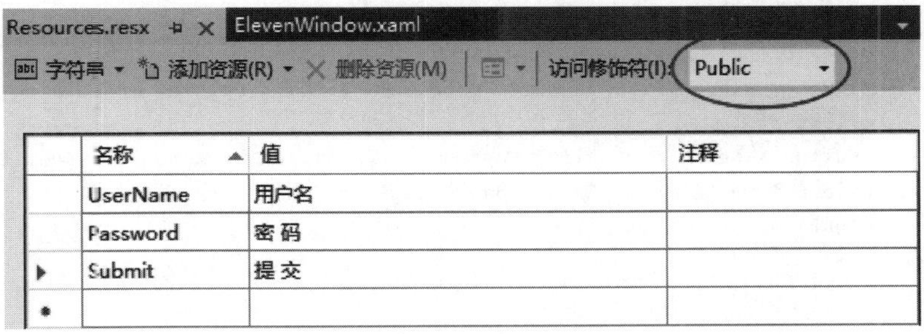

图 3-4　资源文件

在 WPF 中，通过 Text="{x:Static prop:Resources.Password}" 的方式，访问资源内容，示例如图 3-5 所示。

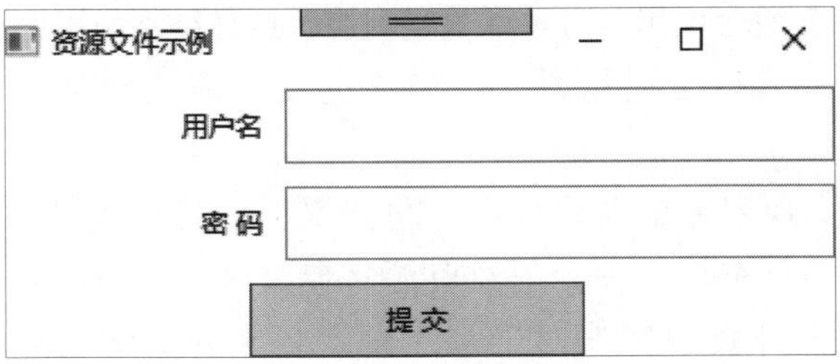

图 3-5　引用资源文件

WPF 引用程序集资源文件示例（图 3-5）代码如下：

```
<Window x:Class="WpfApp1.ElevenWindow"
        xmlns="http://schemas.microsoft.com/winfx/2006/xaml/presentation"
        xmlns:x="http://schemas.microsoft.com/winfx/2006/xaml"
        xmlns:d="http://schemas.microsoft.com/expression/blend/2008"
        xmlns:mc="http://schemas.openxmlformats.org/markup-compatibility/2006"
        xmlns:local="clr-namespace:WpfApp1"
        xmlns:prop="clr-namespace:WpfApp1.Properties"
        mc:Ignorable="d"
        Title="资源文件示例" Height="150" Width="400">
    <Grid>
        <Grid.RowDefinitions>
            <RowDefinition></RowDefinition>
            <RowDefinition></RowDefinition>
            <RowDefinition></RowDefinition>
        </Grid.RowDefinitions>
        <Grid.ColumnDefinitions>
            <ColumnDefinition Width="1*"></ColumnDefinition>
            <ColumnDefinition Width="2*"></ColumnDefinition>
        </Grid.ColumnDefinitions>
        <TextBlock x:Name="tbUserName" Text="{x:Static prop:Resources.UserName}"
 VerticalAlignment="Center" HorizontalAlignment="Right"  Grid.Row="0" Grid.Column
="0" Margin="5">
        </TextBlock>
        <TextBox x:Name="txtUserName" Grid.Row="0" Grid.Column="1" Margin="5">
        </TextBox>
        <TextBlock x:Name="tbPassword" Text="{x:Static prop:Resources.Password}"
VerticalAlignment="Center" HorizontalAlignment="Right"  Grid.Row="1" Grid.Column=
"0" Margin="5">
        </TextBlock>
        <TextBox x:Name="txtPassword" Grid.Row="1" Grid.Column="1" Margin="5">
        </TextBox>
        <Button x:Name="btnSubmit" Content="{x:Static prop:Resources.Submit}" Grid.
Row="2" Grid.Column="0" Grid.ColumnSpan="2" Width="150" Margin="5">
        </Button>
    </Grid>
</Window>
```

3.1.5 资源字典

在了解了 WPF 资源后，你可能会想：如果把资源像 CSS 或者 JavaScript 那样存放在独立的文件中，使用时成套引用，且可以重复利用，这样岂不是更好？ResourceDictionary 具有一个 Source 属性，只要把包含资源定义的文件路径赋值给这个属性，就一切搞定！

资源字典可以实现资源的共享，即一份定义、多处使用的效果，具有高效、可维护性与适应性佳等优势。首先，创建资源字典文件，通过程序中单击鼠标右键→添加→资源词典，打开资源字典对话框，设定名称为 OneDictionary.xaml，如图 3-6 所示。

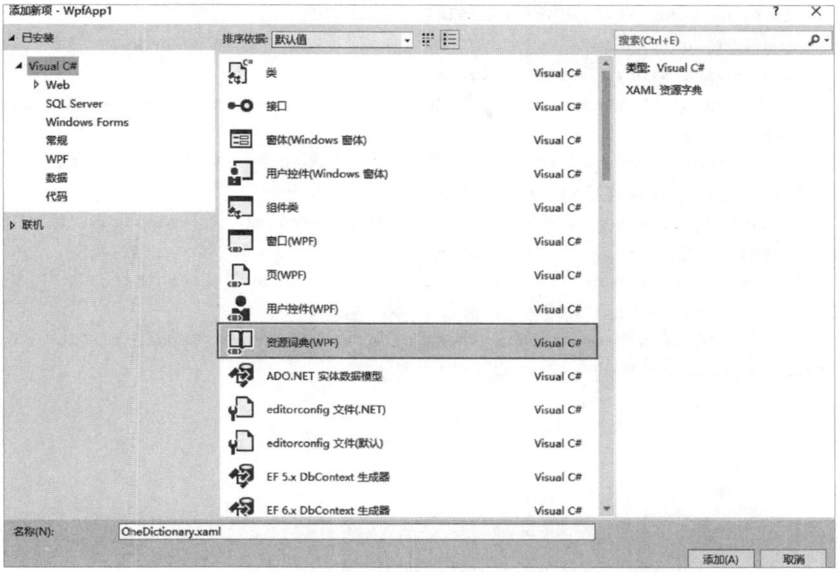

图 3-6　资源字典

资源字典中创建了五个资源，如下所示。

```
<ResourceDictionary xmlns="http://schemas.microsoft.com/winfx/2006/xaml/
presentation"
                      xmlns:x="http://schemas.microsoft.com/winfx/2006/xaml"
                      xmlns:sys="clr-namespace:System;assembly=mscorlib"
                      xmlns:local="clr-namespace:WpfApp1">
    <sys:String x:Key="story0">酬乐天扬州初逢席上见赠</sys:String>
    <sys:String x:Key="story1">【作者】刘禹锡 【朝代】唐</sys:String>
    <sys:String x:Key="story2">巴山楚水凄凉地，二十三年弃置身。</sys:String>
    <sys:String x:Key="story3">怀旧空吟闻笛赋，到乡翻似烂柯人。</sys:String>
    <sys:String x:Key="story4">沉舟侧畔千帆过，病树前头万木春。</sys:String>
    <sys:String x:Key="story5">今日听君歌一曲，暂凭杯酒长精神。</sys:String>
</ResourceDictionary>
```

在对应窗口中，包含资源文件的路径即可，如下所示。

```
<Window x:Class="WpfApp1.TwelveWindow"
        xmlns="http://schemas.microsoft.com/winfx/2006/xaml/presentation"
        xmlns:x="http://schemas.microsoft.com/winfx/2006/xaml"
        xmlns:d="http://schemas.microsoft.com/expression/blend/2008"
        xmlns:mc="http://schemas.openxmlformats.org/markup-compatibility/2006"
        xmlns:local="clr-namespace:WpfApp1"
        mc:Ignorable="d"
        Title="资源字典示例" Height="350" Width="400">
    <Window.Resources>
        <ResourceDictionary>
            <ResourceDictionary.MergedDictionaries>
                <ResourceDictionary Source="OneDictionary.xaml"></ResourceDictionary>
            </ResourceDictionary.MergedDictionaries>
        </ResourceDictionary>
    </Window.Resources>
```

```
    <StackPanel Margin="5" HorizontalAlignment="Center">
        <TextBlock x:Name="tbStory0" Margin="5" Padding="5" FontSize="20"  Text=
"{StaticResource story0}"></TextBlock>
        <TextBlock x:Name="tbStory1" Margin="5" Padding="5" FontSize="20"  Text=
"{StaticResource story1}"></TextBlock>
        <TextBlock x:Name="tbStory2" Margin="5" Padding="5" FontSize="20"  Text=
"{StaticResource story2}"></TextBlock>
        <TextBlock x:Name="tbStory3" Margin="5" Padding="5" FontSize="20"  Text=
"{StaticResource story3}"></TextBlock>
        <TextBlock x:Name="tbStory4" Margin="5" Padding="5" FontSize="20"  Text=
"{StaticResource story4}"></TextBlock>
        <TextBlock x:Name="tbStory5" Margin="5" Padding="5" FontSize="20"  Text=
"{StaticResource story5}"></TextBlock>
    </StackPanel>
</Window>
```

WPF 资源文件示例如图 3-7 所示。

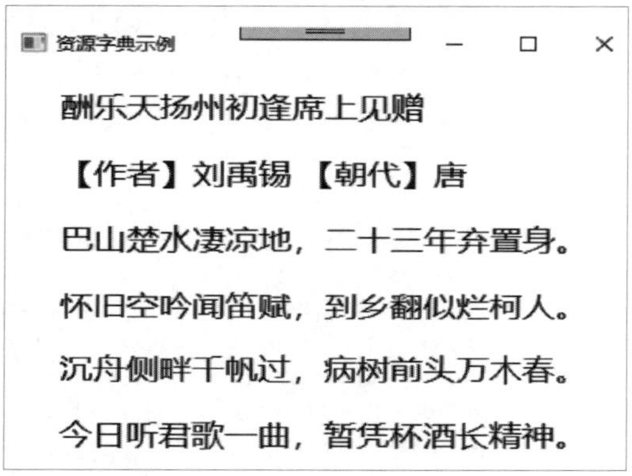

图 3-7　资源字典应用

3.2 样式

Style 直译过来就是“样式”“风格”。比如人的风格指的是静态外观和行为举止。同样一个人，如果留平头，穿上足球队的队服，脚踏“战靴”，看上去就像是一名叱咤球场的运动员；如果让他换上一身笔挺的西装，穿上锃亮的皮鞋，拎上公文包，看上去就像是一位商务人士。这些就是静态外观风格，是可以通过改变一些属性值的搭配来实现的。除了静态外观，我们还会观察行为举止，比如遇到困难时，有些人乐观，有些人谨慎，有些人悲观，这就是行为风格。

如果把 WPF 窗体看作一个舞台，那么窗体上的控件就是一个个演员，它们的职责就是在用户界面上按照业务逻辑的需要扮演自己的角色。为了让同一种控件担当起不同的角色，程序员就要为它们设计多种外观样式和行为动作，这就是 Style。构成 Style 的两种最重要元素是 Setter 和 Trigger：Setter 类帮助我们设置元素控件的静态外观风格，

Trigger 类则帮助我们设置控件的行为风格。

3.2.1 基础样式

通过样式，WPF 不仅可以方便地设置控件元素的展示方式，给用户多样化的体验，还能简化配置，避免重复设置元素的属性，以达到节约成本、提高工作效率的目的。

样式（Style）是组织和重用格式化选项的重要工具。不是使用重复的标记填充 XAML，以便设置外边距、内边距、颜色以及字体等细节，而是创建一系列封装所有这些细节的样式，然后在需要之处通过属性来应用样式。样式是可应用于元素的属性值集合。使用资源的最常见原因之一就是样式。

3.2.1.1 按控件类型设置样式

通过设置 Style 的 TargetType 属性，可以指定样式应用的控件类型，子节点范围内的同一类型控件都将以此 Style 所设置的风格达到统一设置样式（如：字体、大小、边距等），进而形成统一的风格的效果，如图 3-8 所示。

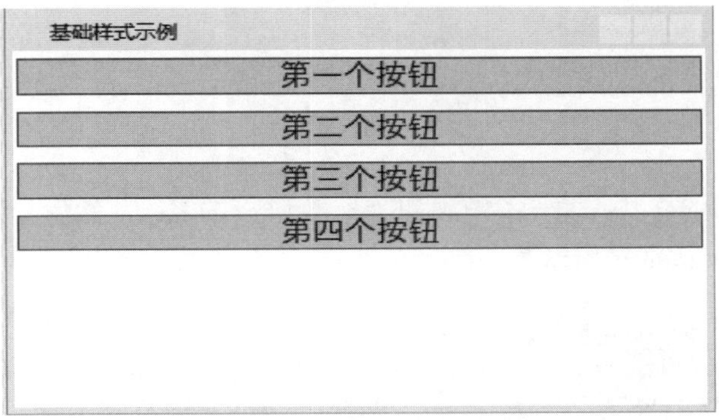

图 3-8 按控件类型设置样式

通过设置样式的 TargetType="Button"，则可以使所有的按钮应用同一个样式，进而形成统一风格。图 3-8 示例代码如下所示。

```
<Window x:Class="WpfApp1.SevenWindow"
        xmlns="http://schemas.microsoft.com/winfx/2006/xaml/presentation"
        xmlns:x="http://schemas.microsoft.com/winfx/2006/xaml"
        xmlns:d="http://schemas.microsoft.com/expression/blend/2008"
        xmlns:mc="http://schemas.openxmlformats.org/markup-compatibility/2006"
        xmlns:local="clr-namespace:WpfApp1"
        mc:Ignorable="d"
        Title="基础样式示例" Height="250" Width="400">
    <Window.Resources>
        <Style TargetType="Button" >
            <Setter Property="Button.Margin" Value="2,5,2,5"></Setter>
            <Setter Property="Control.FontFamily" Value="SimSun-ExtB"></Setter>
            <Setter Property="Control.FontSize" Value="18"></Setter>
        </Style>
```

```
    </Window.Resources>
    <StackPanel>
        <Button x:Name="button1" Content="第一个按钮"></Button>
        <Button x:Name="button2" Content="第二个按钮" ></Button>
        <Button x:Name="button3" Content="第三个按钮"></Button>
        <Button x:Name="button4" Content="第四个按钮" ></Button>
    </StackPanel>
</Window>
```

3.2.1.2 单独设置样式

如果需要对每一个控件元素都设置不同的样式，则可以通过不同的 Key（即唯一标识）加以区分，示例效果如图 3-9 所示。

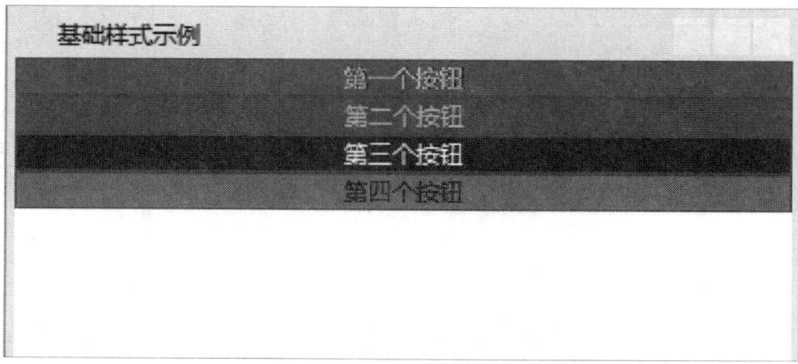

图 3-9 单独设置样式

分别设置不同的样式，每一个样式都有一个唯一的 Key，然后分别绑定到各个元素的 Style 属性上，代码如下所示。

```
<Window x:Class="WpfApp1.SevenWindow"
        xmlns="http://schemas.microsoft.com/winfx/2006/xaml/presentation"
        xmlns:x="http://schemas.microsoft.com/winfx/2006/xaml"
        xmlns:d="http://schemas.microsoft.com/expression/blend/2008"
        xmlns:mc="http://schemas.openxmlformats.org/markup-compatibility/2006"
        xmlns:local="clr-namespace:WpfApp1"
        mc:Ignorable="d"
        Title="基础样式示例" Height="250" Width="400">
    <Window.Resources>
        <Style TargetType="Button" >
            <Setter Property="Button.Margin" Value="2,5,2,5"></Setter>
            <Setter Property="Control.FontFamily" Value="SimSun-ExtB"></Setter>
            <Setter Property="Control.FontSize" Value="16"></Setter>
        </Style>
        <Style x:Key="first">
            <Setter Property="Control.Foreground" Value="Red"></Setter>
            <Setter Property="Control.Background" Value="Gray"></Setter>
        </Style>
        <Style x:Key="second">
            <Setter Property="ItemsControl.Foreground" Value="Gold"></Setter>
            <Setter Property="ItemsControl.Background" Value="DarkCyan"></Setter>
        </Style>
        <Style x:Key="third">
```

```
                <Setter Property="ItemsControl.Foreground" Value="White"></Setter>
                <Setter Property="ItemsControl.Background" Value="DarkRed"></Setter>
            </Style>
            <Style x:Key="four">
                <Setter Property="ItemsControl.Foreground" Value="Blue"></Setter>
                <Setter Property="ItemsControl.Background" Value="LightCoral"></Setter>
            </Style>
        </Window.Resources>
        <StackPanel>
            <Button x:Name="button1" Content="第一个按钮" Style="{StaticResource first}">
    </Button>
            <Button x:Name="button2" Content="第二个按钮" Style="{StaticResource second}"
    ></Button>
            <Button x:Name="button3" Content="第三个按钮" Style="{StaticResource third}">
    </Button>
            <Button x:Name="button4" Content="第四个按钮" Style="{StaticResource four}">
    </Button>
        </StackPanel>
    </Window>
```

3.2.2　样式继承

通过仔细观察发现，在设置了单独样式以后，统一的样式失去了作用，说明每一个元素控件只能绑定一个样式。那怎么办才能让统一样式起作用呢？答案就是面向对象思想中的继承。在 WPF 中，通过设置 Style 的 BasedOn 属性来继承父样式，如图 3-10 所示。

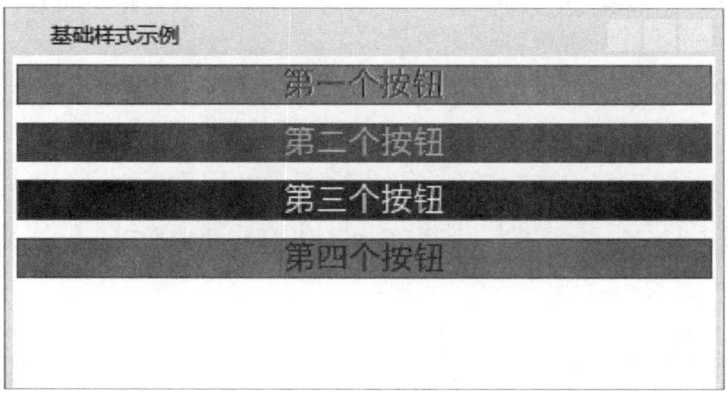

图 3-10　样式继承

在每一个样式通过 BasedOn 属性继承父样式，样式继承示例代码如下。

```
<Window x:Class="WpfApp1.SevenWindow"
        xmlns="http://schemas.microsoft.com/winfx/2006/xaml/presentation"
        xmlns:x="http://schemas.microsoft.com/winfx/2006/xaml"
        xmlns:d="http://schemas.microsoft.com/expression/blend/2008"
        xmlns:mc="http://schemas.openxmlformats.org/markup-compatibility/2006"
        xmlns:local="clr-namespace:WpfApp1"
        mc:Ignorable="d"
        Title="基础样式示例" Height="250" Width="400">
    <Window.Resources>
```

```
        <Style x:Key="base" >
            <Setter Property="Control.Margin" Value="2,5,2,5"></Setter>
            <Setter Property="Control.FontFamily" Value="SimSun-ExtB"></Setter>
            <Setter Property="Control.FontSize" Value="18"></Setter>
        </Style>
        <Style x:Key="first" BasedOn="{StaticResource base}">
            <Setter Property="Control.Foreground" Value="Red"></Setter>
            <Setter Property="Control.Background" Value="Gray"></Setter>
        </Style>
        <Style x:Key="second" BasedOn="{StaticResource base}">
            <Setter Property="ItemsControl.Foreground" Value="Gold"></Setter>
            <Setter Property="ItemsControl.Background" Value="DarkCyan"></Setter>
        </Style>
        <Style x:Key="third" BasedOn="{StaticResource base}">
            <Setter Property="ItemsControl.Foreground" Value="White"></Setter>
            <Setter Property="ItemsControl.Background" Value="DarkRed"></Setter>
        </Style>
        <Style x:Key="four" BasedOn="{StaticResource base}">
            <Setter Property="ItemsControl.Foreground" Value="Blue"></Setter>
            <Setter Property="ItemsControl.Background" Value="LightCoral"></Setter>
        </Style>
    </Window.Resources>
    <StackPanel>
        <Button x:Name="button1" Content="第一个按钮" Style="{StaticResource first}">
</Button>
        <Button x:Name="button2" Content="第二个按钮" Style="{StaticResource second}">
</Button>
        <Button x:Name="button3" Content="第三个按钮" Style="{StaticResource third}">
</Button>
        <Button x:Name="button4" Content="第四个按钮" Style="{StaticResource four}">
</Button>
    </StackPanel>
</Window>
```

注意：如果样式要被其他样式继承，则最好不要使用TargetType指定。一般情况下，可能会报错（只能继承带有基类型“IFrameworkInputElement”的目标类型的 Style）。

3.2.3 样式绑定事件

在 WPF 中的样式中，通过 EventSetter 进行事件绑定，如图 3-11 所示。

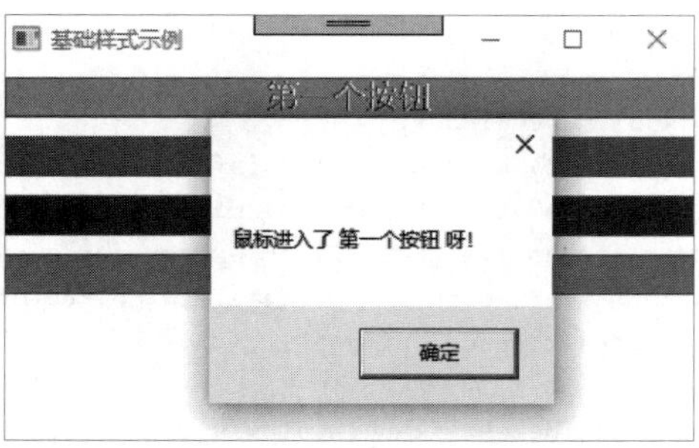

图 3-11 样式绑定事件

在样式中，通过 EventSetter 设置事件，代码如下所示。

```
<Window x:Class="WpfApp1.SevenWindow"
        xmlns="http://schemas.microsoft.com/winfx/2006/xaml/presentation"
        xmlns:x="http://schemas.microsoft.com/winfx/2006/xaml"
        xmlns:d="http://schemas.microsoft.com/expression/blend/2008"
        xmlns:mc="http://schemas.openxmlformats.org/markup-compatibility/2006"
        xmlns:local="clr-namespace:WpfApp1"
        mc:Ignorable="d"
        Title="基础样式示例" Height="250" Width="400">
    <Window.Resources>
        <Style x:Key="base">
            <Setter Property="Control.Margin" Value="2,5,2,5"></Setter>
            <Setter Property="Control.FontFamily" Value="SimSun-ExtB"></Setter>
            <Setter Property="Control.FontSize" Value="18"></Setter>
        </Style>
        <Style x:Key="first" BasedOn="{StaticResource base}">
            <Setter Property="Control.Foreground" Value="Red"></Setter>
            <Setter Property="Control.Background" Value="Gray"></Setter>
            <EventSetter Event="Button.MouseEnter" Handler="FirstButton_
MouseEnter"></EventSetter>
        </Style>
    </Window.Resources>
    <StackPanel>
        <Button x:Name="button1" Content="第一个按钮" Style="{StaticResource first}">
</Button>
    </StackPanel>
</Window>
```

其中，FirstButton_MouseEnter 是后台定义的一个事件函数，如下所示。

```
private void FirstButton_MouseEnter(object sender,MouseEventArgs e)
{
    Button btn = (Button)sender;4
    MessageBox.Show("鼠标进入了 "+btn.Content.ToString()+" 呀！");
}
```

3.3 触发器

使用触发器可自动完成简单的样式的改变，不需要使用代码，也可以完成不少工作。触发器通过 Style.Trigger 集合链接到样式。每个样式可以有任意多个触发器。每个触发器都是 System Windows.TriggerBase 的实例。TriggerBase 的子类如表 3-1 所示。

表 3-1　触发器

名称	说明
Trigger	这是一种最简单的触发器，可以监测依赖属性的变化，然后设置器改变样式
MultiTrigger	与 Trigger 相似，但这种触发器联合了多个条件，只有满足了所有条件，才会启动触发器

续表

名称	说明
DataTrigger	这种触发器用于数据绑定，与 Trigger 类似，只不过监测的是任意数据绑定的变化
MultiDataTrigger	联合多个数据触发器
EventTrigger	这是最复杂的触发器，当事件发生时，这种触发器应用动画

触发器（Trigger）在某些条件满足时触发一个行为（比如某些值的变化或者动画的发生等）。触发器比较像事件，事件一般是由用户点击产生的，而触发器除了有事件触发型的 EventTrigger，还有数据触发型的 DataTrigger 以及多个条件触发型的 MultiTrigger。默认情况下，触发器即指基础触发器。

3.3.1 基础触发器

Trigger 类是最基础的触发器，类似于设置器（Setter），触发器也有 Property 和 Value 两个属性。其中 Property 是 Trigger 关注的属性，Value 是需要满足的条件。Trigger 类还有一个 Setters 属性，表示一组设置，一旦触发条件被满足，这组设置的“属性 - 值”就会被应用，触发条件不满足后，应用的属性值会被还原。通俗点讲，触发器是在满足一定条件后触发相关的样式设置，如图 3-12 所示。

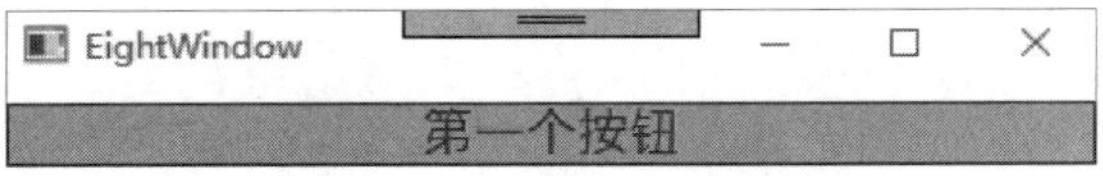

图 3-12　基础触发器

图 3-12 所示触发器应用示例中设置了两个触发器：

① Control.IsMouseOver：鼠标覆盖在按钮上时，设置对应的样式。

② Control.IsFocused：控件聚焦时，设置对应的样式。

代码如下所示。

```
<Window x:Class="WpfApp1.EightWindow"
        xmlns="http://schemas.microsoft.com/winfx/2006/xaml/presentation"
        xmlns:x="http://schemas.microsoft.com/winfx/2006/xaml"
        xmlns:d="http://schemas.microsoft.com/expression/blend/2008"
        xmlns:mc="http://schemas.openxmlformats.org/markup-compatibility/2006"
        xmlns:local="clr-namespace:WpfApp1"
        mc:Ignorable="d"
        Title="EightWindow" Height="350" Width="400">
    <Window.Resources>
        <Style x:Key="first">
            <Setter Property="Control.Margin" Value="2,5,2,5"></Setter>
            <Setter Property="Control.FontFamily" Value="SimSun-ExtB"></Setter>
            <Setter Property="Control.FontSize" Value="18"></Setter>
            <Setter Property="Control.Foreground" Value="Red"></Setter>
            <Setter Property="Control.Background" Value="LightBlue"></Setter>
            <Style.Triggers>
```

```
                    <Trigger Property="Control.IsMouseOver" Value="True">
                        <Setter Property="ItemsControl.Background" Value="AliceBlue"></
Setter>
                        <Setter Property="Control.FontSize" Value="28"></Setter>
                    </Trigger>
                    <Trigger Property="Control.IsFocused" Value="True">
                        <Setter Property="ItemsControl.Background" Value="DarkGoldenrod
"></Setter>
                        <Setter Property="Control.FontSize" Value="28"></Setter>
                    </Trigger>
                </Style.Triggers>
            </Style>
        </Window.Resources>
        <StackPanel>
            <Button x:Name="button1" Content="第一个按钮" Style="{StaticResource first}">
</Button>
        </StackPanel>
</Window>
```

注意：如果样式触发器设置了多个，且条件相互覆盖时，以最后的设置为准。

3.3.2 多条件触发器

如果需要多个条件同时满足，才能触发 Trigger，则可以通过 MultiTrigger（多条件触发器）来设置。MultiTrigger 是一个容易让人误解的名字，会让人以为是多个 Trigger 集成在一起，实际上不是，而是多个条件同时成立时才会被触发。MultiTrigger 比 Trigger 多了一个 Conditions 属性，需要同时存在的条件就存储在这个集合当中。MultiTrigger 示例代码如下所示。

```
<Window x:Class="WpfApp1.EightWindow"
        xmlns="http://schemas.microsoft.com/winfx/2006/xaml/presentation"
        xmlns:x="http://schemas.microsoft.com/winfx/2006/xaml"
        xmlns:d="http://schemas.microsoft.com/expression/blend/2008"
        xmlns:mc="http://schemas.openxmlformats.org/markup-compatibility/2006"
        xmlns:local="clr-namespace:WpfApp1"
        mc:Ignorable="d"
        Title="EightWindow" Height="350" Width="400">
    <Window.Resources>
        <Style x:Key="first">
            <Setter Property="Control.Margin" Value="2,5,2,5"></Setter>
            <Setter Property="Control.FontFamily" Value="SimSun-ExtB"></Setter>
            <Setter Property="Control.FontSize" Value="18"></Setter>
            <Setter Property="Control.Foreground" Value="Red"></Setter>
            <Setter Property="Control.Background" Value="LightBlue"></Setter>
            <Style.Triggers>
                <MultiTrigger>
                    <MultiTrigger.Conditions>
                        <Condition Property="Control.IsMouseOver" Value="True">
</Condition>
                        <Condition Property="Control.IsFocused" Value="True">
```

```
</Condition>
                    </MultiTrigger.Conditions>
                    <MultiTrigger.Setters>
                        <Setter Property="ItemsControl.
Background" Value="Gainsboro"></Setter>
                        <Setter Property="Control.FontSize" Value="20"></Setter>
                    </MultiTrigger.Setters>
                </MultiTrigger>
            </Style.Triggers>
        </Style>
    </Window.Resources>
    <StackPanel>
        <Button x:Name="button1" Content="第一个按钮" Style="{StaticResource first}">
</Button>
        <Button x:Name="button2" Content="第二个按钮" ></Button>
    </StackPanel>
</Window>
```

3.3.3 事件触发器

事件触发器（EventTrigger）是触发器中最特殊的一个。首先，它不是由属性值或者数据的变化来触发，而是由事件来触发的；其次，被触发后它并非应用一组 Setter，而是执行一段动画。因此 UI 层的动画效果往往与 EventTrigger 关联。EventTrigger 示例如图 3-13 所示。

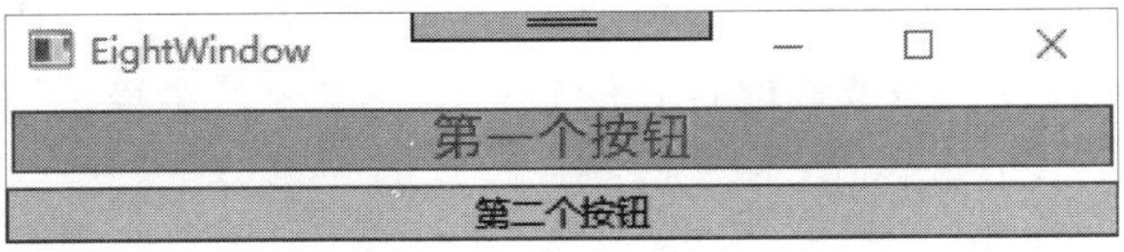

图 3-13 事件触发器

当鼠标进入时，字体变大；当鼠标离开时，字体恢复。示例代码如下所示。

```
<Window x:Class="WpfApp1.EightWindow"
        xmlns="http://schemas.microsoft.com/winfx/2006/xaml/presentation"
        xmlns:x="http://schemas.microsoft.com/winfx/2006/xaml"
        xmlns:d="http://schemas.microsoft.com/expression/blend/2008"
        xmlns:mc="http://schemas.openxmlformats.org/markup-compatibility/2006"
        xmlns:local="clr-namespace:WpfApp1"
        mc:Ignorable="d"
        Title="EightWindow" Height="350" Width="400">
    <Window.Resources>
        <Style x:Key="first">
            <Setter Property="Control.Margin" Value="2,5,2,5"></Setter>
            <Setter Property="Control.FontFamily" Value="SimSun-ExtB"></Setter>
            <Setter Property="Control.FontSize" Value="18"></Setter>
            <Setter Property="Control.Foreground" Value="Red"></Setter>
            <Setter Property="Control.Background" Value="LightBlue"></Setter>
            <Style.Triggers>
                <EventTrigger RoutedEvent="Mouse.MouseEnter" >
```

```
                    <EventTrigger.Actions>
                        <BeginStoryboard>
                            <Storyboard>
                                <DoubleAnimation Duration="00:00:02" To="28" From=
"12" Storyboard.TargetProperty="FontSize"></DoubleAnimation>
                            </Storyboard>
                        </BeginStoryboard>
                    </EventTrigger.Actions>
                </EventTrigger>
                <EventTrigger RoutedEvent="Mouse.MouseLeave">
                    <EventTrigger.Actions>
                        <BeginStoryboard>
                            <Storyboard>
                                <DoubleAnimation Duration="00:00:01" Storyboard.
TargetProperty="FontSize" To="18"/>
                            </Storyboard>
                        </BeginStoryboard>
                    </EventTrigger.Actions>
                </EventTrigger>
            </Style.Triggers>
        </Style>
    </Window.Resources>
    <StackPanel>
        <Button x:Name="button1" Content="第一个按钮" Style="{StaticResource first}">
</Button>
        <Button x:Name="button2" Content="第二个按钮" ></Button>
    </StackPanel>
</Window>
```

3.4 第三方控件库

在实际工作中，并不需要“重复地造轮子”，了解并善于利用成熟的框架，有时会节约大量的时间，从而可以将更多精力放在业务逻辑上。目前 WPF 方面的 UI 控件库有很多，由于篇幅有限，本节将简单介绍两款比较流行的 WPF UI 开发框架。

3.4.1 MahApps.Metro

MahApps 是一套开源的基于 WPF 的界面组件，它提供了一系列美观、易用的控件和样式。通过该组件，可以使用较小的开发成本实现一个相对很好的界面效果，如图 3-14 所示。

3.4.1.1 MahApps.Metro 特点

MahApps.Metro 控件库主要有以下特点：

① 跨平台支持：MahApps.Metro 可以在各种版本的 .NET Framework 上运行，兼容从 Windows XP 到 Windows 10 等多个操作系统版本。

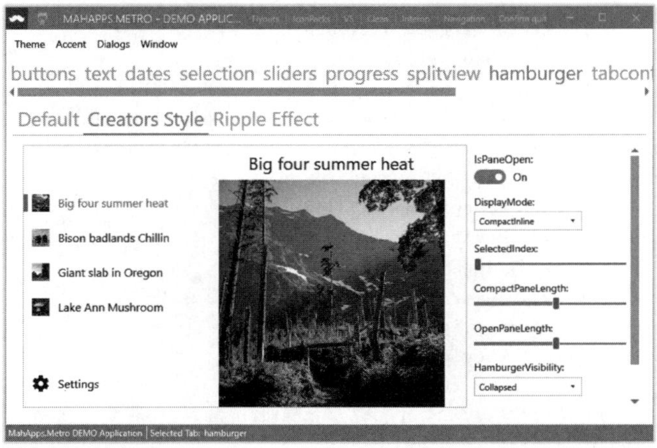

图 3-14　MahApps 示例

② 高度定制化：除了预设的主题外，开发者还可以根据需要自由定制界面风格、颜色、字体等内容。

③ 丰富的文档和示例：MahApps.Metro 提供了大量的官方文档和示例代码，帮助开发者快速上手并解决常见问题。

④ 活跃的社区：MahApps.Metro 拥有一个活跃的开发团队和支持者群体，在 GitHub 上拥有上千个星标和 Fork（星标，代表收藏；Fork，表示复制库到自己的库列表中），能够获得及时的技术支持和更新信息。

3.4.1.2　MahApps.Metro 安装

在 Visual Studio 开发工具中，可以通过 NuGet 包管理器进行安装，搜索关键字“MahApps”，然后进行安装即可，如图 3-15 所示。

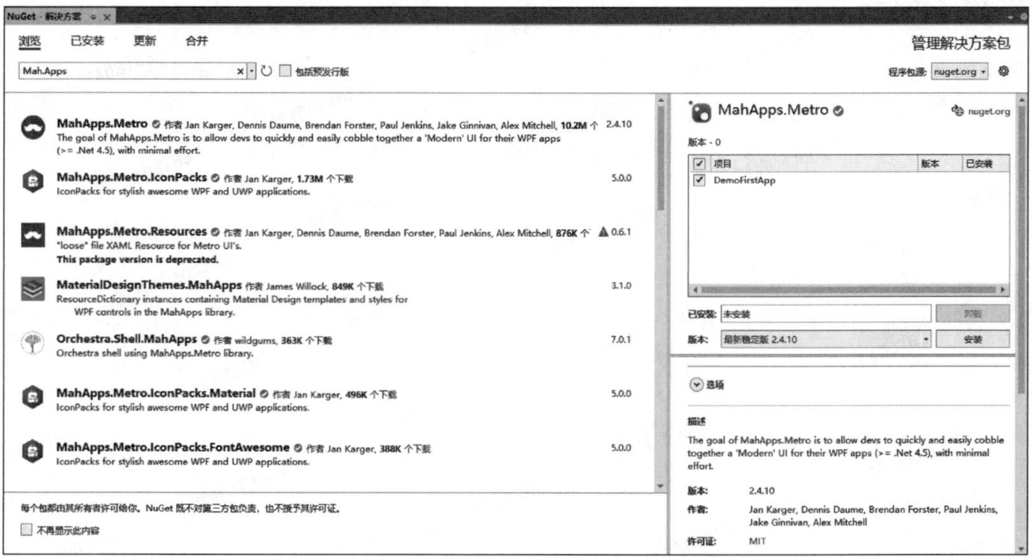

图 3-15　MahApps.Metro 安装

关于 MahApps.Metro 的更多内容可参考官方文档及相关教程。

3.4.2　HandyControl

如图 3-16 所示，HandyControl 是一套开源的 WPF 控件库，它几乎重写了所有原生样式，同时包含 80 余款自定义控件。使用 HandyControl，你可以轻松地创建一个美观的 WPF 应用程序，从而大大提高开发效率。

图 3-16　HandyControl 说明

HandyControl 控件示例，如图 3-17 所示。

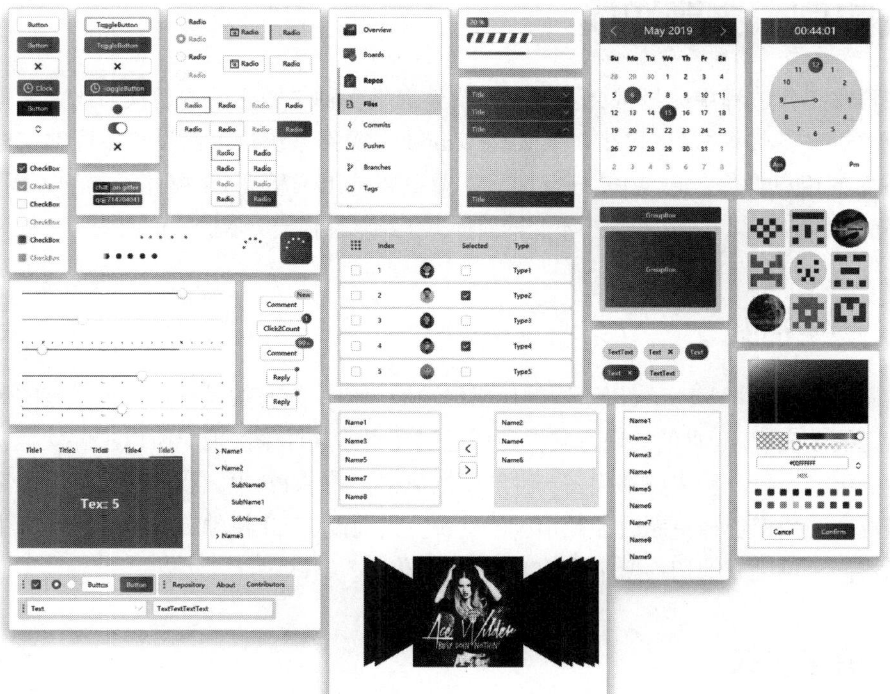

图 3-17　HandyControl 控件示例

在 Visual Studio 开发工具中，可通过 NuGet 包管理器进行安装，搜索关键字“HandyControl”，然后进行安装即可，如图 3-18 所示。

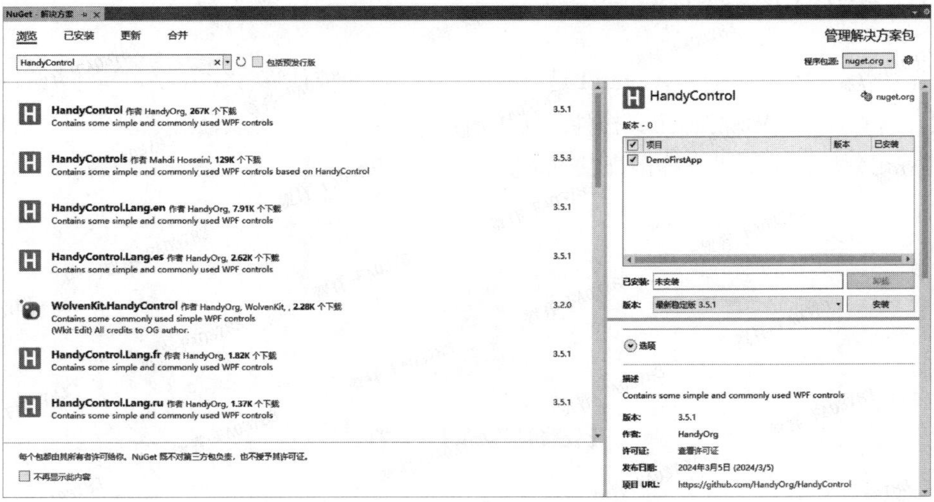

图 3-18　HandyControl 安装

关于 HandyControl 控件库的更多内容可参考官方文档及相关教程。

3.5 开发实例：主题切换

在日常工作过程中，经常会发现有些软件提供多种主题之间的切换，比如微信就有“深色模式”“关怀模式”“青少年模式”；Windows 操作系统也可以设置不同的主题，以适应不同的用户群体。在 WPF 开发中，主题主要是用于呈现 UI 控件元素的不同样式，它就像是软件的外衣，在功能保持不变的前提下，给软件换一套衣服，就改变了一种风格。

3.5.1　案例分析

主题主要用于将 UI 元素以不同的风格呈现给用户，如有的风格字体大，有的风格字体小。而要改变 UI 元素的呈现方式，主要通过元素的属性来实现。所以主题就是一组元素属性的组合，每一种主题都代表一种鲜明的风格。在 WPF 中，我们通常将主题定义为一种资源，当用户选择主题时加载相应的资源，进而改变 UI 控件的属性。本实例主要用于演示不同主题之间的切换所带来的 UI 风格变化。

3.5.2　开发步骤

首先创建一个 WPF 应用程序项目，将主页面分为两个部分：左侧为主题按钮，用于切换主题；右侧为主容器，用于呈现主题切换后的变化。

在实际应用开发中，主题资源文件通常位于独立的工程中。本实例为了简化，一共定义了 5 个主题（包括：默认主题，深色主题，浅色主题，红色主题，蓝色主题），同时将主题资源文件定义在同一个项目中，如图 3-19 所示。

同时将资源文件的属性“生成操作”设置为“页”，如图 3-20 所示。

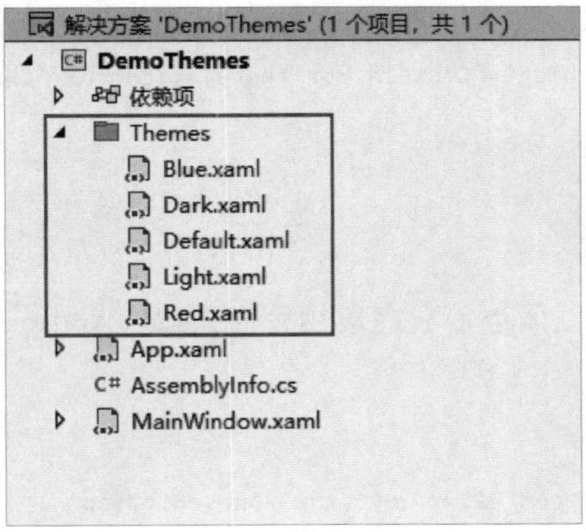

图 3-19　主题资源文件

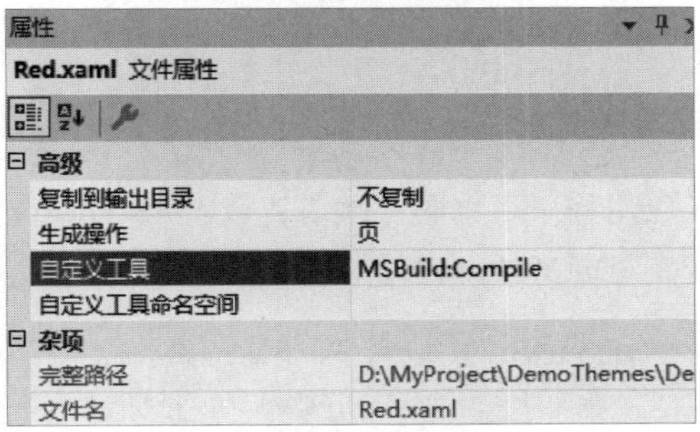

图 3-20　资源文件属性

每一个主题资源文件都定义相同的资源，但对应的属性值不同。默认资源文件如下：

```
<ResourceDictionary xmlns="http://schemas.microsoft.com/winfx/2006/xaml/
presentation"
                    xmlns:x="http://schemas.microsoft.com/winfx/2006/xaml">
    <SolidColorBrush x:Key="backgroundColor" Color="White"></SolidColorBrush>
    <SolidColorBrush x:Key="foregroundColor" Color="Black"></SolidColorBrush>
</ResourceDictionary>
```

实例 UI 页面布局代码如下所示。

```
<Window x:Class="DemoThemes.MainWindow"
        xmlns="http://schemas.microsoft.com/winfx/2006/xaml/presentation"
        xmlns:x="http://schemas.microsoft.com/winfx/2006/xaml"
        xmlns:d="http://schemas.microsoft.com/expression/blend/2008"
        xmlns:mc="http://schemas.openxmlformats.org/markup-compatibility/2006"
        xmlns:local="clr-namespace:DemoThemes"
        mc:Ignorable="d"
        Title="主题切换" Height="450" Width="800">
    <Grid>
        <Grid.ColumnDefinitions>
            <ColumnDefinition Width="200"></ColumnDefinition>
            <ColumnDefinition></ColumnDefinition>
        </Grid.ColumnDefinitions>
        <UniformGrid Columns="1">
            <Button Content="默认主题" Tag="Default" Name="btnDefault" Margin="10"
Click="Theme_Click"></Button>
            <Button Content="深色主题" Tag="Dark"  Name="btnDark" Margin="10" Click=
"Theme_Click"></Button>
            <Button Content="浅色主题" Tag="Light"  Name="btnLight" Margin="10"
```

```
Click="Theme_Click"></Button>
            <Button Content="红色主题" Tag="Red"  Name="btnRed" Margin="10" Click=
"Theme_Click"></Button>
            <Button Content="蓝色主题" Tag="Blue"  Name="btnBlue" Margin="10" Click=
"Theme_Click"></Button>
        </UniformGrid>
        <Grid Grid.Column="1" Background="{DynamicResource backgroundColor}"
Margin="10">
            <TextBlock x:Name="tbTheme" Text="当前主题:" Foreground="{DynamicResource
foregroundColor}" FontSize="20" VerticalAlignment="Center" HorizontalAlignment="Cen
ter" FontWeight="Bold"></TextBlock>
        </Grid>
    </Grid>
</Window>
```

应用程序启动时，默认加载“Default.xaml”，所以需要在应用程序入口（App.xaml）中配置资源文件，代码如下所示。

```
<Application x:Class="DemoThemes.App"
             xmlns="http://schemas.microsoft.com/winfx/2006/xaml/presentation"
             xmlns:x="http://schemas.microsoft.com/winfx/2006/xaml"
             xmlns:local="clr-namespace:DemoThemes"
             StartupUri="MainWindow.xaml">
    <Application.Resources>
        <ResourceDictionary>
            <ResourceDictionary.MergedDictionaries>
                <ResourceDictionary Source="/Themes/Default.xaml"></
ResourceDictionary>
            </ResourceDictionary.MergedDictionaries>
        </ResourceDictionary>
    </Application.Resources>
</Application>
```

在用户点击主题按钮时，在事件中处理业务逻辑，动态地切换主题文件，代码如下所示。

```
private void Theme_Click(object sender, RoutedEventArgs e)
{
      var btn = sender as Button;
      if(btn != null )
      {
            var tag = btn.Tag.ToString();
            var themeFile = $@"/Themes/{tag}.xaml";
            //删除其他主题
            var other = Application.Current.Resources.MergedDictionaries.
FirstOrDefault(item => item.Source.OriginalString.Contains("Themes"));
            if (other!=null)
            {
                  Application.Current.Resources.MergedDictionaries.Remove(other);
            }
            //添加主题
            var newTheme=new ResourceDictionary() { Source=new Uri(themeFile,
UriKind.RelativeOrAbsolute) };
```

```
            Application.Current.Resources.MergedDictionaries.Add(newTheme);
            this.tbTheme.Text = btn.Content.ToString();
        }
    }
```

说明：在为 UI 元素绑定资源时，一定要通过动态资源绑定的方式，这样当资源文件切换时，UI 元素才能实时刷新。

3.5.3　功能演示

实例开发完成后，在 Visual Studio 中，通过快捷键 F5 即可运行调试，效果如图 3-21 ～图 3-24 所示。

图 3-21　深色主题

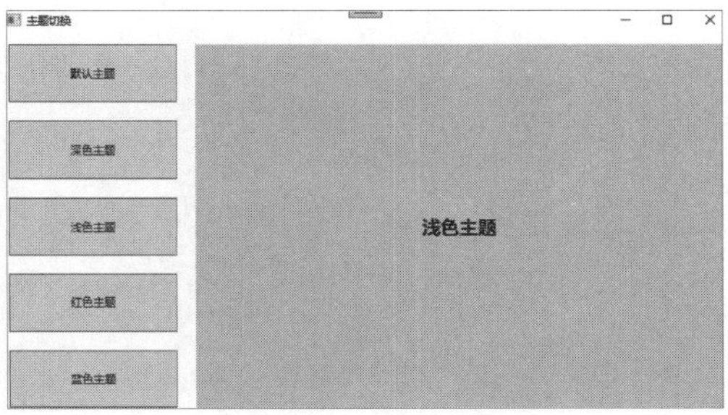

图 3-22　浅色主题

图 3-23　红色主题

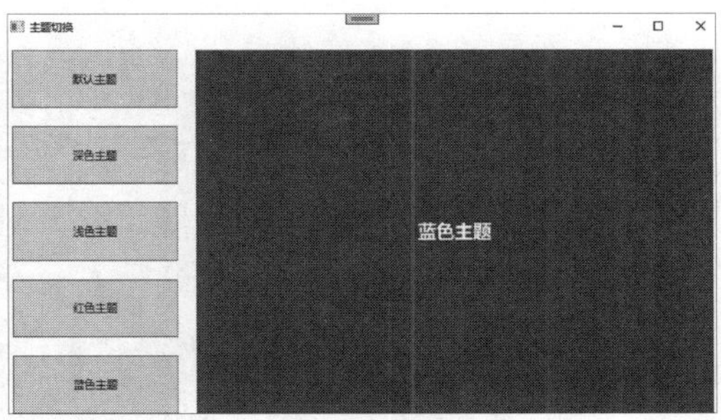

图 3-24　蓝色主题

第 4 章

Chapter 4

属性，路由事件与命令

在面向对象的世界中，类作为一个复杂的数据类型，内部封装了字段和方法。被封装在类里的变量称为字段（Field），它表示类或实例的状态；被封装在类里的函数称为方法（Method），它表示类所具备的功能（即能做什么）。字段和方法构成了最原始的面向对象封装。那为什么又会引入属性的概念呢？属性和字段又有什么区别呢？在 WPF 开发中，经常听到各种属性，如依赖属性，附加属性，CLR 属性。这些不同类型的属性，具体又有什么作用呢？接下来将进行详细介绍。

4.1 属性：Property

对于一个人来说，他有性别、身高、体重这些属性（Property），也有说话、走路这些行为，即“方法”（Method）；而对于人类来说，它有繁衍这个属性。因此就要区分属性是对个体实例有意义。还是对类别有意义了。我们把对个体实例有意义的属性称为对象属性，把对类别有意义的属性称为静态属性。静态字段在内存中只有一个拷贝，而实例属性则在每个实例中都有一个拷贝。而方法无论是否静态，都只有一个拷贝，区别是通过类名来访问，还是通过实例对象来访问。

4.1.1 CLR 属性

CLR（Common Language Runtime）属性，又称为 .Net 标准属性，是对类中私有字段的安全访问包装。通过属性，可以对调用对象输入的值进行校验、拦截等。在属性出现之前，如果要对公开字段进行内容校验，则需要通过公开的方法进行调用，而且无法进行强制性校验，这样就增加了数据校验的难度和程序的复杂度。具体代码如下所示。

```
public class Person
{
    /// <summary>
    /// 私有字段
    /// </summary>
    private int id = 0;

    /// <summary>
    /// 公共字段
    /// </summary>
    public string Name = "Alan";

    /// <summary>
    /// 字段校验函数
    /// </summary>
    /// <param name="name"></param>
    /// <returns></returns>
    public bool SetName(string name)
    {
```

```
        if (string.IsNullOrEmpty(name) || name == "Admin")
        {
            return false;
        }
        this.Name = name;
        return true;
    }

    public void Do()
    {
        //在此示例中，Name的值，可通过公共字段进行赋值，也可通过SetName方法赋值，但是我们无法要求调用对象强制采用哪一种，因为看起来两种都可以。
        Console.WriteLine($"Name={this.Name}");
    }
}
```

引入了属性概念以后，则可以很方便地解决这些问题，程序本身看起来也会变得整洁，如下所示。

```
public class Person
{
    private string name =String.Empty;
    /// <summary>
    /// 属性
    /// </summary>
    public string Name {
        get { return name; }
        set
        {
            if (string.IsNullOrEmpty(value) || value == "Admin")
            {
                return;
            }
            name = value;
        }
    }

    public void Do()
    {
        //引入属性后，可以在属性的set方法中进行校验。
        Console.WriteLine($"Name={this.Name}");
    }
}
```

通过程序对比发现，属性封装了对私有字段的安全访问，等于在字段外增加了一层防护膜，且简化了程序，使得程序看起来更加简洁明了。

4.1.2 依赖属性

在 WPF 中，微软公司将属性这个概念又向前推进了一步，推出了“依赖属性”这个新概念。那什么是依赖属性呢？简言之，依赖属性就是一种可以自己没有值，但能通过使用 Binding 从数据源获得值（依赖在别人身上）的属性。拥有依赖属性的对象被称为“依赖对象”。依赖属性相关概念和术语，如下所示。

① 依赖属性：DependencyProperty 支持的属性。

② 依赖属性标识符：一个 DependencyProperty 实例，在注册依赖属性时以返回值形式获取它，之后将其存储为类的静态成员。对于与 WPF 属性系统交互的许多 API，此标识符用作一个参数。

③ CLR“包装器”：这是属性的 get 和 set 实现。这些实现通过在 GetValue 和 SetValue 调用中使用它来合并依赖属性标识符，从而使用 WPF 属性系统为该属性提供支持。

依赖属性的创建示例，如下所示。

```
public partial class Test : UserControl
{
    public int Age
    {
        get { return (int)GetValue(AgeProperty); }
        set { SetValue(AgeProperty, value); }
    }

    public static readonly DependencyProperty AgeProperty =
        DependencyProperty.Register("Age", typeof(int), typeof(Test), new PropertyM
etadata(0, AgeChangedCallBack));


    private static void AgeChangedCallBack(DependencyObject d, DependencyPropertyCh
angedEventArgs e)
    {
        //处理变更后的逻辑
        var test = d as Test;
        var newValue = e.NewValue;
        test.txtAge.Text = newValue.ToString();
    }

    public Test()
    {
        InitializeComponent();
    }
}
```

在 Test.xaml 中代码如下所示。

```
<UserControl x:Class="DemoMVVM.Views.Test"
             xmlns="http://schemas.microsoft.com/winfx/2006/xaml/presentation"
             xmlns:x="http://schemas.microsoft.com/winfx/2006/xaml"
             xmlns:mc="http://schemas.openxmlformats.org/markup-compatibility/2006"
             xmlns:d="http://schemas.microsoft.com/expression/blend/2008"
             xmlns:local="clr-namespace:DemoMVVM.Views"
             mc:Ignorable="d"
             d:DesignHeight="450" d:DesignWidth="800">
    <Grid>
        <StackPanel Orientation="Vertical">
```

```
                <TextBlock Text="年龄: " FontSize="14"></TextBlock>
                <TextBox x:Name="txtAge" Height="30" Width="150" HorizontalAlignment=
"Left" VerticalContentAlignment="Center" FontSize="14"></TextBox>
            </StackPanel>
        </Grid>
</UserControl>
```

当依赖属性创建完成后，可以在调用的地方进行赋值或者绑定（Binding）其他依赖属性，如下所示。

```
<Window x:Class="DemoMVVM.TestWindow"
        xmlns="http://schemas.microsoft.com/winfx/2006/xaml/presentation"
        xmlns:x="http://schemas.microsoft.com/winfx/2006/xaml"
        xmlns:d="http://schemas.microsoft.com/expression/blend/2008"
        xmlns:mc="http://schemas.openxmlformats.org/markup-compatibility/2006"
        xmlns:local="clr-namespace:DemoMVVM"
        xmlns:localView="clr-namespace:DemoMVVM.Views"
        mc:Ignorable="d"
        Title="TestWindow" Height="450" Width="800">
    <Grid>
        <Grid.RowDefinitions>
            <RowDefinition Height="Auto"></RowDefinition>
            <RowDefinition></RowDefinition>
        </Grid.RowDefinitions>
        <localView:Test x:Name="test" Margin="10" Age="{Binding ElementName=t1, Pat
h=Value}"></localView:Test>
        <Slider x:Name="t1" Width="200" Height="30" Grid.Row="1" Minimum="0" Maximu
m="100" HorizontalAlignment="Left" VerticalAlignment="Top" Margin="10" Interval="1"
></Slider>
    </Grid>
</Window>
```

在上述示例中，将依赖属性 Age 绑定到 Slider，通过 Slider 控件的滑动，改变数值，触发 Age 属性的回调函数。示例效果如图 4-1 所示。

图 4-1　依赖属性绑定

在 Visual Studio 开发工具中，依赖属性可通过模板进行创建。输入 propdp，然后按 Tab 键即可完成一个 int 类型的依赖属性创建。如果需要新增代码片段模板，可以在 Visual Studio 中，点击“工具”菜单→代码片段管理器，打开代码片段管理窗口，然后选择 CSharp，如图 4-2、图 4-3 所示。

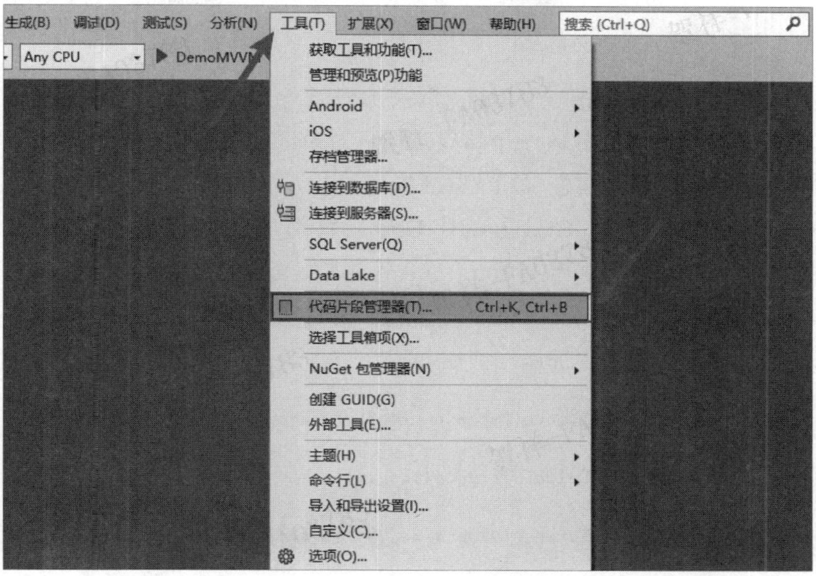

图 4-2 工具→代码片段管理器

通过代码片段管理器，可以查看快捷方式和片段存储位置，修改后自动生效，如图 4-3 所示。

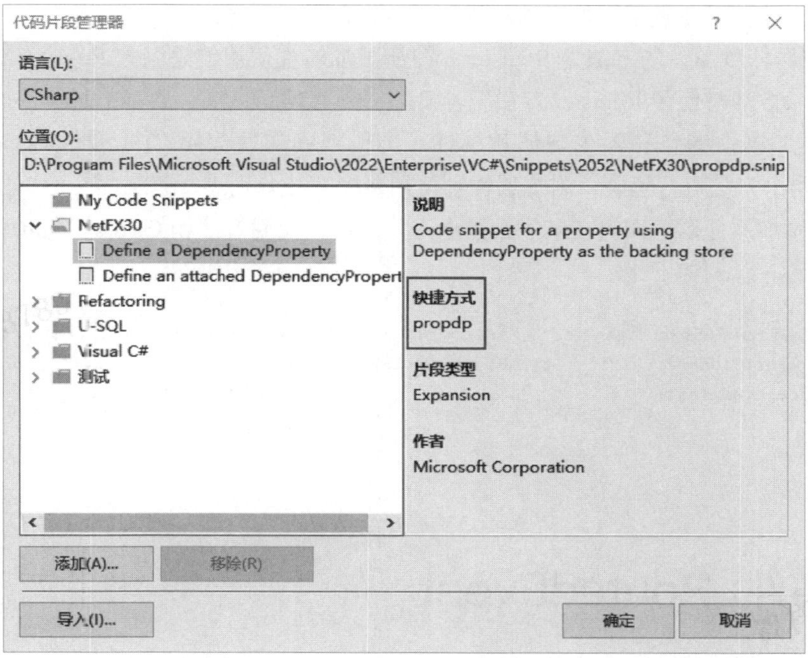

图 4-3 代码片段管理器窗口

与传统的 CLR 属性和面向对象思想相比，依赖属性有很多新颖之处，其中包括：

① 节省实例对内存的开销。

② 属性值可以通过 Binding 依赖在其他对象上。

4.1.3 附加属性

顾名思义，附加属性是指一个属性本来不属于某个对象，但由于某种需求而被后来附加上。也就是说，把对象放入一个特定环境后对象才具有的属性（表现出来就是被环境赋予的属性）就称为附加属性（Attached Properties）。

例如：一个对象，放在 Grid 里就让 Grid 为它附加上 Column 和 Row 属性，放在 Canvas 里就让 Canvas 为它附加上 Top、Left 等属性，放在 DockPanel 里就让 DockPanel 为它附加 Dock 属性。可见，附加属性的作用就是将属性与数据类型（宿主）解耦，让数据类型的设计更加灵活。附加属性创建语法：

```
public static int GetDistance(DependencyObject obj)
{
    return (int)obj.GetValue(DistanceProperty);
}
public static void SetDistance(DependencyObject obj, int value)
{
    obj.SetValue(DistanceProperty, value);
}
public static readonly DependencyProperty DistanceProperty =
    DependencyProperty.RegisterAttached("Distance", typeof(int), typeof(Test),
new PropertyMetadata(0));
```

通过对比，可以发现附加属性和依赖属性存在以下差异：

① 注册依赖属性的方法为 Register。注册附加属性使用的是名为 RegisterAttached 的方法，但参数却与使用 Register 方法无异。

② 附加属性的包装器也与依赖属性不同：依赖属性使用 CLR 属性对 GetValue 和 SetValue 两个方法进行包装，附加属性则使用两个方法分别进行包装。

创建附加属性后，即可在其子元素上进行应用，使用方法和 Grid.Column、Grid.Row 等方式一致。示例如下：

```
<localView:Test x:Name="test" Margin="10" Age="{Binding ElementName=t1, Path=Value}">
    <TextBlock localView:Test.Distance="10"></TextBlock>
</localView:Test>
```

4.2 路由事件：RoutedEvent

为了降低由事件订阅带来的耦合度和代码量，WPF 推出了路由事件机制。路由事件与直接事件的区别在于：直接事件激发（触发）时，发送者直接将消息通过事件订阅者交给事件响应者，事件响应者对事件的发生做出响应；路由事件的订阅者和响应者之间没有直接显式的订阅关系，事件的拥有者只负责激发事件，至于事件由谁响应，它并不知道，事件响应者通过事件侦听器进行侦听。

那什么是路由事件呢？根据 MSDN 定义可知：

• 功能定义：路由事件是一种可以针对元素树中的多个侦听器（而不是仅针对引发该事件的对象）调用处理程序的事件。

• 实现定义：由 RoutedEvent 类的实例提供支持的 CLR 事件，并由 Windows Presentation Foundation（WPF）事件系统处理。

典型的 WPF 应用程序中包含许多元素。这些元素无论是在代码中创建还是在 XAML 中声明，它们都存在于彼此关联的元素树关系中。

4.2.1　路由事件策略

WPF 的路由事件使用以下三种路由策略：

• Bubble（冒泡）：调用事件源上的事件处理程序。路由事件随后会路由到后续的父级元素，直到到达元素树的根。大多数路由事件都使用冒泡路由策略。冒泡路由事件通常用于报告来自不同控件或其他 UI 元素的输入或状态变化。

• Direct（直接）：只有源元素本身才有机会调用处理程序以进行响应。这类似于窗体用于事件的 Windows 路由。但是与标准 CLR 事件不同，直接路由事件支持类处理，并且可供 EventSetter 和 EventTrigger 使用。

• Tunnel（隧道）：最初将调用元素树的根处的事件处理程序。随后，路由事件将朝着路由事件的源节点元素（即引发路由事件的元素）方向，沿路由线路传播到后续的子元素。合成控件的过程中通常会使用或处理隧道路由事件，通过这种方式，可以有意地禁止复合部件中的事件，或者将其替换为特定于整个控件的事件。

4.2.1.1　冒泡策略

事件的冒泡（Bubble）策略，就像水里的泡泡一样，从底往上，逐级触发。UI 元素树如图 4-4 所示。

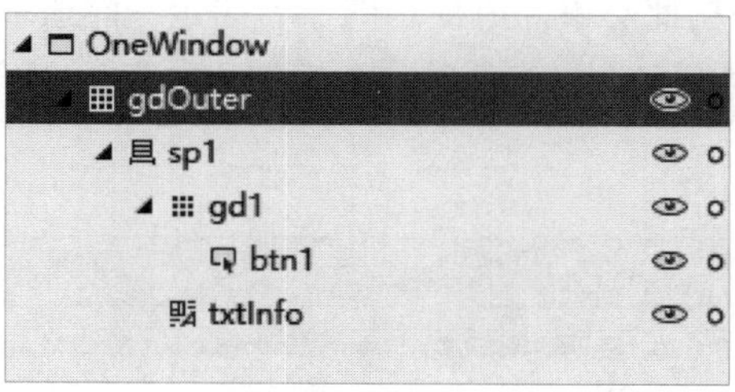

图 4-4　UI 元素树

路由事件会像泡泡一样，逐层响应，示例如图 4-5 所示。

WPF 路由事件的冒泡策略示例代码如下所示。

```
<Window x:Class="WpfApp1.OneWindow"
        xmlns="http://schemas.microsoft.com/winfx/2006/xaml/presentation"
        xmlns:x="http://schemas.microsoft.com/winfx/2006/xaml"
```

```
        xmlns:d="http://schemas.microsoft.com/expression/blend/2008"
        xmlns:mc="http://schemas.openxmlformats.org/markup-compatibility/2006"
        xmlns:local="clr-namespace:WpfApp1"
        mc:Ignorable="d"
        x:Name="w1"
        Title="OneWindow" Height="350" Width="500" Button.Click="btn1_Click">
    <Grid x:Name="gdOuter" Button.Click="btn1_Click">
        <StackPanel x:Name="sp1" Button.Click="btn1_Click">
            <Grid x:Name="gd1" Button.Click="btn1_Click">
                <Button x:Name="btn1" Content="点我" Click="btn1_Click" Margin="5"
Padding="5" FontSize="18"></Button>
            </Grid>
            <RichTextBox x:Name="txtInfo" Margin="5" MinHeight="100"  ></
RichTextBox>
        </StackPanel>
    </Grid>
</Window>
```

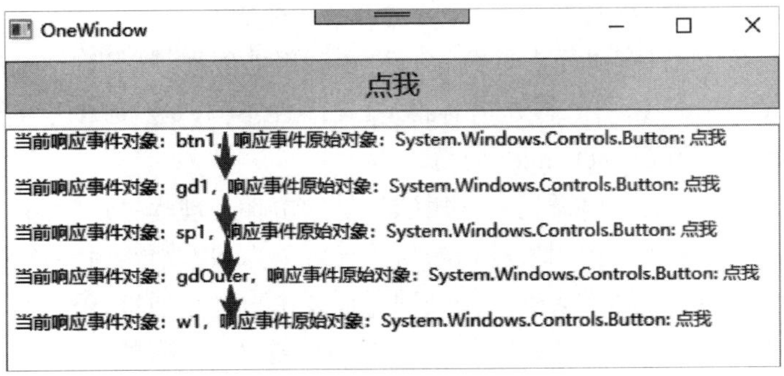

图 4-5　冒泡策略示例

4.2.1.2　隧道策略

WPF 的隧道（Tunnel）策略事件，与冒泡策略刚好相反。所有的隧道策略模式事件，都是以 Preview 开头。根据此类事件所使用的命名约定，隧道事件有时又称作预览事件。隧道策略由顶至下，逐层下探，直至最后一个元素，如图 4-6 所示。

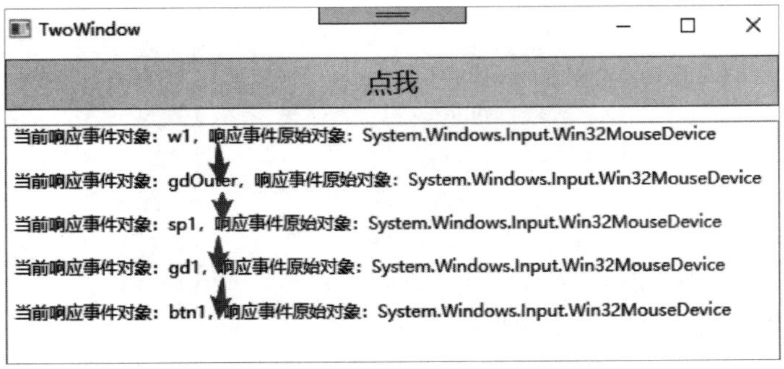

图 4-6　隧道策略示例

WPF 路由事件的隧道策略示例代码如下所示。

```
<Window x:Class="WpfApp1.TwoWindow"
        xmlns="http://schemas.microsoft.com/winfx/2006/xaml/presentation"
        xmlns:x="http://schemas.microsoft.com/winfx/2006/xaml"
        xmlns:d="http://schemas.microsoft.com/expression/blend/2008"
        xmlns:mc="http://schemas.openxmlformats.org/markup-compatibility/2006"
        xmlns:local="clr-namespace:WpfApp1"
        mc:Ignorable="d"
        Name="w1"
        Title="TwoWindow" Height="350" Width="500" Button.PreviewMouseDown="btn1_
PreviewMouseDown">
    <Grid>
        <Grid x:Name="gdOuter" Button.PreviewMouseDown="btn1_PreviewMouseDown">
            <StackPanel x:Name="sp1" Button.PreviewMouseDown="btn1_
PreviewMouseDown">
                <Grid x:Name="gd1" Button.PreviewMouseDown="btn1_PreviewMouseDown">
                    <Button x:Name="btn1" Content="点我" PreviewMouseDown="btn1_Prev
iewMouseDown" Margin="5" Padding="5" FontSize="18"></Button>
                </Grid>
                <RichTextBox x:Name="txtInfo" Margin="5" MinHeight="100"  ></
RichTextBox>
            </StackPanel>
        </Grid>
    </Grid>
</Window>
```

注意：在 WPF 中提供的输入事件通常是以隧道 / 浮升对实现的。

4.2.2　事件阻止

国外有一句名言：Bucket stop here。意为麻烦传递到自己手里就不要再继续往下传了，即我们常说的“谣言止于智者”。那如何让一个路由事件在某个节点处不再继续传递呢？办法也很简单：路由事件携带的参数是 RoutedEventArgs 类或者其派生类，而 RoutedEventArgs 类具有一个 bool 类型的 Handled 属性，一旦此属性设置为 true，就表示路由事件“被处理了”，不必再往下传递了。所以在实际应用中，如果不想事件采用冒泡或隧道策略，向上或向下执行，则需要设置 e.Handled=true，如图 4-7 所示。

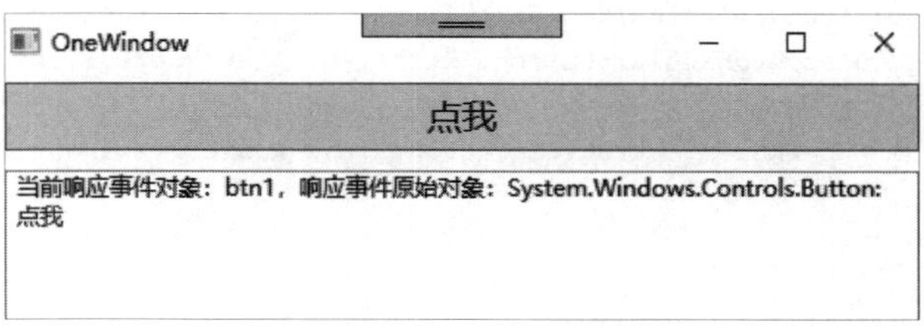

图 4-7　事件阻止示例

WPF 路由事件阻止示例代码如下所示。

```
private void btn1_Click(object sender, RoutedEventArgs e)
{
```

```
        this.txtInfo.AppendText(string.Format("当前响应事件对象：{0}，响应事件原始对象：{1}
\r\n", (sender as FrameworkElement).Name, e.OriginalSource));
        e.Handled = true;
}
```

4.2.3 后台添加路由事件

WPF 的路由事件既可以通过 XAML 的方式进行设置，也可以通过后台代码的方式进行设置，如图 4-8 所示。

图 4-8　后台设置路由事件示例

后台设置路由事件示例代码如下所示。

```
/// <summary>
/// ThreeWindow.xaml 的交互逻辑
/// </summary>
public partial class ThreeWindow : Window
{
    public ThreeWindow()
    {
        InitializeComponent();
        this.btn1.AddHandler(Button.ClickEvent, new RoutedEventHandler(btn1_Click));
        this.gd1.AddHandler(Button.ClickEvent, new RoutedEventHandler(btn1_Click));
        this.sp1.AddHandler(Button.ClickEvent, new RoutedEventHandler(btn1_Click));
        this.gdOuter.AddHandler(Button.ClickEvent, new RoutedEventHandler
(btn1_Click));
        this.w1.AddHandler(Button.ClickEvent, new RoutedEventHandler(btn1_Click));
    }


    private void btn1_Click(object sender, RoutedEventArgs e)
    {
        this.txtInfo.AppendText(string.Format("当前响应事件对象：{0}，响应事件原始对象：
{1}\r\n", (sender as FrameworkElement).Name, e.OriginalSource));
        //e.Handled = true;
    }
}
```

4.2.4　自定义路由事件

为了方便程序中对象之间的通信，常常需要我们创建自定义路由事件，而创建自定义路由事件大体上可以分为三个步骤：

① 声明并注册路由事件。

② 为路由事件添加 CLR 事件包装器。

③ 创建可以激发事件的方法。

接下来让我们一起根据操作步骤来创建路由事件吧！首先创建自定义控件，并继承自 Button 类，如下所示。

```
namespace WpfApp1
{
    /// <summary>
    /// 自定义路由事件
    /// </summary>
    public class TimeButton:Button
    {
        /// <summary>
        /// 声明和注册路由事件
        /// </summary>
        public static readonly RoutedEvent TimeEvent = EventManager.Register
RoutedEvent("Time", RoutingStrategy.Bubble, typeof(EventHandler<TimeEventAr
gs>), typeof(TimeButton));

        /// <summary>
        /// 事件包装器
        /// </summary>
        public event RoutedEventHandler Time{
            add { this.AddHandler(TimeEvent, value); }
            remove
            {
                this.RemoveHandler(TimeEvent, value);
            }
        }

        /// <summary>
        /// 重写方法，激发事件
        /// </summary>
        protected override void OnClick()
        {
            base.OnClick();
            TimeEventArgs e = new TimeEventArgs(TimeEvent,this);
            e.ClickTime = DateTime.Now;
            this.RaiseEvent(e);
        }

    }

    public class TimeEventArgs : RoutedEventArgs {
        public TimeEventArgs(RoutedEvent routedEvent, object source) : base
```

```
(routedEvent, source) {

        }

        public DateTime ClickTime { get; set; }
    }
}
```

在窗体中，创建自定义按钮实例，如下所示。

```
<Window x:Class="WpfApp1.A1Window"
        xmlns="http://schemas.microsoft.com/winfx/2006/xaml/presentation"
        xmlns:x="http://schemas.microsoft.com/winfx/2006/xaml"
        xmlns:d="http://schemas.microsoft.com/expression/blend/2008"
        xmlns:mc="http://schemas.openxmlformats.org/markup-compatibility/2006"
        xmlns:local="clr-namespace:WpfApp1"
        mc:Ignorable="d"
        Title="A1Window" Height="450" Width="800">
    <Grid x:Name="gd1" local:TimeButton.Time="timeButton1_Time">
        <StackPanel x:Name="sp1" local:TimeButton.Time="timeButton1_Time">
            <local:TimeButton x:Name="timeButton1" Content="报时" Time=
"timeButton1_Time"></local:TimeButton>
            <RichTextBox x:Name="txtInfo" Margin="5" MinHeight="100"  >
</RichTextBox>
        </StackPanel>
    </Grid>
</Window>
```

然后实现事件函数，如下所示。

```
private void timeButton1_Time(object sender, TimeEventArgs e)
{
this.txtInfo.AppendText(string.Format("当前响应事件对象：{0}，响应事件时间为：{1}\r\n",
(sender as FrameworkElement).Name, e.ClickTime.ToString("yyyy-MM-dd hh:mm:ss.fff")));
}
```

自定义路由事件示例如图 4-9 所示。

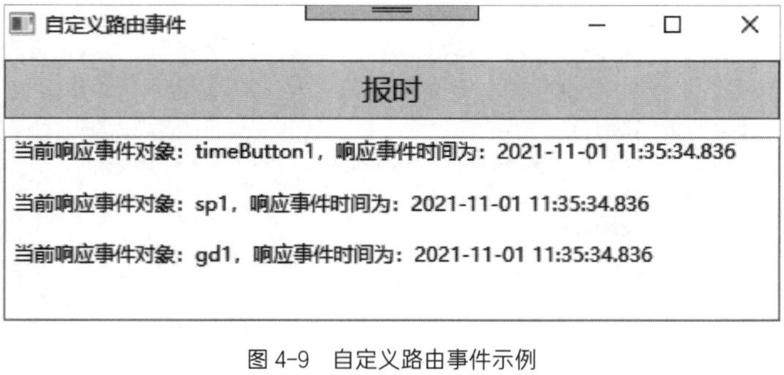

图 4-9　自定义路由事件示例

4.3 命令：Command

在学习了属性和事件后，基本上就掌握了获取数据、处理数据、展示数据的方法，那我们为什么还需要学习命令系统呢？或者说，WPF 为什么还提供了命令呢？事件的主要作用是发布、传播一些消息，消息送达至接收者，事件的使命也就完成了。至于如何响应事件送来的消息，事件并不做规定，每一个接收者可以使用自己的行为来响应事件。也就是说，事件不具有约束力。而命令与事件的区别就在于命令具有约束力。

的确，实际编程工作中就算只使用事件、不使用命令，程序的逻辑也一样可以被驱动得很好，但我们不能阻止程序员按自己的习惯去编写代码。比如对于保存事件的处理器，程序员可以写 Save()/SaveHandler()/SaveDocument()，这些都符合代码规范，但会让整个项目变得难以读懂，给后续维护带来麻烦。

如果使用命令，情况会好很多：当 Save 命令到达某个组件时，命令会主动去调用组件的 Save() 方法，而这个方法可能被定义在基类或者接口里（即保证了这个方法一定是存在的），这就在代码结构和命名上做了约束。不但如此，命令还可控制接收者“先做校验，再保存，然后关闭”，也就是说，命令除了可以约束代码，还可以约束步骤逻辑，有助于避免错误。

4.3.1 主要概念

WPF 中的路由命令模型，可以分解为四个主要概念：命令，命令源，命令目标和命令绑定。

- 命令：表示要执行的操作。
- 命令源：表示调用命令的对象。
- 命令目标：表示执行命令的对象。
- 命令绑定：表示将命令逻辑映射到命令的对象。

WPF 命令系统的基本元素关系，如图 4-10 所示。

4.3.1.1 命令定义

WPF 中的命令通过 ICommand 接口创建。ICommand 公开了两种方法，即 Execute 和 CanExecute，以及一个事件 CanExecuteChanged。

- Execute：执行与该命令关联的操作。
- CanExecute：表示是否可以在当前命令目标上执行该命令。如果集中管理命令操作的命令管理器检测到命令源中存在一个可能使已引发命令无效但尚未由命令绑定执行的更改，则会引发 CanExecuteChanged 事件。

ICommand 的 WPF 实现是 RoutedCommand 类，也是我们需要重点掌握的类。

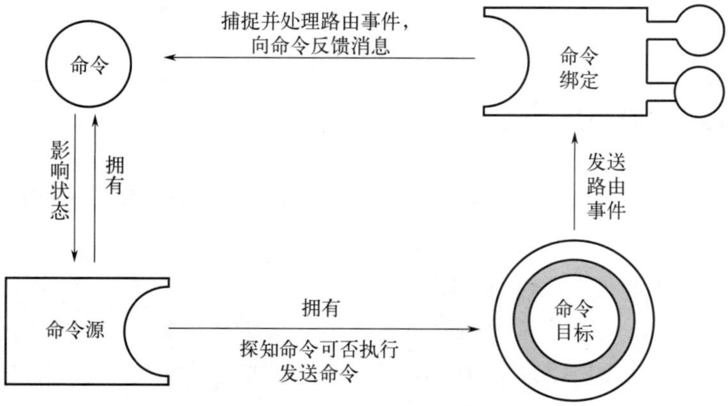

图 4-10 命令元素关系图

WPF 中输入的主要源有鼠标、键盘、墨迹、路由命令。RoutedCommand 的 Execute 和 CanExecute 方法不包含该命令的应用程序逻辑，而是引发通过元素树的路由事件，直到遇到具有 CommandBinding 的对象。CommandBinding 包含事件的处理程序，而命令正是由这些处理程序执行。

4.3.1.2 命令源

命令源是调用命令的对象，常见的命令源有 MenuItem、Button、KeyGesture。WPF 中的命令源通常实现 ICommandSource 接口。而 ICommandSource 公开三个属性：Command，CommandTarget，CommandParameter。

- Command： 表示在调用命令源时执行的命令。
- CommandTarget： 表示要执行命令的对象。
- CommandParameter： 表示用于将信息传递给实现命令的处理程序的用户定义数据类型。

值得注意的是，在 WPF 中，仅当 ICommand 为 RoutedCommand 时，ICommandSource 上的 CommandTarget 属性才适用。如果在 ICommandSource 上设置 CommandTarget 并且相应的命令不是 RoutedCommand，则忽略命令目标。如果未设置 CommandTarget，则具有键盘焦点的元素将成为命令目标。

通常情况下，命令源侦听 CanExecutedChanged 事件，此事件通知命令源在当前命令目标上执行命令的能力可能已发生更改。命令源可以使用 CanExecute 方法查询 RoutedCommand 的当前状态。如果命令无法执行，命令源可禁用自身。此情况的一个示例是 MenuItem，在命令无法执行时，它自身将灰显。

InputGesture 可以用作命令源。WPF 中的两种输入笔势是 KeyGesture 和 MouseGesture。可以将 KeyGesture 视为键盘快捷方式，例如 Ctrl+C。KeyGesture 由一个 Key 和一组 ModifierKeys 组成。MouseGesture 由 MouseAction 和一组可选的 ModifierKeys 组成。

为了将 InputGesture 用作命令源，它必须与一个命令相关联。可通过如下几种方式来实现:

• 一种方法是使用 InputBinding。

• 另一种方法是将 InputGesture 添加到 RoutedCommand 上的 InputGestureCollection。

4.3.1.3 命令绑定

命令绑定（CommandBinding）将命令与实现该命令的事件处理程序相关联。此类包含 Command 属性，及 PreviewExecuted、Executed、PreviewCanExecute 和 CanExecute 事件。具体如下：

• Command 是与 CommandBinding 关联的命令。

• PreviewExecuted 和 Executed 事件的事件处理程序实现命令逻辑。

• PreviewCanExecute 和 CanExecute 事件的事件处理程序确定是否可以在当前命令目标上执行该命令。

在某些情况下，CommandBinding 会附加到命令目标本身，例如 TextBox 类及 Cut、Copy 和 Paste 命令。然而，很多时候将 CommandBinding 附加到命令目标的上级元素（例如主要 Window 或应用程序对象）会更加方便，尤其是在同一 CommandBinding 可用于多个命令目标时。这是在创建命令基础结构时需要考虑的设计决策。

4.3.1.4 命令目标

命令目标（CommandTarget）是在其上执行命令的元素。关于 RoutedCommand，命令目标是 Executed 和 CanExecute 的路由开始的元素。如前所述，在 WPF 中，仅当 ICommand 为 RoutedCommand 时，ICommandSource 上的 CommandTarget 属性才适用。如果在 ICommandSource 上设置 CommandTarget 并且相应的命令不是 RoutedCommand，则忽略命令目标。

命令源可以显式设置命令目标。如果未定义命令目标，则具有键盘焦点的元素将用作命令目标。将具有键盘焦点的元素用作命令目标的一个好处在于，这样可使应用程序开发者能够使用同一命令源在多个目标上调用命令，而无须跟踪命令目标。例如，如果 MenuItem 在具有 TextBox 控件和 PasswordBox 控件的应用程序中调用“Paste”命令，则目标可以是 TextBox 或 PasswordBox，具体取决于哪个控件具有键盘焦点。

4.3.1.5 命令管理器

命令管理器（CommandManager）提供许多与命令相关的函数。它提供了一组静态方法，用于在特定元素中添加和删除 PreviewExecuted、Executed、PreviewCanExecute 和 CanExecute 事件处理程序。它提供了将 CommandBinding 和 InputBinding 对象注册到特定类的方法。CommandManager 还通过 RequerySuggested 事件提供了一种方法，用于在应引发 CanExecuteChanged 事件时通知命令。InvalidateRequerySuggested 方法强制 CommandManager 引发 RequerySuggested 事件。这在应禁用 / 启用命令的情况下非常有用，但对于 CommandManager 可识别的情况，则不太有用。

4.3.2 预定义命令

WPF 提供一组预定义命令。命令库包括以下类：ApplicationCommands、Navigation-Commands、MediaCommands、EditingCommands 和 ComponentCommands。这些类提供诸如 Cut、BrowseBack、BrowseForward、Play、Stop 和 Pause 的命令。

这些命令中许多都包含一组默认输入绑定。例如，如果指定应用程序处理复制命令，则可自动获取键盘绑定“Ctrl+C”。此外，还可获得其他输入设备的绑定，例如 Tablet PC 笔势和语音信息。

使用 XAML 引用各个命令库中的命令时，通常可省略公开静态命令属性的库类的类名。一般来说，命令名称是明确作为字符串的，且存在所属类型来提供命令的逻辑分组，不过对于消除二义性而言这并不必要。例如，可指定 Command="Cut"，而不是更为冗长的 Command="ApplicationCommands.Cut"。这是针对命令内置于 WPF XAML 处理器中的便捷机制（更准确地说，它是 WPF XAML 处理器在加载时所引用的 ICommand 的类型转换器行为）。

WPF 自带的预定义命令旨在表示应用程序编写者经常遇到的一组常见命令。命令仅表示 RoutedCommand 的实例，而不是命令的实现逻辑。实现逻辑通过 CommandBindings 绑定到命令。例如，如果在 Play 控件上执行命令（命令目标），则执行 Play 命令的逻辑可能不由命令目标提供，因此应用程序编写者将负责编写确定命令目标如何处理命令的逻辑。

许多控件确实为命令库中的许多命令提供实现逻辑。例如，TextBox 类为 Paste 命令、Cut 命令、UndoCopy 命令和 Redo 命令提供实现逻辑。

4.3.3 自定义命令

如果命令库类中的命令不能满足需要，我们可以创建自己的命令。可通过两种方式创建自定义命令：

- 一种方式是从头开始并实现 ICommand 接口。
- 更常见的方式是创建 RoutedCommand 或 RoutedUICommand。

接下来我们将以第一种方式创建自定义命令，以及应用。

4.3.3.1 实现 ICommand 接口

ICommand 是 .NET 框架默认提供的命令接口，主要有两个函数需要实现：Execute，表示要执行的业务逻辑；CanExecute，表示当前命令是否可以执行。CanExecuteChanged 事件响应事件状态的改变。

实现 ICommand 接口示例代码如下所示。

```
/// <summary>
/// 自定义命令
/// </summary>
```

```
public class RelayCommand : ICommand
{
    private Action<object> execute;

    private Predicate<object> canExecute;

    public RelayCommand(Action<object> execute, Predicate<object> canExecute = null
)
    {
        this.execute = execute;
        this.canExecute = canExecute;
    }

    #region 实现接口

    public event EventHandler? CanExecuteChanged
    {
        add { CommandManager.RequerySuggested += value; }
        remove { CommandManager.RequerySuggested -= value; }
    }

    public bool CanExecute(object? parameter)
    {
        return canExecute == null || canExecute(parameter);
    }

    public void Execute(object? parameter)
    {
        execute(parameter);
    }

    #endregion
}
```

注意：自定义命令构造函数接收两个参数，用于接收事件的具体业务实现。

4.3.3.2 定义命令

在具体应用业务类（ViewModel 或者后台代码）中，定义 ICommand 类型的 SaveCommand 属性，并以 RelayCommand 作为属性的实现类，并在构造函数中传入具体业务逻辑实现委托。代码如下所示。

```
public partial class MainWindow : Window
{
    public MainWindow()
    {
        InitializeComponent();
    }

    private ICommand saveCommand;

    public ICommand SaveCommand
    {
```

```
            get
            {
                if (saveCommand == null)
                {
                    saveCommand = new RelayCommand(Save, CanSave);
                }
                return saveCommand;
            }
        }

        private bool CanSave(object? parameter)
        {
            return true;
        }

        private void Save(object? parameter)
        {
            MessageBox.Show("保存成功！");
        }
    }
```

4.3.3.3 UI 绑定

在定义了 SaveCommand 后，接下来就是绑定命令源。本示例以 Button 作为命令源，代码如下所示。

```
<Grid>
    <Button Content="保存" Width="100" Height="30"
        Command="{Binding SaveCommand, RelativeSource={RelativeSource AncestorType=
{x:Type Window}}}"
        CommandParameter="{Binding}" >
    </Button>
</Grid>
```

在 WPF 中，页面中的 UI 元素是以树状层次结构存在的，每一个控件都有对应的 DataContext，而我们的 SaveCommand 定义在后台代码中，处于最顶级节点，所以绑定时需要找到 Window 窗口类的 DataContext，才能正确地“Bingding”。

4.4 开发实例：富文本编辑器

在实际应用中，富文本随处可见，如留言板、聊天软件、文档编辑、特定格式内容等。在 WPF 开发中，如何实现富文本编辑呢？其实我们可以通过 RichTextBox 实现富文本编辑功能，主要实现：复制，剪切，粘贴，撤销，重做，保存，打开，文本加粗，斜体，下划线，删除线，左对齐，居中对齐，右对齐，两端对齐，缩进，减少缩进，项目符号，数字符号，上标，下标，背景色，前景色，图片，打印等功能。在此实例中，我们主要应用系统自带的命令和自定义命令来实现相关功能。

在实现富文本编辑器时，用到的命令主要有三种：

• ApplicationCommands，主要是应用程序中常见的命令，如：复制（Copy），剪切（Cut），粘贴（Paste），重做（Redo），撤销（Undo）等。

• EditingCommands 提供了一组常见的编辑相关的命令，如：加粗（Bold），斜体（Italic），下划线（UnderLine），左对齐，右对齐，居中对齐，两端对齐，缩进，减少缩进，项目符号，数字符号等。

• 自定义命令。默认 RichTextBox 并没有提供相应的命令，所以需要根据功能自行定义，如：背景色，前景色，打印，打开，保存，上标，下标，图像等。

4.4.1　创建项目

首先创建 WPF 应用程序项目。在此实例中，有些功能可以通过 WPF 默认提供的命令实现，如复制、粘贴等通用功能，有些功能需要通过自定义命令实现，如打开，保存，颜色设置等，所以需要分别处理。

4.4.2　预定义命令

使用 WPF 自带的命令，需要指定 Command 和 CommandTarget 两个属性，否则将不起作用。其中 Command 直接使用 Command=“命令名称”，CommandTarget=“{Binding ElementName= 控件名称 }”的格式进行绑定。

自定义命令，需要通过 Command=“{Binding 命令名称 }”的格式进行绑定。具体代码如下所示。

```
<StackPanel Orientation="Horizontal" Grid.Row="0">
    <Button ToolTip="打开" Command="{Binding OpenCommand}">
        <Path Data="{StaticResource icon_open}" Stretch="Fill" Fill="#1296db"></Path>
    </Button>
    <Button ToolTip="保存" Command="{Binding SaveCommand}">
        <Path Data="{StaticResource icon_save}" Stretch="Fill" Fill="#1296db"></Path>
    </Button>
    <GridSplitter Width="1" Margin="3 2 3 2" Background="LightGray" IsEnabled=
"False"></GridSplitter>
    <Button ToolTip="剪切" Command="ApplicationCommands.Cut" CommandTarget="{Binding
ElementName=richTextBox}">
        <Path Data="{StaticResource icon_cut}" Stretch="Fill" Fill="Black"></Path>
    </Button>
    <Button ToolTip="复制" Command="ApplicationCommands.Copy" CommandTarget=
"{Binding ElementName=richTextBox}">
        <Path Data="{StaticResource icon_copy}" Stretch="Fill" Fill="#1296db">
</Path>
    </Button>
    <Button ToolTip="粘贴" Command="ApplicationCommands.Paste" CommandTarget=
"{Binding ElementName=richTextBox}">
        <Path Data="{StaticResource icon_paste}" Stretch="Fill" Fill="#1296db">
```

```
</Path>
    </Button>
    <Button ToolTip="撤销" Command="ApplicationCommands.Undo" CommandTarget=
"{Binding ElementName=richTextBox}">
        <Path Data="{StaticResource icon_undo}" Stretch="Fill" Fill="#8a8a8a">
</Path>
    </Button>
    <Button ToolTip="重做" Command="ApplicationCommands.Redo" CommandTarget=
"{Binding ElementName=richTextBox}">
        <Path Data="{StaticResource icon_redo}" Stretch="Fill" Fill="#8a8a8a">
</Path>
    </Button>
    <GridSplitter Width="1" Margin="3 2 3 2" Background="LightGray" IsEnabled=
"False"></GridSplitter>
    <Button ToolTip="加粗" Command="EditingCommands.ToggleBold" CommandTarget=
"{Binding ElementName=richTextBox}">
        <Path Data="{StaticResource icon_bold}" Stretch="Fill" Fill="Black"></Path>
    </Button>
    <Button ToolTip="斜体" Command="EditingCommands.ToggleItalic" CommandTarget=
"{Binding ElementName=richTextBox}">
        <Path Data="{StaticResource icon_italic}" Stretch="Fill" Fill="LightGray">
</Path>
    </Button>
    <Button ToolTip="下划线" Command="EditingCommands.ToggleUnderline" CommandTarget
="{Binding ElementName=richTextBox}">
        <Path Data="{StaticResource icon_underline}" Stretch="Fill" Fill="Gray">
</Path>
    </Button>
    <Button ToolTip="删除线" Command="{Binding SettingCommand}" CommandParameter=
"StrikeLine">
        <Path Data="{StaticResource icon_strikeline}" Stretch="Fill" Fill="Black">
</Path>
    </Button>
    <Button ToolTip="左对齐" Command="EditingCommands.AlignLeft" CommandTarget=
"{Binding ElementName=richTextBox}">
        <Path Data="{StaticResource icon_left}" Stretch="Fill" Fill="Black"
Stroke="LimeGreen"></Path>
    </Button>
    <Button ToolTip="居中对齐" Command="EditingCommands.AlignCenter" CommandTarget=
"{Binding ElementName=richTextBox}">
        <Path Data="{StaticResource icon_center}" Stretch="Fill" Fill="Black"
Stroke="LimeGreen"></Path>
    </Button>
    <Button ToolTip="右对齐" Command="EditingCommands.AlignRight" CommandTarget=
"{Binding ElementName=richTextBox}">
        <Path Data="{StaticResource icon_right}" Stretch="Fill" Fill="Black"
Stroke="LimeGreen"></Path>
    </Button>
    <Button ToolTip="两端对齐" Command="EditingCommands.AlignJustify" CommandTarget=
"{Binding ElementName=richTextBox}">
        <Path Data="{StaticResource icon_justify}" Stretch="Fill" Fill="Black"
Stroke="LimeGreen"></Path>
    </Button>
    <Button ToolTip="缩进" Command="EditingCommands.IncreaseIndentation"
```

```
CommandTarget="{Binding ElementName=richTextBox}">
            <Path Data="{StaticResource icon_addident}" Stretch="Fill" Fill="DimGray">
</Path>
    </Button>
    <Button ToolTip="减少缩进" Command="EditingCommands.DecreaseIndentation" Command
Target="{Binding ElementName=richTextBox}">
            <Path Data="{StaticResource icon_lessident}" Stretch="Fill" Fill="DimGray">
</Path>
    </Button>
    <Button ToolTip="项目编号" Command="EditingCommands.ToggleBullets" CommandTarget
="{Binding ElementName=richTextBox}">
            <Path Data="{StaticResource icon_bullets}" Stretch="Fill" Fill="DimGray">
</Path>
    </Button>
    <Button ToolTip="数字编号" Command="EditingCommands.ToggleNumbering" CommandTarg
et="{Binding ElementName=richTextBox}">
            <Path Data="{StaticResource icon_numbering}" Stretch="Fill" Fill="DimGray">
</Path>
    </Button>
    <Button ToolTip="上标" Command="{Binding SettingCommand}" CommandParameter=
"Super">
            <Path Data="{StaticResource icon_upper}" Stretch="Fill" Fill="CadetBlue">
</Path>
    </Button>
    <Button ToolTip="下标" Command="{Binding SettingCommand}" CommandParameter=
"Sub">
            <Path Data="{StaticResource icon_down}" Stretch="Fill" Fill="CadetBlue">
</Path>
    </Button>
    <GridSplitter Width="1" Margin="3 2 3 2" Background="LightGray" IsEnabled=
"False"></GridSplitter>

    <Grid Background="White" Width="42" Height="30" Margin="3">
        <ComboBox Width="42" Height="30" BorderThickness="0" HorizontalAlignment=
"Left" VerticalAlignment="Center" SelectedIndex="0" BorderBrush="White" Background=
"White" Name="combBackground">
            <ComboBoxItem Background="#000000" Content="#000000"></ComboBoxItem>
            <ComboBoxItem Background="#FF0000" Content="#FF0000"></ComboBoxItem>
            <ComboBoxItem Background="#00FF00" Content="#00FF00"></ComboBoxItem>
            <i:Interaction.Triggers>
                <i:EventTrigger EventName="SelectionChanged">
                    <i:InvokeCommandAction Command="{Binding BgColorCommand}"
CommandParameter="{Binding ElementName=combBackground, Path=SelectedItem}"/>
                </i:EventTrigger>
            </i:Interaction.Triggers>
        </ComboBox>
        <Button ToolTip="背景色" Width="30" Height="30" Padding="0" Margin="0"
HorizontalAlignment="Left" VerticalAlignment="Center">
            <Path Data="{StaticResource icon_background}" Stretch="Fill"  Fill=
"{Binding ElementName=combBackground, Path=SelectedItem.Background}"  ></Path>
        </Button>
    </Grid>
    <Grid Background="White" Width="42" Height="30" Margin="3">
        <ComboBox Width="42" Height="30" BorderThickness="0" HorizontalAlignment=
```

```
"Left" VerticalAlignment="Center" SelectedIndex="0" BorderBrush="White" Background=
"White" Name="combForeground">
            <ComboBoxItem Background="#000000" Content="#000000"></ComboBoxItem>
            <ComboBoxItem Background="#FF0000" Content="#FF0000"></ComboBoxItem>
            <ComboBoxItem Background="#00FF00" Content="#00FF00"></ComboBoxItem>
            <i:Interaction.Triggers>
                <i:EventTrigger EventName="SelectionChanged">
                    <i:InvokeCommandAction Command="{Binding ForeColorCommand}"
CommandParameter="{Binding ElementName=combForeground, Path=SelectedItem}"/>
                </i:EventTrigger>
            </i:Interaction.Triggers>
        </ComboBox>
        <Button ToolTip="前景色" Width="30" Height="30" Padding="0" Margin="0"
HorizontalAlignment="Left" VerticalAlignment="Center">
            <Path Data="{StaticResource icon_foreground}" Stretch="Fill"  Fill=
"{Binding ElementName=combForeground, Path=SelectedItem.Background}"  ></Path>
        </Button>
    </Grid>
    <Button ToolTip="图像" Command="{Binding SettingCommand}" CommandParameter=
"Image">
        <Path Data="{StaticResource icon_img}" Stretch="Fill" Fill="Goldenrod">
</Path>
    </Button>
    <Button ToolTip="打印" Command="{Binding SettingCommand}" CommandParameter=
"Print">
        <Path Data="{StaticResource icon_print}" Stretch="Fill" Fill="Tomato">
</Path>
    </Button>

</StackPanel>
```

4.4.3 自定义命令

如果 WPF 没有默认实现相关的业务逻辑，则需要通过自定义命令来扩展，后台命令使用和属性绑定，使用 CommunityToolkit.Mvvm 库实现（后续会介绍此第三方库）。以打开、保存命令为例：

```
private IRelayCommand saveCommand;

public IRelayCommand SaveCommand
{
    get
    {
        if (saveCommand == null)
        {
            saveCommand = new RelayCommand(Save);
        }
        return saveCommand;
    }
}
```

```
private void Save()
{
    SaveFileDialog saveFileDialog = new SaveFileDialog();
    saveFileDialog.Title = "请选择要保存的路径";
    saveFileDialog.Filter = "富文本格式|*.xaml";
    bool? flag = saveFileDialog.ShowDialog();
    if (flag == true)
    {
        string _fileName=saveFileDialog.FileName;
        TextRange range;
        FileStream fStream;
        range = new TextRange(this.richTextBox.Document.ContentStart, this.
richTextBox.Document.ContentEnd);
        fStream = new FileStream(_fileName, FileMode.Create);
        range.Save(fStream, DataFormats.XamlPackage);
        fStream.Close();
    }
}

private IRelayCommand openCommand;

public IRelayCommand OpenCommand
{
    get
    {
        if (openCommand == null)
        {
            openCommand = new RelayCommand(Open);
        }
        return openCommand;
    }
}

private void Open()
{
    TextRange range;
    FileStream fStream;
    OpenFileDialog openFileDialog = new OpenFileDialog();
    openFileDialog.Title = "请选择要加载的文件";
    openFileDialog.Filter = "富文本格式|*.xaml";
    bool? flag = openFileDialog.ShowDialog();
    if (flag == true)
    {
        string _fileName = openFileDialog.FileName;
        if (File.Exists(_fileName))
        {
            range = new TextRange(this.richTextBox.Document.ContentStart, this.
richTextBox.Document.ContentEnd);
            fStream = new FileStream(_fileName, FileMode.OpenOrCreate);
            range.Load(fStream, DataFormats.XamlPackage);
            fStream.Close();
        }
    }
}
```

4.4.4 功能演示

本实例主要实现：复制，剪切，粘贴，撤销，重做，保存，打开，文本加粗，斜体，下划线，删除线，左对齐，居中对齐，右对齐，两端对齐，缩进，减少缩进，项目符号，数字符号，上标，下标，背景色，前景色，图片，打印等功能。效果如图 4-11 所示。

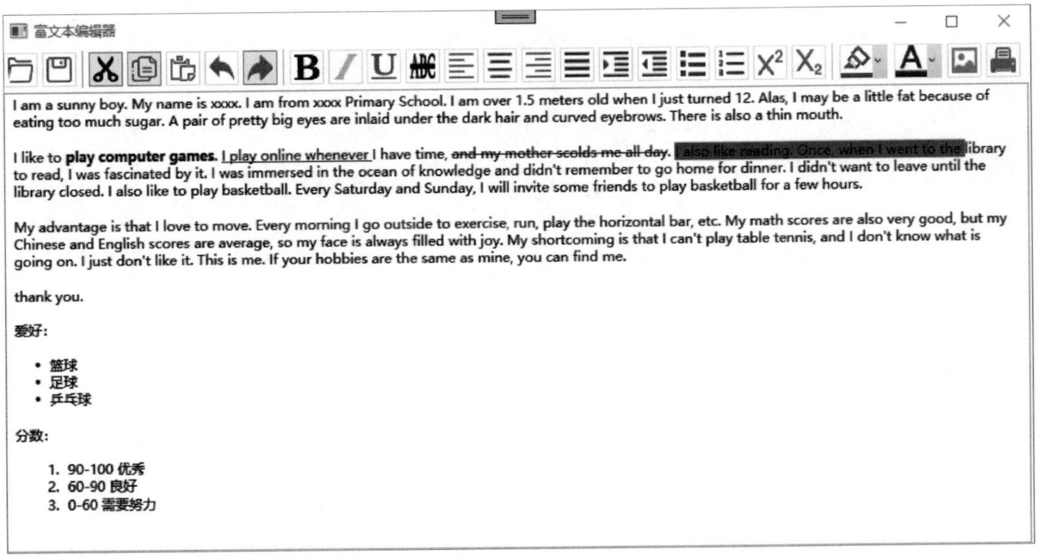

图 4-11 富文本编辑器示例

Chapter 5

第5章

数据绑定与模板

在软件三层架构中，数据需要在业务逻辑层、显示层、数据处理层来回传递，WPF 作为一种专门的展示层技术，华丽的外观和动画只是它的表层现象，更重要的是它在深层次上帮助程序员把思维的重心固定在了逻辑层，让展示层永远处于逻辑层的从属地位。而 WPF 之所以具有这种“超能力”，关键原因在于引入了 Data Binding 概念以及与之配套的 Dependency Property 属性系统和 Data Template。在 WPF 中，Binding 是可以将数据关联在一起的桥梁，有了 Binding，后台可以专心处理程序与业务逻辑，前台可以专注于 UI 设计。

5.1 Binding 概述

Binding 音译就是“绑定”，有关联、捆绑之意。有了 Binding，就可以像桥梁一样，将展示层和业务逻辑层的数据关联起来。如果将 Binding 比作桥梁，那么它的两端分别是 Binding 的源（Source）和目标（Target）。数据从哪里来，哪里就是源，Binding 是架在中间的桥梁，Binding 的目标表明了数据要往哪儿去。

一般情况下，Binding 源是逻辑层的对象，Binding 目标是 UI 层的控件对象，这样数据就会通过 Binding 送到 UI 层，并展现给用户。

实现数据绑定的基本步骤:

① 具备通知能力的数据源属性，让数据源的类继承并实现 System.ComponentModel.INotifyPropertyChanged 接口，并在属性发生改变时调用 PropertyChanged 事件。

② 当为 Binding 设置了数据源后，Binding 就会自动监测（侦听）来自这个接口的 PropertyChanged 事件。

③ 当属性的值发生变化时，PropertyChanged 事件就会被触发，Binding 接收到事件后，确认是哪个属性的值发生了改变，再通知 Binding 的目标控件显示新的值。

经过上述步骤，就实现了完整的数据绑定数据流。

5.1.1 绑定的源与路径

Binding 的源就是数据的源头。Binding 对源的要求并不苛刻，只要它是一个对象，并且通过属性公开自己的数据，它就能成为 Binding 的源。

除了用具备通知功能的对象属性作为数据源外，还有很多选择，如一个控件作为另一个控件的数据源，或把集合作为 ItemsControl 的数据源，XML 作为 TreeView 或者 Menu 的数据源等。

5.1.2 绑定源的几种方式

虽然包含数据的对象比比皆是，但必须为 Binding 的 Source 指定合适的对象，

Binding 才能正确地工作，常见的方法有：

• 把普通的 CLR 类型单个对象指定为 Source：包括 .NET Framework 自带类型的对象和用户自定义的对象。如果类型实现了 INotifyPropertyChanged 接口，则可通过在属性的 set 语句里激发 PropertyChanged 事件来通知 Binding 进行数据更新。

• 把普通的 CLR 集合对象指定为 Source：包括数组、List<T>、ObservableCollection <T> 等集合类型。实际工作中，我们经常把一个集合作为 ItemsControl 派生类的数据源来使用，一般是把控件的 ItemsSource 属性使用 Binding 关联到一个集合对象上。

• 把 ADO.NET 数据对象指定为 Source：包括 DataTable 和 DataView 对象。

• 使用 XmlDataProvider 把 XML 数据指定为 Source：XML 作为标准的数据存储和传输格式，几乎无处不在，我们可以用它表示单个数据对象或者集合；一些 WPF 控件是级联式的（如 TreeView 和 Menu），我们可以把树状结构的 XML 数据作为源指定给与之关联的 Binding。

• 把依赖对象（Dependency Object）指定为 Source：依赖对象不仅可以作为 Binding 的目标，同时也可以作为 Binding 的源。这样就有可能形成 Binding 链。依赖对象中的依赖属性可以作为 Binding 的 Path。

• 把容器的 DataContext 指定为 Source（这是 WPF Data Binding 的默认行为）：有时候我们会遇到这样的情况——我们明确知道将从哪个属性获取数据，但具体把哪个对象作为 Binding 源还不确定。这时我们先只建立一个 Binding，只给它 Path，而不设置 Source，让这个 Binding 自己去寻找 Source。这种情况下，Binding 就会把控件的 DataContext 当作自己的 Source（它会沿着控件树一层一层向外找，直到找到有 Path 指定属性的对象为止）。

• 通过 ElementName 指定 Source：在 C# 代码里可以直接把对象作为 Source 赋值给 Binding，但 XAML 无法访问对象，所以只能使用对象的 Name 属性来找到对象。

• 通过 Binding 的 RelativeSource 属性相对地指定 Source：当控件需要关注自己的、自己容器的或者自己内部元素的某个值时，需要使用这种方法。

• 把 ObjectDataProvider 对象指定为 Source：当数据源的数据不是通过属性，而是通过方法暴露给外界的时候，我们可以使用 ObjectDataProvider 的方法名称和方法参数这两种对象来包装数据源，再把它们指定为 Source。

• 把使用 LINQ 检索得到的数据对象作为 Binding 的源。

接下来主要讲解一些常用的数据源绑定方式。

5.1.2.1 控件与控件之间的绑定

控件之间进行数据 Binding，通过 ElementName 指定数据源，Path 指定要绑定的源属性。通过绑定两个控件，可以实现数据的实时同步，且不需要写后台代码。控件之间数据绑定的固定格式为：

```
{Binding ElementName= 源 , Path= 属性 ,Mode= 方式 ,FallbackValue= 默认值 ,
UpdateSourceTrigger= 触发方式 }，其中有些可以省略。
```

下面以 Slider 作为源控件，TextBox 为目标控件，通过 Text="{Binding ElementName=one, Path=Value,Mode=TwoWay,FallbackValue=0,UpdateSourceTrigger=PropertyChanged}" 实现数据的双向绑定。示例代码如下。

```
<StackPanel>
    <Slider x:Name="one" Orientation="Horizontal" Minimum="0" Maximum="100" Height=
"25" Margin="5" Value="10" Foreground="AliceBlue" Background="LightSalmon"
IsSnapToTickEnabled="True" ></Slider>
    <TextBox x:Name="two" Text="{Binding ElementName=one, Path=Value,Mode=
TwoWay,FallbackValue=0,UpdateSourceTrigger=PropertyChanged}" Padding="5"
Margin="5" FontSize="20"></TextBox>
</StackPanel>
```

控件之间绑定示例效果如图 5-1 所示。

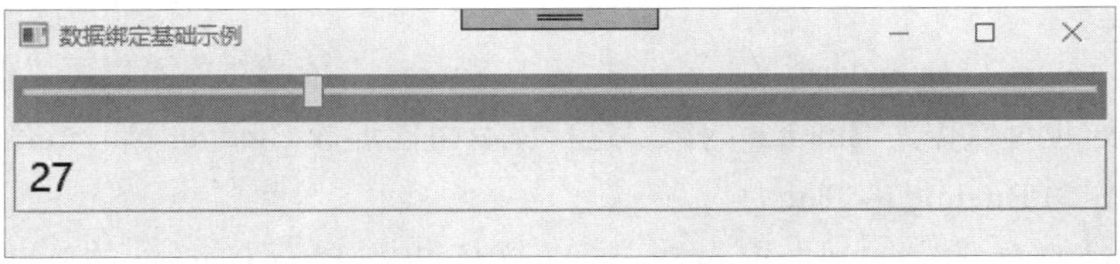

图 5-1　控件之间绑定示例效果

5.1.2.2　控件与资源的绑定

控件绑定资源，即可实现资源的一次定义、多次复用。控件与资源之间，通过 {Binding Source={StaticResource 资源名 }} 的方式进行绑定；如果资源还有其他属性，则需要指定 Path 对应的属性名；对于纯文本内容，则不需要指定 Path。如：通过 Text="{Binding Source={StaticResource 资源名 }}" 可以将资源绑定到 TextBlock，代码如下所示。

```
<Window x:Class="WpfApp2.B2Window"
        xmlns="http://schemas.microsoft.com/winfx/2006/xaml/presentation"
        xmlns:x="http://schemas.microsoft.com/winfx/2006/xaml"
        xmlns:d="http://schemas.microsoft.com/expression/blend/2008"
        xmlns:mc="http://schemas.openxmlformats.org/markup-compatibility/2006"
        xmlns:local="clr-namespace:WpfApp2"
        xmlns:sys="clr-namespace:System;assembly=mscorlib"
        mc:Ignorable="d"
        Title="资源绑定示例" Height="250" Width="400" Background="AliceBlue">
    <Window.Resources>
        <sys:String x:Key="zero">静夜思</sys:String>
        <sys:String x:Key="one">床前明月光，疑是地上霜。</sys:String>
        <sys:String x:Key="two">举头望明月，低头思故乡。</sys:String>
    </Window.Resources>
    <StackPanel Orientation="Vertical" HorizontalAlignment="Center"
VerticalAlignment="Center" >
        <TextBlock x:Name="title"  Text="{Binding Source={StaticResource zero}}"
Margin="5" Padding="5" FontSize="20" TextAlignment="Center"></TextBlock>
        <TextBlock x:Name="first"  Text="{Binding Source={StaticResource one}}"
Margin="5" Padding="5" FontSize="20"></TextBlock>
```

```
        <TextBlock x:Name="after" Text="{Binding Source={StaticResource two}}"
Margin="5" Padding="5" FontSize="20"></TextBlock>
    </StackPanel>
</Window>
```

控件与资源绑定效果如图 5-2 所示。

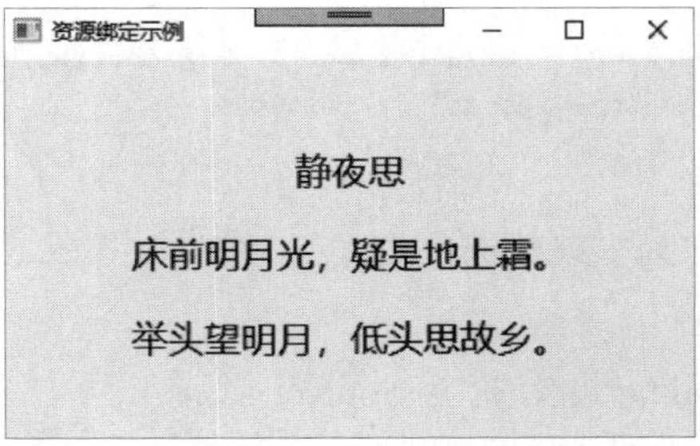

图 5-2　控件与资源之间的绑定

5.1.2.3　控件与 DataContext 的绑定

顾名思义，DataContext 有数据上下文的意思。控件的 DataContext 属性，定义在 FrameworkElement 类里面，而这个类是 WPF 控件的基类，所以每一个控件（包括容器控件）都具备 DataContext 属性。通过上下文，可以自动匹配属性进行绑定。

通过前面的学习已经知道，WPF 的 UI 布局是树形结构，所以如果在设置 Binding 时，只设置了 Path，而没有设置 Source，则会沿着 UI 树向上进行寻找。每向上一个节点，就看看这个节点的 DataContext 属性中有没有 Path 所指定的属性：如果有对应的属性，则把此属性作为 Binding 的源（Source）；如果没有，则继续向上寻找。如果找到 UI 树的根节点，依然没有找到对应的属性，则没有 Binding 的源，进而得不到数据。

WPF 的 DataContext 属性既可以通过 XAML 进行设置，也可以通过后台 C# 代码进行设置。

（1）XAML 中设置 DataContext

① 在 XAML 中设置 DataContext 属性，首先需要定义一个资源，并设置对应的 Key（唯一标识符）。如：设置资源 x:Key="student"，定义一个学生对象，代码如下所示。

```
<Window.Resources>
        <local:Student x:Key="student" Name="张三" Age="18" Sex="男" Classes="三班" >
        </local:Student>
    </Window.Resources>
```

② 将资源赋值给 DataContext，并在控件上绑定属性，代码如下所示。

```
<Grid DataContext="{StaticResource student}">
        <TextBlock Margin="5" Padding="5">姓名：</TextBlock>
        <TextBox Grid.Row="0" Grid.Column="1" x:Name="txtName" Margin="5" Padding=
"5" Text="{Binding Name}"></TextBox>
        <TextBlock Grid.Row="1" Grid.Column="0" Margin="5" Padding="5">年龄：</
TextBlock>
```

```
        <TextBox Grid.Row="1" Grid.Column="1" x:Name="txtAge" Margin="5" Padding=
"5" Text="{Binding Age}"></TextBox>
        <TextBlock Grid.Row="2" Grid.Column="0" Margin="5" Padding="5">性别：</
TextBlock>
        <TextBox Grid.Row="2" Grid.Column="1" x:Name="txtSex" Margin="5" Padding=
"5" Text="{Binding Sex}"></TextBox>
        <TextBlock Grid.Row="3" Grid.Column="0" Margin="5" Padding="5">班级：</
TextBlock>
        <TextBox Grid.Row="3" Grid.Column="1" x:Name="txtClassses" Margin="5"
Padding="5" Text="{Binding Classes}"></TextBox>
    </Grid>
```

经过以上两步，就可以实现数据的绑定。效果如图 5-3 所示。

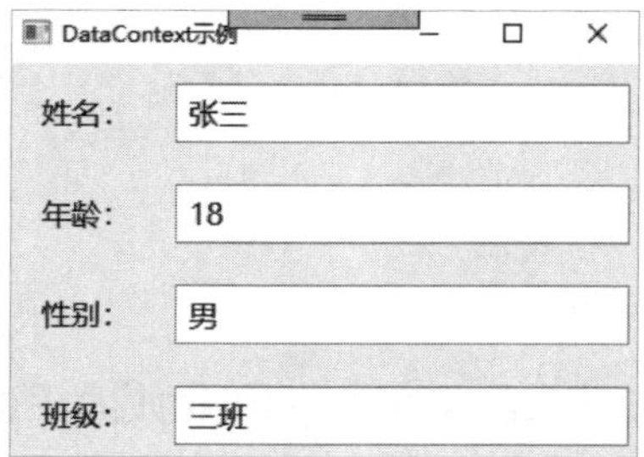

图 5-3　控件与 DataContext 之间的绑定

在上述示例中，Binding 没有指定 Source，只设置了 Path 属性，就会自动向 UI 元素树的上层去寻找可用的 DataContext 对象，最终在 Grid 的 DataContext 属性中找到了对应的 Path 路径指定的源，进而在控件上显示源的数据。

（2）代码设置 DataContext

DataContext 不仅可以通过 XAML 进行赋值，也可以通过 C# 代码设定，如下所示。

```
Student s = new Student()
{
     Name="李四",
     Age=22,
     Sex="女",
     Classes="4班"
};
//one是grid的Name
this.one.DataContext = s;
```

示例效果与 XAML 一致。不过需要注意的是，要实现 DataContext 数据绑定，有以下两点要求：

- 数据源对象的属性不能用 private 修饰。
- 绑定的名称必须和属性名保持一致，如不一致，则绑定失效。

5.1.3　双向绑定

普通的对象只能实现一次的单向绑定，如果要实现双向绑定，需要实现通知接口“INotifyPropertyChanged”并在属性变更时进行通知，代码如下所示。

```
public class Person:INotifyPropertyChanged
{
    private string name;
    public string Name { get{ return name;} set{ name = value; OnPropertyChanged
("Name");} }
```

```
    private int age;
    public int Age { get { return age; } set{ age = value; OnPropertyChanged
("Age");} }

    private string sex;
    public string Sex { get { return sex; } set { sex = value; OnPropertyChanged
("Sex");} }

    private string classes;
    public string Classes
    {
            get { return classes; }
            set { classes = value; OnPropertyChanged("Classes"); }
    }

    public event PropertyChangedEventHandler PropertyChanged;
    protected void OnPropertyChanged(string propertyName)
    {
        if (PropertyChanged != null) {
            PropertyChanged(this, new PropertyChangedEventArgs(propertyName));
        }
    }
}
```

在初始化时对 DataContext 进行赋值，然后在变更事件中更改属性值，则页面绑定的值也会随之改变。代码如下所示。

```
public partial class B4Window : Window
{
    private Person person;
    public B4Window()
    {
        InitializeComponent();
        person = new Person()
        {
            Name = "李四",
            Age = 22,
            Sex = "女",
            Classes = "4班"
        };
        //one是grid的Name
        this.one.DataContext = person;
    }

    private void btnUpdate_Click(object sender, RoutedEventArgs e)
    {
        this.person.Name = "王五";
        this.person.Age = 18;
        this.person.Sex = "男";
        this.person.Classes = "6班";

    }
}
```

5.2 绑定数据的转换与校验

在 WPF 开发中，Binding 实现了数据在 Source 和 Target 之间的传递和流通，就像现实生活中的一条条道路，建立起了城镇与城镇之间的连接，而数据校验和类型转换，就像高速公路之间的收费站和安检站。那么在 WPF 开发中，如何实现数据的校验和类型转换呢?

在数据绑定中，数据校验主要通过 ValidationRules 属性实现，数据转换主要通过 Converter 属性实现。

5.2.1 类型转换

在数据绑定时，如果 Source 端的数据类型和 Target 端的数据类型不一致，就需要用到数据类型转换，如 true/false 与显示 / 隐藏之间的转换等。要实现数据转换，需要用到 Binding 的 Converter 属性。

5.2.1.1 定义转换器

Binding 的 Converter 属性是 IValueConverter 类型，所以定义转换器需要实现 IValue-Converter 接口，代码如下所示。

```
namespace WpfApp4.DataConverter
{
    public class BoolToVisilityConverter : IValueConverter
    {
        /// <summary>
        /// Source到Target
        /// </summary>
        /// <param name="value"></param>
        /// <param name="targetType"></param>
        /// <param name="parameter"></param>
        /// <param name="culture"></param>
        /// <returns></returns>
        public object Convert(object value, Type targetType, object parameter, Cult
ureInfo culture)
        {
            var flag = bool.Parse(value.ToString());
            if(flag)
            {
                return Visibility.Visible;
            }
            else
            {
                return Visibility.Collapsed;
            }
        }
```

```
        /// <summary>
        /// Target到Source
        /// </summary>
        /// <param name="value"></param>
        /// <param name="targetType"></param>
        /// <param name="parameter"></param>
        /// <param name="culture"></param>
        /// <returns></returns>
        public object ConvertBack(object value, Type targetType, object parameter,
    CultureInfo culture)
        {
            var visibility = Visibility.Collapsed;
            if (Enum.TryParse<Visibility>(value.ToString(), out visibility))
            {
                if (visibility == Visibility.Collapsed)
                {
                    return false;
                }
                else if(visibility == Visibility.Visible)
                {
                    return true;
                }
                else
                {
                    return false;
                }
            }

            return false;
        }
    }
}
```

注意：IValueConverter 接口共两个方法，其中 Convert 方法当由 Source 到 Target 时调用，ConvertBack 方法则是反方向调用。

5.2.1.2 定义资源

转换器也是一种资源，要声明资源，首先引入命名空间 xmlns:c="clr-namespace:WpfApp4.DataConverter"，代码如下所示。

```
<Window x:Class="WpfApp4.MainWindow"
        xmlns="http://schemas.microsoft.com/winfx/2006/xaml/presentation"
        xmlns:x="http://schemas.microsoft.com/winfx/2006/xaml"
        xmlns:d="http://schemas.microsoft.com/expression/blend/2008"
        xmlns:mc="http://schemas.openxmlformats.org/markup-compatibility/2006"
        xmlns:i="http://schemas.microsoft.com/xaml/behaviors"
        xmlns:local="clr-namespace:WpfApp4"
        xmlns:c="clr-namespace:WpfApp4.DataConverter"
        mc:Ignorable="d"
        Title="MainWindow" Height="450" Width="800">
    <Window.Resources>
        <c:BoolToVisilityConverter x:Key="boolToVisility"></
```

```
c:BoolToVisilityConverter>
    </Window.Resources>
</Window>
```

5.2.1.3 调用类型转换

在 Binding 时，调用资源 Visibility="{Binding ElementName=chk01, Path=IsChecked, Converter={StaticResource boolToVisility}}"。通过复选框的选择与否，控制控件的显示与隐藏，代码如下所示。

```
<StackPanel Orientation="Horizontal" Grid.Row="0">
    <CheckBox Content="显示" x:Name="chk01"></CheckBox>
</StackPanel>
<StackPanel Orientation="Horizontal" Grid.Row="1" Visibility="{Binding ElementName=
chk01, Path=IsChecked, Converter={StaticResource boolToVisility}}">
    <TextBlock Text="年龄" VerticalAlignment="Center"></TextBlock>
    <TextBox x:Name="tbAge" Width="120" Height="25" Margin="10" Validation.Error=
"tbAge_Error" VerticalContentAlignment="Center">
        <TextBox.Text>
            <Binding Path="Age" UpdateSourceTrigger="PropertyChang
ed" NotifyOnValidationError="True">
                <Binding.ValidationRules>
                    <v:RangeValidationRule ValidatesOnTargetUpdated="True"></v:
RangeValidationRule>
                </Binding.ValidationRules>
            </Binding>
        </TextBox.Text>
    </TextBox>
    <TextBlock VerticalAlignment="Center" Text="{Binding DataError}" Foreground=
"Red"></TextBlock>
</StackPanel>
```

经过上述步骤，数据类型转换已经完成。数据类型转换示例效果如图 5-4 所示。

(a) 数据类型转换示例1

(b)数据类型转换示例2

图 5-4　数据类型转换示例

5.2.2 数据校验

在 WPF 开发中，校验数据的有效性主要是通过 ValidationRules 属性实现，主要步骤如下。

5.2.2.1 实现校验规则

Binding 的 ValidationRules 是 Collection<ValidationRule> 类型，是一个校验规则列表，可以支持多重校验。而 ValidationRule 是一个抽象类，所以要实现业务规则校验，就要继承 ValidationRule 并实现抽象方法。

ValidationRule 的 Validate 方法返回一个 ValidationResult 对象，如果校验通过，则 ValidationResult 的 IsValid 为 true，否则为 false。RangeValidationRule 主要校验用户输入数据的范围：

```
namespace WpfApp4.DataValidate
{
    public class RangeValidationRule : ValidationRule
    {
        public override ValidationResult Validate(object value, CultureInfo culture
Info)
        {
            double d = 0;
            if(double.TryParse(value.ToString(),out d))
            {
                if(d>=0 && d <= 100)
                {
                    return new ValidationResult(true,null);
                }
            }
            return new ValidationResult(false, "数据必须在0~100之间");
        }
    }
}
```

5.2.2.2 设置规则

要想应用规则，首先需要引入规则对应的命名空间：xmlns:v=" clr-namespace:WpfApp4.DataValidate"。然后设置 Binding 的 ValidationRules 规则，如下所示。

```
<TextBlock Text=" 年龄 " VerticalAlignment="Center"></TextBlock>
<TextBox x:Name="tbAge" Width="120" Height="25" Margin="10" Validation.
Error="tbAge_Error" VerticalContentAlignment="Center">
    <TextBox.Text>
        <Binding Path="Age" UpdateSourceTrigger="PropertyChanged"
NotifyOnValidationError="True">
            <Binding.ValidationRules>
                <v:RangeValidationRule ValidatesOnTargetUpdated="True"></v:
RangeValidationRule>
            </Binding.ValidationRules>
```

```
        </Binding>
    </TextBox.Text>
</TextBox>
<TextBlock VerticalAlignment="Center" Text="{Binding DataError}" Foreground="Red">
</TextBlock>
```

关于数据校验规则，有以下两点需要注意:

• 默认情况下，认为 Source 的数据总是正确的，规则校验只有当 Target 更新时，才会生效，因为 Target 多为用户输入；如果当 Source 更新时也要生效，则需要配置 ValidatesOnTargetUpdated 为 true。

• 默认情况下，校验规则返回的错误信息是不会输出到 UI 的，如果要输出到 UI，需要设置 NotifyOnValidationError 属性为 true。

5.2.2.3 输出校验信息

默认情况下，校验信息不会输出到 UI，只是显示用户控件为红色边框。如果要输出校验信息，除了设置 NotifyOnValidationError 属性外，还要订阅 Validation.Error 事件，并在事件中处理要显示的错误信息，如下所示。

```
private void tbAge_Error(object sender, ValidationErrorEventArgs e)
{
    this.viewModel.ValidationErrorCommand.Execute(e);
}
```

上述方法中的命令为 ViewModel 中定义，如下所示。

```
public class MainWindowViewModel : ObservableObject
{
    private int age;
    public int Age
    {
        get { return age; }
        set { SetProperty(ref age , value); }
    }

    private string dataError;
    public string DataError
    {
        get { return dataError; }
        set { SetProperty(ref dataError , value); }
    }

    private TextBox textBox;

    private ICommand winLoadedCommand;
    public ICommand WinLoadedCommand
    {
        get {
            if (winLoadedCommand == null)
            {
```

```
                winLoadedCommand = new RelayCommand<object>(WinLoaded);
            }
            return winLoadedCommand; }
    }

    private void WinLoaded(object sender)
    {
        if (sender != null)
        {
            var win = sender as MainWindow;
            this.textBox = win.tbAge;
        }
    }

    private ICommand validationErrorCommand;
    public ICommand ValidationErrorCommand
    {
        get {
            if (validationErrorCommand == null)
            {
                validationErrorCommand = new RelayCommand<object>
(DisplayValidationError);
            }
            return validationErrorCommand; }
    }

    private void DisplayValidationError(object obj)
    {
        if (Validation.GetErrors(this.textBox).Count > 0)
        {
            this.DataError= Validation.GetErrors(this.textBox)[0].ErrorContent.
ToString();
        }
        else
        {
            this.DataError = string.Empty;
        }
    }
}
```

5.2.2.4　数据校验示例

经过上述步骤后运行程序，示例效果如图 5-5 所示。

(a) 数据校验示例效果1

图 5-5

(b) 数据校验示例效果2

图 5-5　数据校验示例效果

5.3 模板

WPF 不仅支持传统的 Windows Forms 编程的用户界面和用户体验设计，同时还推出了以模板为核心的新一代设计理念。在 WPF 中，通过引入模板，将数据和算法的“内容”和“形式”进行解耦。模板主要分为两大类：数据模板（DataTemplate）和控件模板（ControlTemplate）。

基本上，ControlTemplate 描述如何显示控件，而 DataTemplate 描述如何显示数据。

5.3.1　控件模板

提起控件模板，总会想到那句歌词“我确定我就是那一只披着羊皮的狼”。“披着羊皮的狼”虽然看上去像只羊，实际上还是狼，它具备狼的一切特征，却以羊的外表进行伪装展示。在 WPF 中，通过控件模板正好可以做到这一点，控件模板让我们可以定义控件的外观，改变控件的展现形式。如默认情况下，按钮是以矩形边框 + 文本的形式展示，而通过控件模板，我们可以将按钮做成圆形 + 文本，或者图标 + 文本等不同的形式。

5.3.1.1　编辑控件模板

选中控件→点击鼠标右键→选择“编辑模板”→选择“编辑副本”，打开“创建 Style 资源”对话框，如图 5-6 所示。

创建 Style 资源：输入资源名称，定义位置，默认为此文档“Window”，然后点击“确定”，如图 5-7 所示。

创建控件元素的默认资源，代码如下所示。

```
<Window x:Class="WpfApp2.TwoWindow"
        xmlns="http://schemas.microsoft.com/winfx/2006/xaml/presentation"
        xmlns:x="http://schemas.microsoft.com/winfx/2006/xaml"
        xmlns:d="http://schemas.microsoft.com/expression/blend/2008"
        xmlns:mc="http://schemas.openxmlformats.org/markup-compatibility/2006"
        xmlns:local="clr-namespace:WpfApp2"
        mc:Ignorable="d"
```

```
        Title="TwoWindow" Height="350" Width="800">
    <Window.Resources>
        <Style x:Key="FocusVisual">
            <Setter Property="Control.Template">
                <Setter.Value>
                    <ControlTemplate>
                        <Rectangle Margin="2" SnapsToDevicePixels="true" Stroke="{D
ynamicResource {x:Static SystemColors.ControlTextBrushKey}}" StrokeThickness="1" St
rokeDashArray="1 2"/>
                    </ControlTemplate>
                </Setter.Value>
            </Setter>
        </Style>
        <SclidColorBrush x:Key="Button.Static.Background" Color="#FFDDDDDD"/>
        <SclidColorBrush x:Key="Button.Static.Border" Color="#FF707070"/>
        <SclidColorBrush x:Key="Button.MouseOver.Background" Color="#FFBEE6FD"/>
        <SclidColorBrush x:Key="Button.MouseOver.Border" Color="#FF3C7FB1"/>
        <SclidColorBrush x:Key="Button.Pressed.Background" Color="#FFC4E5F6"/>
        <SclidColorBrush x:Key="Button.Pressed.Border" Color="#FF2C628B"/>
        <SclidColorBrush x:Key="Button.Disabled.Background" Color="#FFF4F4F4"/>
        <SclidColorBrush x:Key="Button.Disabled.Border" Color="#FFADB2B5"/>
        <SclidColorBrush x:Key="Button.Disabled.Foreground" Color="#FF838383"/>
        <Style x:Key="OneButtonStyle" TargetType="{x:Type Button}">
            <Setter Property="FocusVisualStyle" Value="{StaticResource FocusVisual}
"/>
            <Setter Property="Background" Value="{StaticResource Button.Static.
Background}"/>
            <Setter Property="BorderBrush" Value="{StaticResource Button.Static.
Border}"/>
            <Setter Property="Foreground" Value="{DynamicResource {x:Static SystemC
olors.ControlTextBrushKey}}"/>
            <Setter Property="BorderThickness" Value="1"/>
            <Setter Property="HorizontalContentAlignment" Value="Center"/>
            <Setter Property="VerticalContentAlignment" Value="Center"/>
            <Setter Property="Padding" Value="1"/>
            <Setter Property="Template">
                <Setter.Value>
                    <ControlTemplate TargetType="{x:Type Button}">
                        <Border x:Name="border" BorderBrush="{TemplateBinding
BorderBrush}" BorderThickness="{TemplateBinding BorderThickness}"
Background="{TemplateBinding Background}" SnapsToDevicePixels="true">
                            <ContentPresenter x:Name="contentPresenter" Focusable=
"False" HorizontalAlignment="{TemplateBinding HorizontalContentAlignment}"
Margin="{TemplateBinding Padding}" RecognizesAccessKey="True" SnapsToDevicePixels=
"{TemplateBinding SnapsToDevicePixels}" VerticalAlignment="{TemplateBinding
VerticalContentAlignment}"/>
                        </Border>
                        <ControlTemplate.Triggers>
                            <Trigger Property="IsDefaulted" Value="true">
                                <Setter Property="BorderBrush" TargetName="border"
Value="{DynamicResource {x:Static SystemColors.HighlightBrushKey}}"/>
                            </Trigger>
                            <Trigger Property="IsMouseOver" Value="true">
```

```
                                <Setter Property="Background" TargetName="border"
Value="{StaticResource Button.MouseOver.Background}"/>
                                <Setter Property="BorderBrush" TargetName="border"
Value="{StaticResource Button.MouseOver.Border}"/>
                            </Trigger>
                            <Trigger Property="IsPressed" Value="true">
                                <Setter Property="Background" TargetName="border"
Value="{StaticResource Button.Pressed.Background}"/>
                                <Setter Property="BorderBrush" TargetName="border"
Value="{StaticResource Button.Pressed.Border}"/>
                            </Trigger>
                            <Trigger Property="IsEnabled" Value="false">
                                <Setter Property="Background" TargetName="border"
Value="{StaticResource Button.Disabled.Background}"/>
                                <Setter Property="BorderBrush" TargetName="border"
Value="{StaticResource Button.Disabled.Border}"/>
                                <Setter Property="TextElement.
Foreground" TargetName=
"contentPresenter" Value="{StaticResource Button.Disabled.Foreground}"/>
                            </Trigger>
                        </ControlTemplate.Triggers>
                    </ControlTemplate>
                </Setter.Value>
            </Setter>
        </Style>
    </Window.Resources>
    <Grid>
        <Button x:Name="one" Content="Hello wpf" Margin="5" Width="100" Height="30"
Style="{DynamicResource OneButtonStyle}"></Button>
    </Grid>
</Window>
```

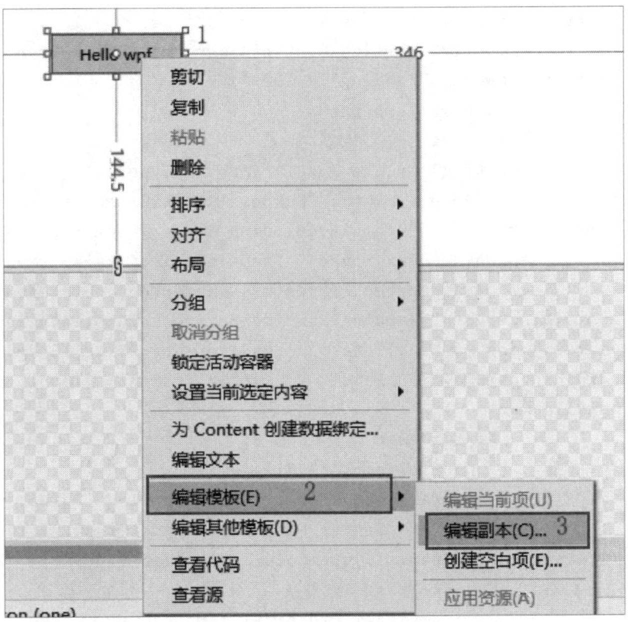

图 5-6　编辑模板

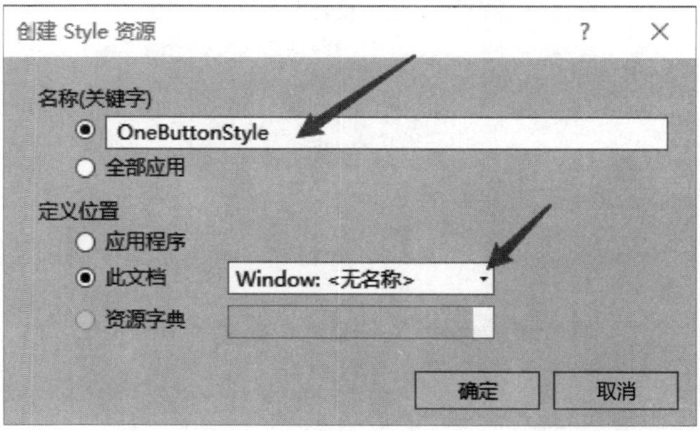

图 5-7　创建资源

编辑默认模板，也可以通过在“文档大纲”对话框中选中控件→单击鼠标右键→选择“编辑模板”→选择“编辑副本”，然后打开创建资源对话框，进行操作，如图 5-8 所示。

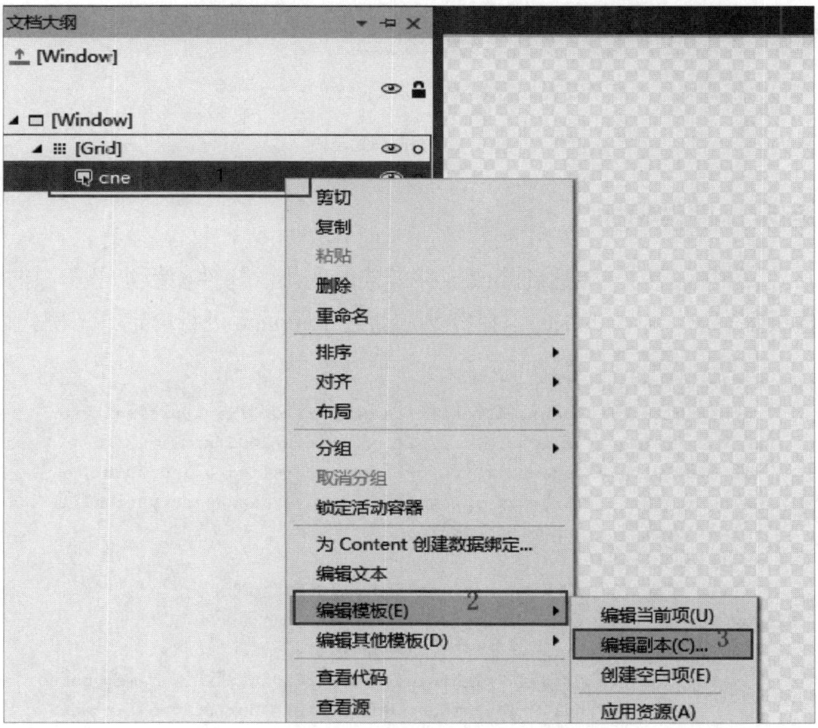

图 5-8　编辑默认模板

5.3.1.2　修改默认样式

通过默认创建的控件模板 Style，可以修改和重定义控件的显示内容，如设置按钮显示圆角，鼠标放上去为红色，如图 5-9 所示。

图 5-9　样式示例

要实现以上功能，只需要修改两个地方即可，如图 5-10 所示。

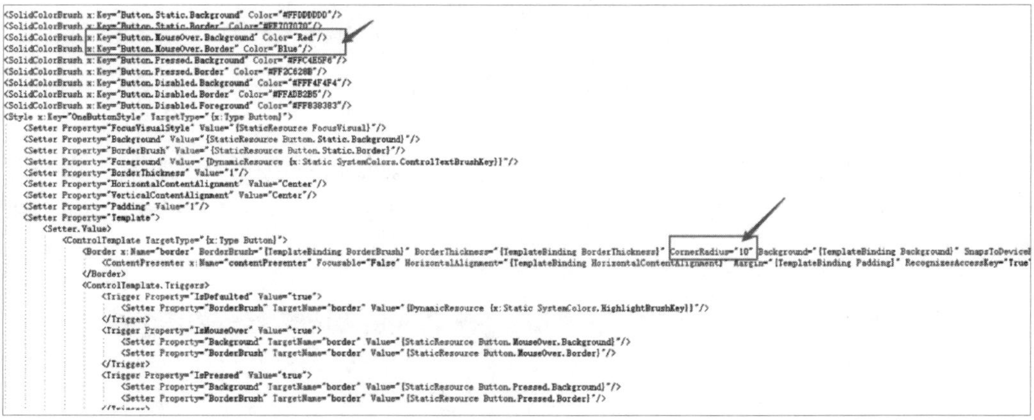

```
<SolidColorBrush x:Key="Button.Static.Background" Color="#FFDDDDDD"/>
<SolidColorBrush x:Key="Button.Static.Border" Color="#FF707070"/>
<SolidColorBrush x:Key="Button.MouseOver.Background" Color="Red"/>
<SolidColorBrush x:Key="Button.MouseOver.Border" Color="Blue"/>
<SolidColorBrush x:Key="Button.Pressed.Background" Color="#FFC4E5F6"/>
<SolidColorBrush x:Key="Button.Pressed.Border" Color="#FF2C628B"/>
<SolidColorBrush x:Key="Button.Disabled.Background" Color="#FFF4F4F4"/>
<SolidColorBrush x:Key="Button.Disabled.Border" Color="#FFADB2B5"/>
<SolidColorBrush x:Key="Button.Disabled.Foreground" Color="#FF838383"/>
<Style x:Key="OneButtonStyle" TargetType="{x:Type Button}">
    <Setter Property="FocusVisualStyle" Value="{StaticResource FocusVisual}"/>
    <Setter Property="Background" Value="{StaticResource Button.Static.Background}"/>
    <Setter Property="BorderBrush" Value="{StaticResource Button.Static.Border}"/>
    <Setter Property="Foreground" Value="{DynamicResource {x:Static SystemColors.ControlTextBrushKey}}"/>
    <Setter Property="BorderThickness" Value="1"/>
    <Setter Property="HorizontalContentAlignment" Value="Center"/>
    <Setter Property="VerticalContentAlignment" Value="Center"/>
    <Setter Property="Padding" Value="1"/>
    <Setter Property="Template">
        <Setter.Value>
            <ControlTemplate TargetType="{x:Type Button}">
                <Border x:Name="border" BorderBrush="{TemplateBinding BorderBrush}" BorderThickness="{TemplateBinding BorderThickness}" CornerRadius="10" Background="{TemplateBinding Background}" SnapsToDevice
                    <ContentPresenter x:Name="contentPresenter" Focusable="False" HorizontalAlignment="{TemplateBinding HorizontalContentAlignment}" Margin="{TemplateBinding Padding}" RecognizesAccessKey="True"
                </Border>
                <ControlTemplate.Triggers>
                    <Trigger Property="IsDefaulted" Value="true">
                        <Setter Property="BorderBrush" TargetName="border" Value="{DynamicResource {x:Static SystemColors.HighlightBrushKey}}"/>
                    </Trigger>
                    <Trigger Property="IsMouseOver" Value="true">
                        <Setter Property="Background" TargetName="border" Value="{StaticResource Button.MouseOver.Background}"/>
                        <Setter Property="BorderBrush" TargetName="border" Value="{StaticResource Button.MouseOver.Border}"/>
                    </Trigger>
                    <Trigger Property="IsPressed" Value="true">
                        <Setter Property="Background" TargetName="border" Value="{StaticResource Button.Pressed.Background}"/>
                        <Setter Property="BorderBrush" TargetName="border" Value="{StaticResource Button.Pressed.Border}"/>
```

图 5-10　修改样式示例

5.3.1.3　自定义控件模板

通过自定义模板，同样能达到修改控件样式的效果。控件模板也是资源的一种，每一个控件模板都有一个唯一的 Key，在控件上通过 Template 进行绑定，示例代码如下。

```
<Window x:Class="WpfApp2.ThreeWindow"
        xmlns="http://schemas.microsoft.com/winfx/2006/xaml/presentation"
        xmlns:x="http://schemas.microsoft.com/winfx/2006/xaml"
        xmlns:d="http://schemas.microsoft.com/expression/blend/2008"
        xmlns:mc="http://schemas.openxmlformats.org/markup-compatibility/2006"
        xmlns:local="clr-namespace:WpfApp2"
        mc:Ignorable="d"
        Title="自定义控件模板示例" Height="150" Width="300">
    <Window.Resources>
        <ControlTemplate x:Key="oneStyle" TargetType="Button">
            <Border Background="LightBlue" CornerRadius="5" x:Name="border">
                <StackPanel Orientation="Horizontal" HorizontalAlignment=
"{TemplateBinding HorizontalAlignment}">
                    <TextBlock VerticalAlignment="{TemplateBindi
ng VerticalAlignment}">》》</TextBlock>
                    <ContentPresenter HorizontalAlignment="{TemplateBindi
ng HorizontalAlignment}" VerticalAlignment="{TemplateBinding VerticalAlignment}">
</ContentPresenter>
                </StackPanel>
            </Border>
```

```
            <ControlTemplate.Triggers>
                <Trigger Property="IsMouseOver" Value="true">
                    <Setter Property="Background" TargetName="border" Value="Red"/>
                    <Setter Property="BorderBrush" TargetName="border" Value="Blue"
/>
                </Trigger>
            </ControlTemplate.Triggers>
        </ControlTemplate>
    </Window.Resources>
    <Grid>
        <Button x:Name="one" Content="Hello wpf" Margin="5" Width="100" Height=
"30" VerticalAlignment="Center"  HorizontalAlignment="Center" Template="
{StaticResource oneStyle}"></Button>
    </Grid>
</Window>
```

自定义控件模板示例如图 5-11 所示。

图 5-11　自定义控件模板示例

5.3.2　数据模板

控件模板决定了数据的展示形式和用户体验，在软件 UI 设计中非常重要。同样数据的展示形式越来越多样化。同样的数据内容，在 DataGrid 中的展示是文本的列表形式，在 ComboBox 中是下拉框的形式。给数据披上“外衣”，将数据和形式解耦，是一种新的发展趋势。

5.3.2.1　DataGrid

DataGrid 是 WPF 提供的二维网格数据控件，默认情况下，用于展示格式化的列表数据。默认提供的 DataGrid 样式比较单调，可以通过数据模板改变数据的呈现方式。

（1）定义数据列

DataGrid 是可以自定义网格数据显示的控件，通过自定义显示的列模板，可以实现各式各样的展现效果。列定义如下：

• DataGrid 的列定义，通过 Binding=”{Binding Name}”的方式绑定属性，通过 ElementStyle=”{StaticResource one_center}”的方式绑定样式。

•DataGrid 预制了几种列展示数据的方式，如：DataGridTextColumn（文本），DataGridCheckBoxColumn（复选框），DataGridComboBoxColumn（下拉框），DataGridHyperlinkColumn（链接）等。如果使用数据模板，则采用 DataGridTemplateColumn 进行定义。

UI 示例如下。

```
<Window x:Class="WpfApp2.A1Window"
        xmlns="http://schemas.microsoft.com/winfx/2006/xaml/presentation"
        xmlns:x="http://schemas.microsoft.com/winfx/2006/xaml"
        xmlns:d="http://schemas.microsoft.com/expression/blend/2008"
        xmlns:mc="http://schemas.openxmlformats.org/markup-compatibility/2006"
        xmlns:local="clr-namespace:WpfApp2"
        mc:Ignorable="d"
        Title="数据模板示例" Height="450" Width="650">
    <Window.Resources>
        <Style x:Key="one_center" TargetType="TextBlock">
            <Setter Property="VerticalAlignment" Value="Center"></Setter>
            <Setter Property="HorizontalAlignment" Value="Center"></Setter>
        </Style>
        <Style x:Key="one_header" TargetType="DataGridColumnHeader">
            <Setter Property="VerticalAlignment" Value="Center"></Setter>
            <Setter Property="HorizontalAlignment" Value="Center"></Setter>
            <Setter Property="HorizontalContentAlignment" Value="Center"></Setter>
            <Setter Property="BorderThickness" Value="0"></Setter>
        </Style>
    </Window.Resources>
    <Grid>
        <DataGrid x:Name="one"  Margin="10" AutoGenerateColumns="False"  CanUserAdd
Rows="False"  CanUserSortColumns="False" BorderThickness="0" >
            <DataGrid.Columns>
                <DataGridTextColumn Header="姓名" Binding="{Binding Name}" Width=
"*" ElementStyle="{StaticResource one_center}" HeaderStyle="{StaticResource
one_header}"  />
                <DataGridTextColumn Header="年龄" Binding="{Binding Age}" Width=
"*" ElementStyle="{StaticResource one_center}" HeaderStyle="{StaticResource
one_header}"/>
                <DataGridTextColumn Header="性别" Binding="{Binding Sex}" Width=
"*" ElementStyle="{StaticResource one_center}" HeaderStyle="{StaticResource
one_header}"/>
                <DataGridTextColumn Header="班级" Binding="{Binding Classes}" Width=
"*" ElementStyle="{StaticResource one_center}" HeaderStyle="{StaticResource
one_header}"/>
                <DataGridTemplateColumn Header="操作" Width="*" HeaderStyle=
"{StaticResource one_header}">
                    <DataGridTemplateColumn.CellTemplate>
                        <DataTemplate>
                            <StackPanel Orientation="Horizontal" VerticalAlignment=
"Center" HorizontalAlignment="Center">
                                <Button x:Name="edit" Content="编辑" Width="60"
Margin="3" Height="25"></Button>
                                <Button x:Name="delete" Content="删除" Width="60"
Margin="3" Height="25"></Button>
                            </StackPanel>
                        </DataTemplate>
                    </DataGridTemplateColumn.CellTemplate>
```

```
                </DataGridTemplateColumn>
            </DataGrid.Columns>
        </DataGrid>
    </Grid>
</Window>
```

（2）后台数据绑定

后台数据绑定通过 ItemsSource 进行赋值，绑定的数据的属性名要和 DataGrid 的列绑定数据的名称保持一致，如下所示。

```
namespace WpfApp2
{
    /// <summary>
    /// A1Window.xaml 的交互逻辑
    /// </summary>
    public partial class A1Window : Window
    {
        public A1Window()
        {
            InitializeComponent();

            List<Student> lst = new List<Student>();
            lst.Add(new Student() { Name = "张三", Age = 22, Sex = "男", Classes =
"一班" });
            lst.Add(new Student() { Name = "李四", Age = 21, Sex = "男", Classes =
"二班" });
            lst.Add(new Student() { Name = "王五", Age = 20, Sex = "女", Classes =
"一班" });
            lst.Add(new Student() { Name = "刘大", Age = 19, Sex = "男", Classes =
"三班" });
            lst.Add(new Student() { Name = "赵二", Age = 18, Sex = "男", Classes =
"四班" });
            one.ItemsSource = lst;
        }
    }


    public class Student
    {
        public string Name { get; set; }

        public int Age { get; set; }

        public string Sex { get; set; }

        public string Classes { get; set; }
    }
}
```

DataGrid 数据模板示例效果如图 5-12 所示。

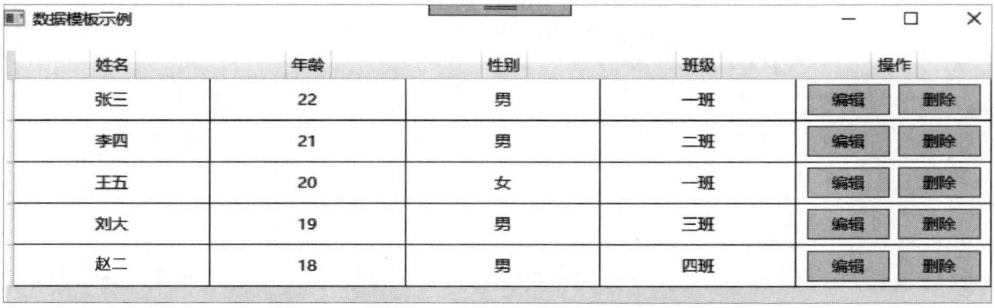

图 5-12　DataGrid 示例

5.3.2.2　ListBox 和 ComboBox

在 WPF 开发中，ListBox 和 ComboBox 经常都会用到，主要用于显示列表框、下拉框供用户选择。默认的列表框和下拉框有时并不能满足实际的需求，这个时候就需要对数据模板进行自定义。

（1）自定义数据模板

ListBox、ComboBox 均是包含可选择的项的列表，区别只是 ListBox 不需要下拉显示，ComboBox 需要下拉显示。通过定义数据模板，可以丰富数据的展示形式。而列表框和下拉框的数据模板主要通过 ItemTemplate 属性进行实现。通过 ItemTemplate="{StaticResource item_template}" 的形式，进行数据模板的绑定，如下所示。

```
<Window x:Class="WpfApp2.A2Window"
        xmlns="http://schemas.microsoft.com/winfx/2006/xaml/presentation"
        xmlns:x="http://schemas.microsoft.com/winfx/2006/xaml"
        xmlns:d="http://schemas.microsoft.com/expression/blend/2008"
        xmlns:mc="http://schemas.openxmlformats.org/markup-compatibility/2006"
        xmlns:local="clr-namespace:WpfApp2"
        mc:Ignorable="d"
        Title="数据模板示例" Height="450" Width="800">
    <Window.Resources>
        <DataTemplate x:Key="item_template">
            <StackPanel Orientation="Horizontal" Margin="5 ,0">
                <Border Width="10" Height="10" Background="{Binding Code}"></
Border>
                <TextBlock Text="{Binding Code}" Margin="5,0" ></TextBlock>
            </StackPanel>
        </DataTemplate>
    </Window.Resources>
    <Grid>
        <StackPanel Margin="3" Orientation="Horizontal" HorizontalAlignment="Center
" VerticalAlignment="Center">
            <ComboBox x:Name="one" Height="25" Width="120" Margin="5" ItemTemplate=
"{StaticResource item_template}"></ComboBox>
            <ListBox x:Name="two"  Width="120" Margin="5" ItemTemplate="{StaticReso
urce item_template}"></ListBox>
        </StackPanel>
    </Grid>
</Window>
```

（2）后台数据绑定

与 DataGrid 一样，后台通过 ItemsSource 进行数据的绑定，如下所示。

```
namespace WpfApp2
{
    /// <summary>
    /// A2Window.xaml 的交互逻辑
    /// </summary>
    public partial class A2Window : Window
    {
        public A2Window()
        {
            InitializeComponent();
            List<Color> lst = new List<Color>();
            lst.Add(new Color() { Code = "#FE8C00" });
            lst.Add(new Color() { Code = "#1F7F50" });
            lst.Add(new Color() { Code = "#AA8C00" });
            lst.Add(new Color() { Code = "#FEAA00" });
            lst.Add(new Color() { Code = "#008CAA" });
            lst.Add(new Color() { Code = "#FEBB00" });
            one.ItemsSource = lst;
            two.ItemsSource = lst;
        }
    }

    public class Color
    {
        public string Code { get; set; }
    }
}
```

定义数据模板后的下拉框、列表框示例截图，如图 5-13 所示。

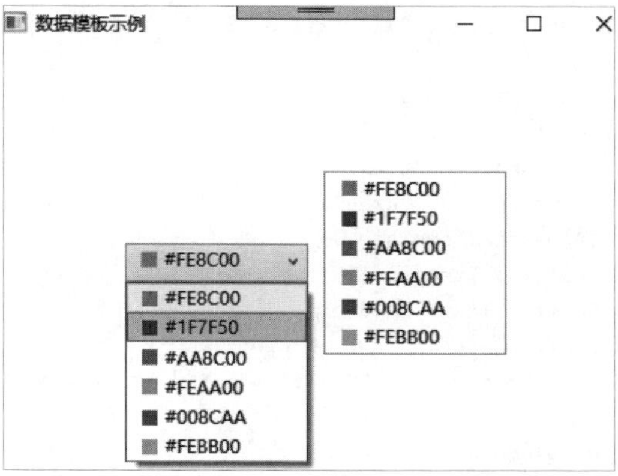

图 5-13　下拉框、列表框示例

5.3.2.3　ItemsControl

ItemsControl 是用于展示一组项的控件，我们常见的 ListBox、DataGrid 等都是继承自 ItemsControl。ItemsControl 可以用于自定义样式展示各种批量数据集合。ItemsControl

与子控件之间的关系，如图 5-14 所示。

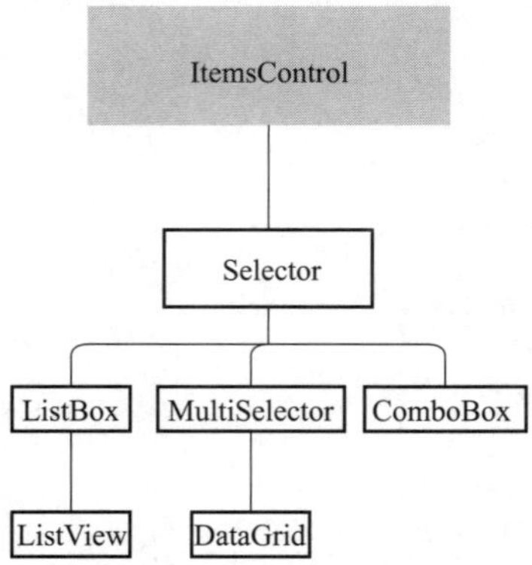

图 5-14　ItemsControl 控件派生关系

（1）自定义数据模板

ItemsControl，主要用于展示集合数据的项，也是列表控件的一种。ItemsControl 需要设置 ItemsPanel 和 ItemTemplate 两个属性：

- ItemsControl.ItemsPanel：作为数据展示的容器。
- ItemsControl.ItemTemplate：用于单个数据的展示形式。

示例具体代码如下所示。

```
<Window x:Class="WpfApp2.A3Window"
        xmlns="http://schemas.microsoft.com/winfx/2006/xaml/presentation"
        xmlns:x="http://schemas.microsoft.com/winfx/2006/xaml"
        xmlns:d="http://schemas.microsoft.com/expression/blend/2008"
        xmlns:mc="http://schemas.openxmlformats.org/markup-compatibility/2006"
        xmlns:local="clr-namespace:WpfApp2"
        mc:Ignorable="d"
        Title="A3Window" Height="450" Width="800">
    <Grid>
        <ItemsControl x:Name="one">
            <ItemsControl.ItemsPanel>
                <ItemsPanelTemplate>
                    <WrapPanel></WrapPanel>
                </ItemsPanelTemplate>
            </ItemsControl.ItemsPanel>
            <ItemsControl.ItemTemplate>
                <DataTemplate>
                    <Button Width="50" Height="50" Margin="5" Content="{Binding
Code}"></Button>
                </DataTemplate>
            </ItemsControl.ItemTemplate>
        </ItemsControl>
    </Grid>
</Window>
```

（2）后台数据绑定

与 DataGrid 一样，后台通过 ItemsSource 进行数据的绑定。示例代码如下。

```
namespace WpfApp2
{
    /// <summary>
    /// A3Window.xaml 的交互逻辑
    /// </summary>
    public partial class A3Window : Window
    {
        public A3Window()
        {
            InitializeComponent();
            List<Test> lst = new List<Test>();
            lst.Add(new Test() { Code = "1" });
            lst.Add(new Test() { Code = "2" });
            lst.Add(new Test() { Code = "3" });
            lst.Add(new Test() { Code = "4" });
            lst.Add(new Test() { Code = "5" });
            lst.Add(new Test() { Code = "6" });
            one.ItemsSource = lst;
        }
    }

    public class Test
    {
        public string Code { get; set; }
    }
}
```

ItemsControl 示例如图 5-15 所示。

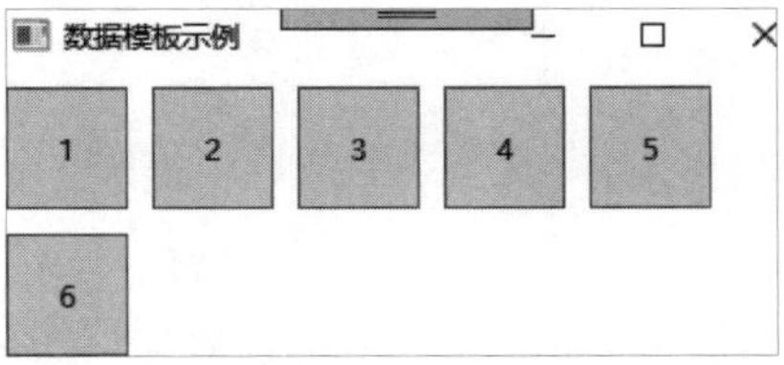

图 5-15　ItemsControl 示例

5.4 开发实例：圆形按钮

默认情况下，按钮是长方形的，文本框是有边框的，列表是由行、列表格组成的，复选框是方格 + 对钩（√）组合成的。通过控件模板和数据模板，就可以改变这种默认的呈现方式。接下来我们通过控件模板来创建一组按钮，让我们的软件更加人性化和美观。

5.4.1 创建项目

首先创建 WPF 项目，具体创建方式可参考 1.4.1 节。在 XAML 页面中，添加一个按钮（Button），并设置宽度和高度，使按钮为宽、高各为 100 的正方形，如下所示。

```
<Grid>
    <Button Width="100" Height="100">

    </Button>
</Grid>
```

5.4.2 定义控件模板

在创建按钮后，修改按钮的 Template 属性。由于 Template 是 ControlTemplate 类型的属性，所以可以接收 ControlTemplate 的子节点。在 ControlTemplate 的子节点中，就可以设置控件的呈现方式（外衣）了。代码如下所示。

```
<Grid>
    <Button Width="100" Height="100">
        <Button.Template>
            <ControlTemplate>
                <Border Background="Yellow" BorderThickness="1" BorderBrush=
"LightBlue" CornerRadius="50">
                    <TextBlock Text="Open" HorizontalAlignment="Center"
VerticalAlignment="Center"></TextBlock>
                </Border>
            </ControlTemplate>
        </Button.Template>
    </Button>
</Grid>
```

5.4.3 提取资源

在 5.4.2 节中，在 UI 控件的内部修改 Template 属性，达到改变控件默认呈现方式的目的。在有很多个按钮的时候，这种方式显然是不可取的。所以要实现控件模板的重复利用，就需要进行提取，在外部进行定义。在 WPF 中，控件模板也是资源的一种，也可以定义为资源，这样就可以实现资源的重复利用。

在窗口层级定义资源（Window.Resources），并指定对应的 Key 为 Circle，如下所示。

```
<Window.Resources>
        <ControlTemplate x:Key="Circle" TargetType="Button">
            <Border Background="Yellow" BorderThickness="1" BorderBrush="LightBlue"
CornerRadius="50">
                <TextBlock Text="Open" HorizontalAlignment="Center"
VerticalAlignment="Center"></TextBlock>
            </Border>
        </ControlTemplate>
</Window.Resources>
```

在 UI 控件中，对 Template 属性进行资源绑定即可，如下所示。

```
<StackPanel Orientation="Horizontal">
        <Button Width="100" Height="100" Template="{StaticResource Circle}">
        </Button>
        <Button Width="100" Height="100" Template="{StaticResource Circle}">
        </Button>
</StackPanel>
```

5.4.4 占位符

在 5.4.3 节中，虽然将控件模板提取为资源，可以重复利用，但是其中 TextBlock 中属性 Text=”Open”都是一样，这就不是我们想要的。我们希望空间的样式一样，但是文本可以每一个按钮自己设置。这就需要使用内容占位符，在运行时，会自动将 Button 的 Content 属性与占位符进行替换，具体代码如下所示。

```
<Window.Resources>
        <ControlTemplate x:Key="Circle" TargetType="Button">
            <Border Background="Yellow" BorderThickness="1" BorderBrush="
LightBlue" CornerRadius="50">
                <ContentPresenter HorizontalAlignment="{TemplateBinding
HorizontalAlignment}" VerticalAlignment="{TemplateBinding VerticalAlignment}">
</ContentPresenter>
            </Border>
        </ControlTemplate>
</Window.Resources>
```

5.4.5 资源绑定

资源定义好后，在控件的 Template 属性进行静态资源绑定，如下所示。

```
<StackPanel Orientation="Horizontal">
        <Button Width="100" Height="100" Template="{StaticResource Circle}" Content
="打开" HorizontalAlignment="Center" VerticalAlignment="Center" Margin="5">
        </Button>
        <Button Width="100" Height="100" Template="{StaticResource Circle}" Content
="关闭" HorizontalAlignment="Center" VerticalAlignment="Center" Margin="5">
        </Button>
</StackPanel>
```

5.4.6 功能演示

在 Visual Studio 中，通过 F5 快捷键进行调试运行，运行结果如图 5-16 所示。

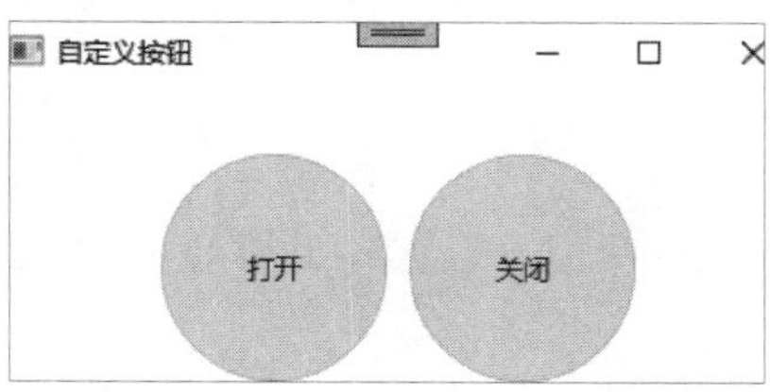

图 5-16 圆形按钮实例

第 6 章

Chapter 6

绘图与动画

软件应用早已不再局限于原始的作业方式，而是更加关注功能、易用、美观、稳定等方面。在如今的软件市场，竞争也越来越激烈，软件页面是否美观，颜色搭配是否合理，是否包含图形、动画，俨然已经成为衡量软件是否优秀的标准。

6.1 画笔

在 WPF 中，屏幕上的所有内容，如按钮的背景色、边框，文本框的前景和形状填充，都是通过画笔（Brush）画上去的。借助画笔，可以绘制页面上的所有 UI 对象。不同画笔具有不同类型的输出（如：某些画笔使用纯色绘制区域，其他画笔使用渐变色、图像等进行绘制）。画笔效果如图 6-1 所示。

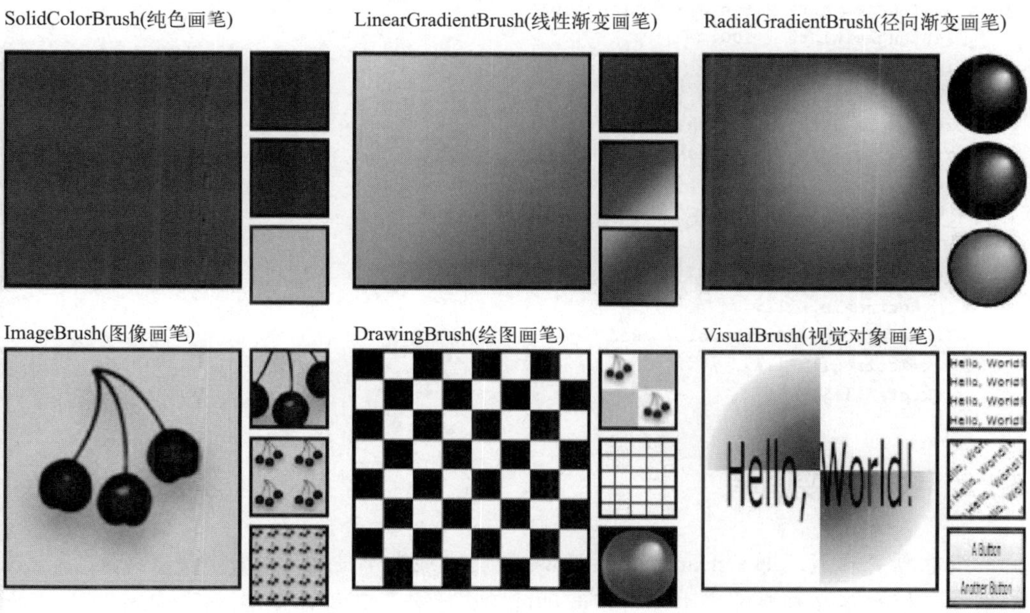

图 6-1　画笔效果

Brush 位于 System.Windows.Media 命名空间。Brush 是一个 abstract 修饰的抽象类，所以必须使用其派生类。不同的 UI 对象，所对应的画笔属性不同，主要有以下几种：

- Border：可以设置边框（BorderBrush）、背景色（Background）；
- Control：可以设置背景色（Background）、前景色（Foreground）；
- Panel（容器）：可以设置背景色（Background）；
- Pen（画笔）：设置笔触（Brush）；
- Shape（形状）：可以设置填充（Fill）、线条（Stroke）；
- TextBlock：设置背景色（Background）。

接下来将分别讲解不同类型画笔的相关知识点和用法。

6.1.1 纯色画笔

纯色画笔，即 SolidColorBrush，使用纯色（Color）绘制区域。有多种方法可以制定纯色画笔的颜色，如使用 A（Alpha）、R（红色）、G（绿色）、B（蓝色）颜色通道来定义颜色，或者使用系统预定义颜色。

SolidColorBrush 可以通过构造函数进行赋值，接收一个 Color 类型的参数；或者通过 Color 属性进行赋值。示例代码如下所示。

```
Color color = Colors.Red;// 系统预定义颜色
SolidColorBrush brush = new SolidColorBrush(color);//方法1：通过构造函数传入颜色

Color color2 = Color.FromArgb(0xFF,0x00,0xFF,0x00);//通过ARGB值定义颜色
SolidColorBrush brush2= new SolidColorBrush();
brush2.Color = color2;//方法2：直接对颜色进行赋值

Rectangle rectangle = new Rectangle();
rectangle.Width = 100;
rectangle.Height = 100;
rectangle.Fill = brush;
rectangle.Stroke = brush2;
rectangle.StrokeThickness = 1;
```

上述 C# 代码使用 XAML 定义时，如下所示。

```
<Rectangle Width="75" Height="75">
  <Rectangle.Fill>
    <SolidColorBrush Color="Red" />
  </Rectangle.Fill>
</Rectangle>
```

6.1.2 线性渐变画笔

线性渐变画笔，即 LinearGradientBrush，使用线性渐变色彩绘制图形。线性渐变色是指在一根线条（渐变轴）中混合了两种或更多颜色。可以使用 GradientStop 对象指定渐变的颜色及其位置，示例代码如下。

```
LinearGradientBrush linearGradientBrush = new LinearGradientBrush();
linearGradientBrush.GradientStops.Add(new GradientStop(Colors.Red, 0));
linearGradientBrush.GradientStops.Add(new GradientStop(Colors.Orange, 0.5));
linearGradientBrush.GradientStops.Add(new GradientStop(Colors.Yellow, 1));
Rectangle rectangle = new Rectangle();
rectangle.Width = 100;
rectangle.Height = 100;
rectangle.Fill = linearGradientBrush;
```

说明：LinearGradientBrush 的 GradientStops 属性是一个 GradientStopCollection 类型的对象，用来接收 GradientStop 对象，表示渐变的颜色列表。其中，GradientStop 有两个属性：Color（颜色）和 Offset（偏移量）。上述 C# 代码使用 XAML 定义时，

如下所示。

```
<Rectangle Width="75" Height="75">
  <Rectangle.Fill>
    <LinearGradientBrush>
      <GradientStop Color="Yellow" Offset="0.0" />
      <GradientStop Color="Orange" Offset="0.5" />
      <GradientStop Color="Red" Offset="1.0" />
    </LinearGradientBrush>
  </Rectangle.Fill>
</Rectangle>
```

6.1.3　径向渐变画笔

径向渐变画笔，即 RadialGradientBrush，使用径向渐变色彩绘制区域。径向渐变是指将两种或多种颜色混合在一个圆圈中，由里向外进行扩散。与 LinearGradientBrush 类一样，可以使用 GradientStop 对象指定渐变的颜色及其位置，示例代码如下。

```
RadialGradientBrush radialGradientBrush = new RadialGradientBrush();
radialGradientBrush.GradientStops.Add(new GradientStop(Colors.Red, 0));
radialGradientBrush.GradientStops.Add(new GradientStop(Colors.Orange, 0.5));
radialGradientBrush.GradientStops.Add(new GradientStop(Colors.Yellow, 1));
radialGradientBrush.GradientOrigin = new Point(0, 0);//设置径向渐变的起始位置，默认为
(0.5,0.5)
Rectangle rectangle = new Rectangle();
rectangle.Width = 100;
rectangle.Height = 100;
rectangle.Fill = radialGradientBrush;
```

上述 C# 代码使用 XAML 定义时，如下所示。

```
<Rectangle Width="75" Height="75">
  <Rectangle.Fill>
    <RadialGradientBrush GradientOrigin="0.75,0.25">
      <GradientStop Color="Yellow" Offset="0.0" />
      <GradientStop Color="Orange" Offset="0.5" />
      <GradientStop Color="Red" Offset="1.0" />
    </RadialGradientBrush>
  </Rectangle.Fill>
</Rectangle>
```

6.1.4　图像画笔

图像画笔，即 ImageBrush，使用 ImageSource 绘制区域。示例代码如下。

```
ImageBrush imageBrush = new ImageBrush();
imageBrush.ImageSource =
new BitmapImage(new Uri(@"images\pinkcherries.jpg", UriKind.Relative));
```

```
Rectangle rectangle = new Rectangle();
rectangle.Width = 100;
rectangle.Height = 100;
rectangle.Fill = imageBrush;
```

上述 C# 代码使用 XAML 定义时，如下所示。

```
<Rectangle Width="75" Height="75">
  <Rectangle.Fill>
    <ImageBrush ImageSource="sampleImages\pinkcherries.jpg"  />
  </Rectangle.Fill>
</Rectangle>
```

其中，ImageSource 是 abstract 修饰的抽象类，其派生类非常多，如图 6-2、图 6-3 所示。

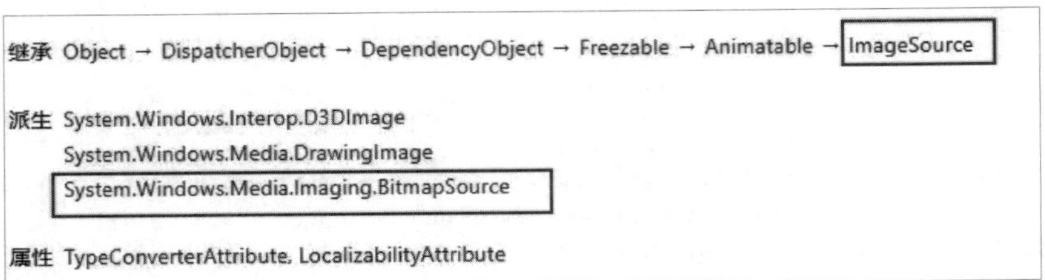

图 6-2 ImageSource 派生类

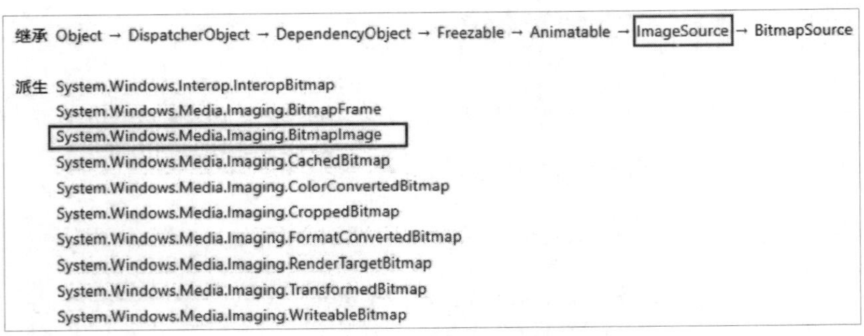

图 6-3 BitmapSource 派生类

6.1.5 绘图画笔

绘图画笔，即 DrawingBrush，使用 Drawing 绘制区域。Drawing 可以包含形状、图像、文本和媒体。示例代码如下。

```
Rectangle rectangle = new Rectangle();
rectangle.Width = 75;
rectangle.Height = 75;
// Create a DrawingBrush and use it to
// paint the rectangle.
DrawingBrush myBrush = new DrawingBrush();
```

```
GeometryDrawing backgroundSquare =
  new GeometryDrawing(
    Brushes.White,
    null,
    new RectangleGeometry(new Rect(0, 0, 100, 100)));
GeometryGroup g = new GeometryGroup();
g.Children.Add(new RectangleGeometry(new Rect(0, 0, 50, 50)));
g.Children.Add(new RectangleGeometry(new Rect(50, 50, 50, 50)));
LinearGradientBrush brush = new LinearGradientBrush();
brush.GradientStops.Add(new GradientStop(Colors.Black, 0.0));
brush.GradientStops.Add(new GradientStop(Colors.Gray, 1.0));
GeometryDrawing checkers = new GeometryDrawing(brush, null, g);
DrawingGroup checkersGroup = new DrawingGroup();
checkersGroup.Children.Add(backgroundSquare);
checkersGroup.Children.Add(checkers);
myBrush.Drawing = checkersGroup;
myBrush.Viewport = new Rect(0, 0, 0.25, 0.25);
myBrush.TileMode = TileMode.Tile;
rectangle.Fill = myBrush;
```

上述 C# 代码使用 XAML 定义时，如下所示。

```
<Rectangle Width="75" Height="75">
  <Rectangle.Fill>
    <DrawingBrush Viewport="0,0,0.25,0.25" TileMode="Tile">
      <DrawingBrush.Drawing>
        <DrawingGroup>
          <GeometryDrawing Brush="White">
            <GeometryDrawing.Geometry>
              <RectangleGeometry Rect="0,0,100,100" />
            </GeometryDrawing.Geometry>
          </GeometryDrawing>

          <GeometryDrawing>
            <GeometryDrawing.Geometry>
              <GeometryGroup>
                <RectangleGeometry Rect="0,0,50,50" />
                <RectangleGeometry Rect="50,50,50,50" />
              </GeometryGroup>
            </GeometryDrawing.Geometry>
            <GeometryDrawing.Brush>
              <LinearGradientBrush>
                <GradientStop Offset="0.0" Color="Black" />
                <GradientStop Offset="1.0" Color="Gray" />
              </LinearGradientBrush>
            </GeometryDrawing.Brush>
          </GeometryDrawing>
        </DrawingGroup>
      </DrawingBrush.Drawing>
    </DrawingBrush>
  </Rectangle.Fill>
</Rectangle>
```

在上述示例中，DrawingBrush 的 Drawing 属性用来设置绘图画笔的内容。Drawing 类型为 abstract 修饰的抽象类，而 GeometryDrawing 为 Drawing 的派生类。

6.1.6 视觉对象画笔

视觉对象画笔，即 VisualBrush，使用 Visual 对象（视觉元素）绘制区域。视觉对象包括 Button、Page、MediaElement 等内容。VisualBrush 还可以将应用程序的一部分投影到另一个区域。创建反射效果和放大屏幕部分非常有用。示例代码如下。

```
Rectangle rectangle = new Rectangle();
rectangle.Width = 75;
rectangle.Height = 75;

// Create a VisualBrush and use it
// to paint the rectangle.
VisualBrush myBrush = new VisualBrush();

//
// Create the brush's contents.
//
StackPanel panel = new StackPanel();

// Create a DrawingBrush and use it to
// paint the panel.
DrawingBrush brush = new DrawingBrush();
GeometryGroup g = new GeometryGroup();
g.Children.Add(new RectangleGeometry(new Rect(0, 0, 50, 50)));
g.Children.Add(new RectangleGeometry(new Rect(50, 50, 50, 50)));
RadialGradientBrush checkerBrush = new RadialGradientBrush();
checkerBrush.GradientStops.Add(new GradientStop(Colors.MediumBlue, 0.0));
checkerBrush.GradientStops.Add(new GradientStop(Colors.White, 1.0));
GeometryDrawing checkers = new GeometryDrawing(checkerBrush, null, g);
brush.Drawing = checkers;
panel.Background = brush;

// Create some text.
TextBlock someText = new TextBlock();
someText.Text = "Hello, World";
FontSizeConverter converter = new FontSizeConverter();
someText.FontSize = (double)converter.ConvertFromString("10pt");
someText.Margin = new Thickness(10);

panel.Children.Add(someText);

myBrush.Visual = panel;
rectangle.Fill = myBrush;
```

上述 C# 代码使用 XAML 定义时，如下所示。

```
<Rectangle Width="75" Height="75">
```

```
    <Rectangle.Fill>
      <VisualBrush TileMode="Tile">
        <VisualBrush.Visual>
          <StackPanel>
            <StackPanel.Background>
              <DrawingBrush>
                <DrawingBrush.Drawing>
                  <GeometryDrawing>
                    <GeometryDrawing.Brush>
                      <RadialGradientBrush>
                        <GradientStop Color="MediumBlue" Offset="0.0" />
                        <GradientStop Color="White" Offset="1.0" />
                      </RadialGradientBrush>
                    </GeometryDrawing.Brush>
                    <GeometryDrawing.Geometry>
                      <GeometryGroup>
                        <RectangleGeometry Rect="0,0,50,50" />
                        <RectangleGeometry Rect="50,50,50,50" />
                      </GeometryGroup>
                    </GeometryDrawing.Geometry>
                  </GeometryDrawing>
                </DrawingBrush.Drawing>
              </DrawingBrush>
            </StackPanel.Background>
            <TextBlock FontSize="10pt" Margin="10">Hello, World!</TextBlock>
          </StackPanel>
        </VisualBrush.Visual>
      </VisualBrush>
    </Rectangle.Fill>
  </Rectangle>
```

6.1.7 预定义画笔

为方便起见，WPF 提供了一组可用于绘制对象的预定义画笔和系统画笔：

• Brushes 类：定义了可用的预定义画笔列表。

• SystemColors 类：定义了可用的系统画笔列表。

6.1.8 画笔常见属性

画笔的常见属性如下：

• Opacity：表示画笔的透明度。Opacity 的值为 0 表示完全透明，1 表示完全不透明，0.25 表示 25% 的透明度。

• Transform：表示对画笔内容的倾斜、旋转、缩放等效果。

另外，由于 Brush 继承自 Freezable 类，Brush 类提供了多种特殊功能：可以声明 Brush 对象为资源，在多个对象之间共享并可克隆。此外，除 Brush 之外的所有 VisualBrush 类型可以设置为只读，以提高性能和使线程安全。

6.2 基本图形

在 WPF 开发中经常需要绘制图形，可以利用 Shape 类型绘制基本的形状，而且 Shape 派生自 FrameworkElement，属于 UI 元素范畴，可以直接利用 XAML 进行绘制。

Shape 类位于 System.Windows.Shapes 命名空间，而上一节介绍的 Brush 位于 System.Windows.Media 命名空间，由此可见两者所属的分类不同。Shape 属于 abstract 修饰的抽象类，不能直接实例化，需要使用其派生类才可以。

WPF 提供了许多可以直接使用的形状对象，而这些形状对象都是 Shape 的派生类，常见的主要包括直线（Line）、椭圆（Ellipse）、路径（Path）、矩形（Rectangle）、闭合多边形（Polygon）、非折线（Ployline）等，具体如图 6-4 所示。

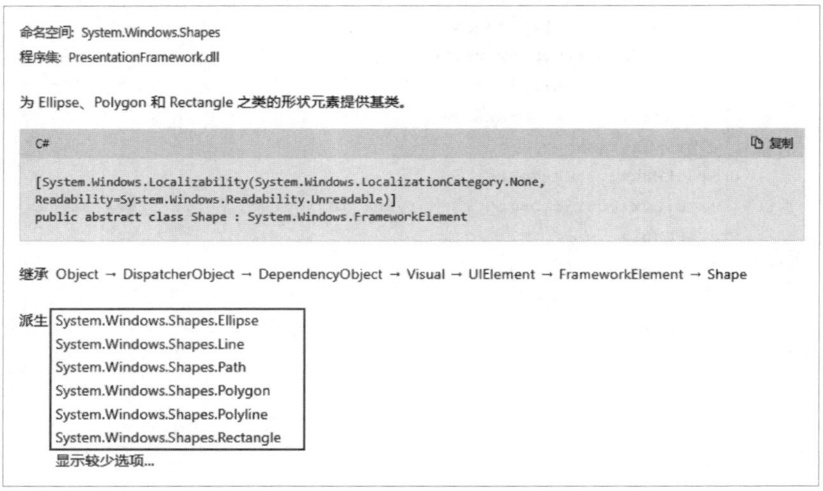
命名空间: System.Windows.Shapes
程序集: PresentationFramework.dll

为 Ellipse、Polygon 和 Rectangle 之类的形状元素提供基类。

C# 复制

```
[System.Windows.Localizability(System.Windows.LocalizationCategory.None,
Readability=System.Windows.Readability.Unreadable)]
public abstract class Shape : System.Windows.FrameworkElement
```

继承 Object → DispatcherObject → DependencyObject → Visual → UIElement → FrameworkElement → Shape

派生 System.Windows.Shapes.Ellipse
System.Windows.Shapes.Line
System.Windows.Shapes.Path
System.Windows.Shapes.Polygon
System.Windows.Shapes.Polyline
System.Windows.Shapes.Rectangle
显示较少选项...

图 6-4 Shape 派生类

所有的形状对象都派生自 Shape 基类，所以具有相同的属性，主要有以下几个:

• Stroke：主要用于描述边框的绘制方式，为 Brush 类型。
• Fill：主要用于描述形状对象的填充绘制方式，为 Brush 类型。
• StrokeThickness：主要用于设置形状外边框的宽度，为 double 类型。

形状对象由于继承自 FrameworkElement，可以像其他 UI 元素一样用在页面布局容器中。而由于 Canvas 支持子控件的绝对定位，所以非常方便 Shape 对象的绘制。

6.2.1 线：Line

Line 可用于在两点之间绘制直线。除了继承自 Shape 的属性外，属于 Line 的常见属性如下:

• X1，Y1：主要用于设置直线的起始坐标。

• X2，Y2：主要用于设置直线的结束坐标。

绘制一条直线，代码如下所示。

```
// 增加一个直线形状
var line = new Line();
//设置起始坐标
line.X1 = 1;
line.Y1 = 1;
//设置结束坐标
line.X2 = 50;
line.Y2 = 50;
line.HorizontalAlignment = HorizontalAlignment.Left;
line.VerticalAlignment = VerticalAlignment.Center;
//设置边框线绘制方式和宽度
line.Stroke = System.Windows.Media.Brushes.LightSteelBlue;
line.StrokeThickness = 2;
myGrid.Children.Add(line);
```

上述代码在 XAML 中实现时，如下所示。

```
<Line
      X1="1" Y1="1"
      X2="50" Y2="50"
      Stroke="LightSteelBlue"
      StrokeThickness="2"
      HorizontalAlignment="Left"
      VerticalAlignment="Center">
</Line>
```

尽管 Line 也有 Fill 属性，但是一般不会使用，因为 Line 没有闭合空间，设置了也不会有效果。Line 的基本效果如图 6-5 所示。

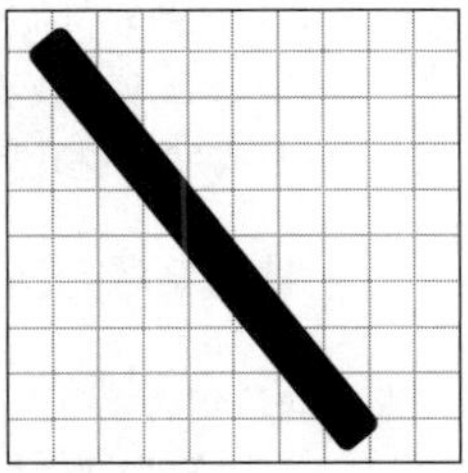

图 6-5　Line 示例

6.2.2　矩形：Rectangle

Rectangle 通过 Width 和 Height 来绘制矩形，通过 Fill 属性设置矩形的填充方式，通过 Stroke 和 StrokeThickness 设置外边框的画笔和粗细。Rectangle 常见属性如下所示。

• Width，Height：设置矩形的宽度和高度。

• Fill：设置矩形的填充方式，为 Brush 类型。

• Stroke：设置外边框的绘制方式，为 Brush 类型。

• StrokeThickness：设置外边框的粗细，为 double 类型。

•RadiusX，RadiusY：可用于为矩形设置圆角，分别对应矩形圆角的 x 轴和 y 轴半径。

绘制矩形，代码如下所示。

```
<Canvas Width="120" Height="200" >
    <!-- 宽100高50，蓝色填充的矩形 -->
    <Rectangle
            Width="100" Height="50"
```

```
                Fill="Blue"
                Canvas.Left="10"
                Canvas.Top="25" />
    <!-- 宽100高50，蓝色填充，黑边框，半径为20的圆角的矩形 -->
    <Rectangle
                Width="100" Height="50"
                Fill="Blue"
                Stroke="Black" StrokeThickness="4"
                RadiusX="20" RadiusY="20"
                Canvas.Left="10"
                Canvas.Top="100"/>
</Canvas>
```

6.2.3 椭圆：Ellipse

Ellipse 通过 Width 和 Height 属性来绘制椭圆，而圆（Circle）就是 Width 和 Height 相等的椭圆。绘制椭圆代码如下所示。

```
// 创建一个椭圆
Ellipse ellipse = new Ellipse();
// 创建一个画笔
SolidColorBrush brush = new SolidColorBrush();
brush.Color = Color.FromArgb(255, 255, 255, 0);
ellipse.Fill = brush;//用画笔作为椭圆的填充方式
ellipse.StrokeThickness = 2;
ellipse.Stroke = Brushes.Black;

//设置椭圆的大小
ellipse.Width = 200;
ellipse.Height = 100;
```

上述代码在 XAML 中实现，如下所示。

```
<Ellipse
    Fill="#FFFFFF00"
    Height="100"
    Width="200"
    StrokeThickness="2"
    Stroke="Black"/>
```

Ellipse 示例如图 6-6 所示。

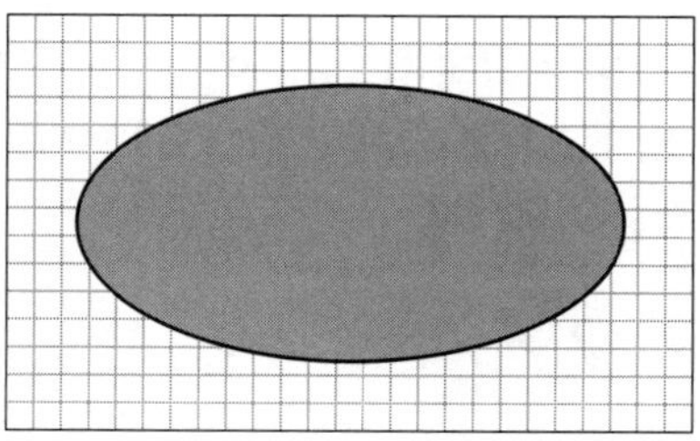

图 6-6　Ellipse 示例

6.2.4 闭合多边形：Polygon

Polygon 用于绘制闭合多边形，依次将多边形的顶点进行连接，并自动绘制一条连接第一个点和最后一个点的线，形成闭合多边形。常见属性如下所示。

- Points：设置多边形的顶点，表示一组坐标，不同顶点用空格隔开，同一个顶点的 x、y 坐标用逗号隔开。格式：$x_1, y_1\ x_2, y_2\ x_3, y_3 \cdots x_n, y_n$。
- Fill：设置多边形的填充方式，为 Brush 类型。
- Stroke：设置外边框的绘制方式，为 Brush 类型。
- StrokeThickness：设置外边框的粗细，为 double 类型。

绘制多边形代码如下所示。

```
<Canvas Height="300" Width="300">
    <!-- 蓝色三角形 -->
    <Polygon Points="10,110 60,10 110,110"
             Fill="Blue" />
    <!-- 黑边框的蓝色三角形 -->
    <Polygon Points="10,110 60,10 110,110"
             Fill="Blue"
             Stroke="Black" StrokeThickness="4"
             Canvas.Top="150" />
    <!-- 蓝色填充的三角形 -->
    <Polygon Points="10,110 110,110 110,10"
             Fill="Blue"
             Canvas.Left="150" />
    <!-- 黑边框无填充的三角形-->
    <Polygon Points="10,110 110,110 110,10"
             Stroke="Black" StrokeThickness="4"
             Canvas.Left="150" Canvas.Top="150" />
</Canvas>
```

Ploygon 示例如图 6-7 所示。

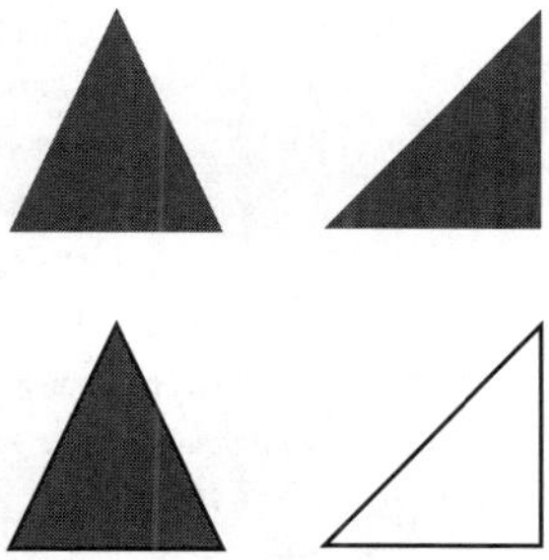

图 6-7 Polygon 示例

6.2.5 折线：Polyline

Ployline 是一系列的非闭合的连接线，通过 Points 属性设置折线的顶点，Stroke 设置线条的绘制方式，StrokeThickness 设置线条的粗细。由于 Polyline 是非闭合的，所以 Fill 属性不起作用。绘制非闭合多变形，代码如下所示。

```
<Canvas Height="400" Width="400">
    <Polyline
              Points="10,110 60,10 110,110"
              Stroke="Black"
              StrokeThickness="4" />
    <Polyline
              Points="10,110 110,110 110,10"
              Stroke="Black"
```

```
                StrokeThickness="4"
                Canvas.Left="150" />
</Canvas>
```

Ployline 的示例如图 6-8 所示。

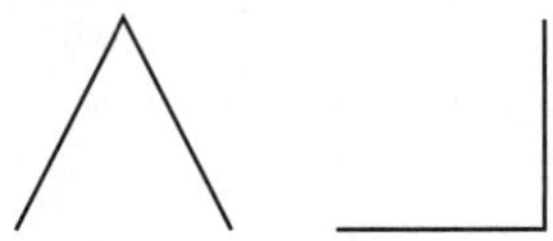

图 6-8 Polyline 示例

6.2.6 路径：Path

Path 用于绘制曲线和复杂的图形，主要通过 Data 属性进行路径设置，其 Data 属性为 Geometry 类型。常见的 Geometry 类型有 LineGeometry、RectangleGeometry、EllipseGeometry 等简单的图形，还可以用 PathGeometry 创建复杂的图形。

PathGeometry 对象由一个或多个 PathFigure 对象组成，每个 PathFigure 代表不同的“图形”或形状。每个 PathFigure 本身由一个或多个 PathSegment 对象组成，每个对象代表图形或形状的连接部分。细分类型包括：LineSegment、BezierSegment 和 ArcSegment。

下面的示例使用了 Path 绘制二次贝塞尔曲线。

```
<Path Stroke="Black" StrokeThickness="1">
  <Path.Data>
    <PathGeometry>
      <PathGeometry.Figures>
        <PathFigureCollection>
          <PathFigure StartPoint="10,100">
            <PathFigure.Segments>
              <PathSegmentCollection>
                <QuadraticBezierSegment Point1="200,200" Point2="300,100" />
              </PathSegmentCollection>
            </PathFigure.Segments>
          </PathFigure>
        </PathFigureCollection>
      </PathGeometry.Figures>
    </PathGeometry>
  </Path.Data>
</Path>
```

上述代码中，Figures 作为 PathGeometry 的默认属性，Segments 作为 PathFigure 的默认属性，可以省略，简化后的代码如下所示。

```
<Path Stroke="Black" StrokeThickness="1">
    <Path.Data>
        <PathGeometry>
            <PathFigureCollection>
                <PathFigure StartPoint="10,100">
                    <PathSegmentCollection>
```

```
                    <QuadraticBezierSegment Point1="200,200" Point2="300,100" />
                </PathSegmentCollection>
            </PathFigure>
        </PathFigureCollection>
    </PathGeometry>
  </Path.Data>
</Path>
```

Path 呈现的形状如图 6-9 所示。

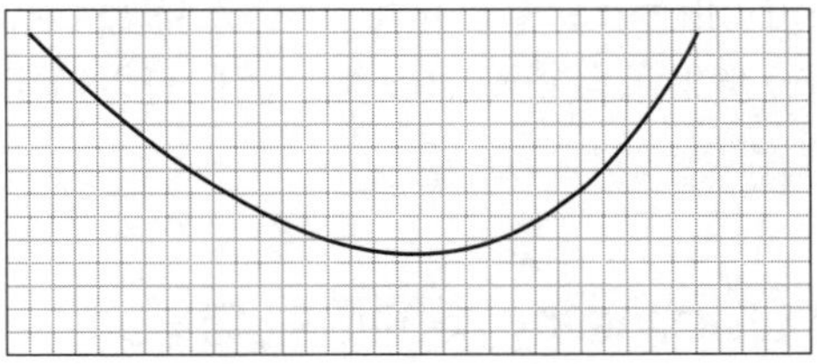

图 6-9 Path 示例

6.2.7 可拉伸的图形

Shape 及其派生类，都有 Stretch 属性，可用于填充布局空间。常见属性如下：

- None： 不会拉伸 Shape 对象的内容。
- Fill： 将拉伸 Shape 对象的内容以填充其布局空间。不保留纵横比。
- Uniform： 最大程度地拉伸 Shape 对象的内容以填充布局空间，同时保留原始纵横比。
- UniformToFill： 拉伸 Shape 对象的内容以填满布局空间，同时保留原始纵横比。

Stretch 设置示例如下所示。

```
<Polygon
        Points="0,0 0,1 1,1"
        Fill="Blue"
        Width="100"
        Height="100"
        Stretch="Fill"
        Stroke="Black"
        StrokeThickness="2" />
```

在上述示例中，使用了 Polygon 来绘制从 (0,0) 到 (0,1) 再到 (1,1) 的一个很小的三角形。Polygon 对象的 Width 和 Height 设置为 100，其拉伸属性设置为 Fill。因此，Polygon 对象的内容（三角形）被拉伸以填充更大的空间。拉伸后的效果如图 6-10 所示。

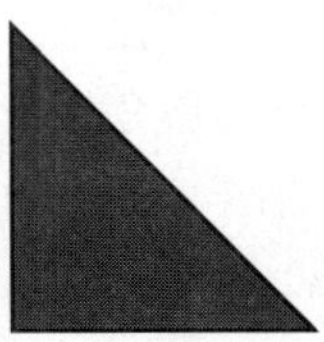

图 6-10 拉伸后的图形

6.3 几何图形

几何图形可以随意进行缩放而不变形，这是和位图最大的差异。Geometry 类及其派生类（PathGeometry、EllipseGeometry、CombinedGeometry 等）可以用于描述 2D 形状的几何图形。Geometry 对象可以是矩形和椭圆形等简单图形，也可以是由两个或者多个几何对象，如 PathGeometry 和 StreamGeometry 等创建的复合图形，可以用于绘制曲线或其他复杂图形。Geometry 类继承自 Freezable 类，因此可以声明为资源，对象之间共享，变为只读提高性能，或者克隆及线程安全等。

6.3.1 Shape 类和 Geometry 类的区别与联系

Shape 类也是在页面绘制图形，那 Shape 类和 Geometry 类有什么区别和联系呢?

Geometry 和 Shape 类都用于描述 2D 形状（如: EllipseGeometry 和 Ellipse），但它们之间存在一些重要的区别。具体如下:

• Geometry 继承自 Freezable 类，而 Shape 继承自 FrameworkElement。所以 Shape 及其派生类可以在 UI 页面中独立存在并参与页面布局，而 Geometry 及其派生类则不能。

• 由于 Shape 类是 UI 元素，所以 Shape 类比 Geometry 更易于使用，但是 Geometry 却更通用。Shape 用于呈现 2D 图形，但是 Geometry 可用于定义 2D 图形的几何区域、定义裁剪的区域或命中测试区域等。

• Shape 派生类 Path 的 Data 属性，就是 Geometry 类型。所以可以理解为 Shape 是外在呈现形状，而 Geometry 是其内容，而 Fill 和 Stroke 属性则对应画笔。

6.3.2 简单几何

Geometry 是 abstract 修饰的抽象类，所以只能使用其派生类绘制几何图形，而 Geometry 的派生类可以分为三个类别：简单几何，路径几何，复合几何。

WPF 系统自带了几个默认的几何图形，如 LineGeometry、RectangleGeometry 和 EllipseGeometry，用于创建基本的几何图形，如：线条，矩形，椭圆等。

• LineGeometry：通过指定直线的起点和终点来定义线条。

• RectangleGeometry：使用 Rect 结构来定义，指定矩形的相对位置及高度和宽度。也可以使用 RadiusX、RadiusY 属性来创建圆角矩形。

• EllipseGeometry：由中心点、x 轴半径、y 轴半径来创建椭圆，如果 x 轴半径和 y 轴半径相等，则为圆形。

虽然 PathGeometry 也能实现基本的几何图形，但是用 WPF 默认提供的类，则更简单，也方便理解。

6.3.2.1 LineGeometry

由于 Geometry 不是 UI 元素，不能独立进行自我绘制并呈现，所以使用 Path 形状来呈现。LineGeometry 通过设置起始坐标（StartPoint）和结束坐标（EndPoint）来定义直线。

示例代码如下。

```
<Path Stroke="Black" StrokeThickness="1" >
    <Path.Data>
        <LineGeometry StartPoint="10,20" EndPoint="100,130" />
    </Path.Data>
</Path>
```

上述代码通过 C# 代码实现时，如下所示。

```
LineGeometry lineGeometry = new LineGeometry();
lineGeometry.StartPoint = new Point(10, 20);
lineGeometry.EndPoint = new Point(100, 130);

Path path = new Path();
path.Stroke = Brushes.Black;
path.StrokeThickness = 1;
path.Data = lineGeometry;
```

通过 LineGeometry 实现直线，效果如图 6-11 所示。

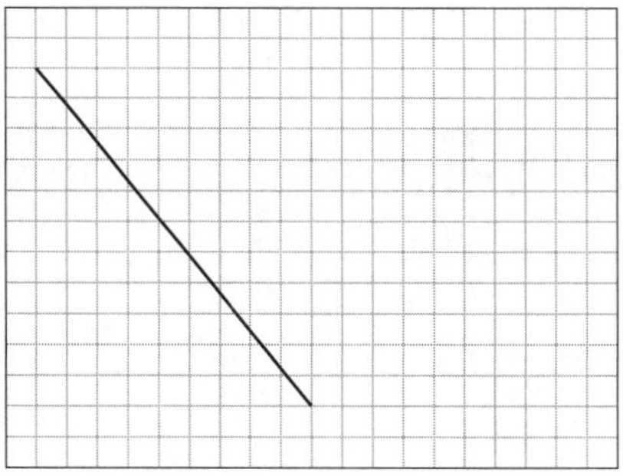

图 6-11 LineGeometry 示例

6.3.2.2 EllipseGeometry

EllipseGeometry 通过设置中心点的坐标（Center）和 x 轴半径（RadiusX）、y 轴半径（RadiusY）来绘制椭圆。绘制一个 x 轴半径、y 轴半径相等的圆，代码如下所示。

```
<Path Fill="Gold" Stroke="Black" StrokeThickness="1">
    <Path.Data>
        <EllipseGeometry Center="50,50" RadiusX="50" RadiusY="50" />
    </Path.Data>
</Path>
```

上述代码通过 C# 代码实现，如下所示。

```
EllipseGeometry ellipseGeometry = new EllipseGeometry();
ellipseGeometry.Center = new Point(50, 50);
ellipseGeometry.RadiusX = 50;
ellipseGeometry.RadiusY = 50;

Path path = new Path();
path.Fill = Brushes.Gold;
path.Stroke = Brushes.Black;
path.StrokeThickness = 1;
path.Data = ellipseGeometry;
```

通过 EllipseGeometry 绘制圆，示例如图 6-12 所示。

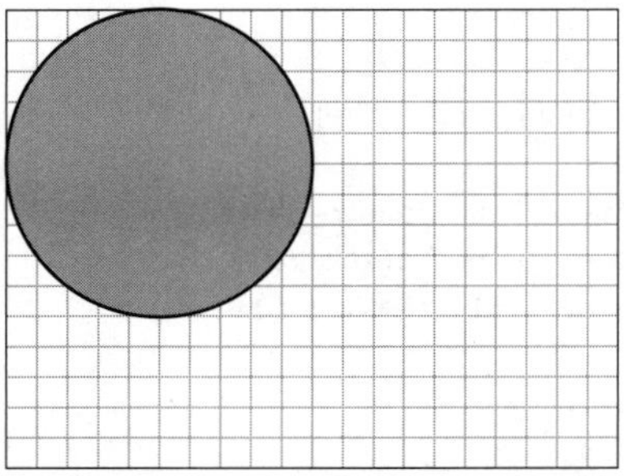

图 6-12　EllipseGeometry 示例

6.3.2.3 RectangleGeometry

RectangleGeometry 通过 Rect 结构来描述矩形，用起始坐标和宽度、高度来定义矩形，如下所示。

```
<Path Fill="LemonChiffon" Stroke="Black" StrokeThickness="1">
    <Path.Data>
        <RectangleGeometry Rect="50,50,100,60" />
    </Path.Data>
</Path>
```

上述代码用 C# 实现时，如下所示。

```
RectangleGeometry rectangleGeometry = new RectangleGeometry();
rectangleGeometry.Rect = new Rect(50, 50, 100, 60);

Path path = new Path();
path.Fill = Brushes.LemonChiffon;
path.Stroke = Brushes.Black;
path.StrokeThickness = 1;
path.Data = rectangleGeometry;
```

通过 RectangleGeometry 绘制矩形，示例如图 6-13 所示。

图 6-13　RectangleGeometry 示例

6.3.2.4　图像裁剪

通过将 Geometry 应用到 Image 的 Clip 属性，可以实现图像的裁剪功能，如下所示。

```
<StackPanel Orientation="Vertical" Margin="10">
    <TextBlock Text="原图"></TextBlock>
    <Image Source="imgs\bingdundun.jpeg" Width="300" Height="200" HorizontalAlignme
nt="Left">
    </Image>
    <TextBlock Text="裁剪后"></TextBlock>
    <Image Source="imgs\bingdundun.jpeg" Width="300" Height="200" HorizontalAlignme
nt="Left">
        <Image.Clip>
            <EllipseGeometry RadiusX="130" RadiusY="80" Center="150,100"/>
        </Image.Clip>
    </Image>
</StackPanel>
```

上述代码用 C# 实现时如下所示。

```
Image image = new Image();
Uri imageUri = new Uri(@"imgs\bingdundun.jpeg", UriKind.RelativeOrAbsolute);
image.Source = new BitmapImage(imageUri);
image.Width = 300;
image.Height = 200;
image.HorizontalAlignment = HorizontalAlignment.Left;

// 用椭圆定义裁剪区域.
EllipseGeometry ellipseGeometry = new EllipseGeometry();
ellipseGeometry.Center = new Point(150, 10);
ellipseGeometry.RadiusX = 130;
ellipseGeometry.RadiusY = 80;
image.Clip = ellipseGeometry;
```

通过 Geometry 实现图像裁剪，原图以及裁剪后的对比效果如图 6-14 所示。

原图　　裁剪后

图 6-14　图像裁剪

6.3.3 路径几何

PathGeometry 类及其轻型等效项（StreamGeometry 类）主要提供用于描述曲线、直线组成的多个复杂图形的实现手段。PathGeometry 的核心是 PathFigure 对象的集合。每一个 PathFigure 本身由一个或多个 PathSegment 对象组成，每一个 PathSegment 描述图形的一个小部分。常见的 PathSegment 主要有以下几种:

• ArcSegment，表示两点之间创建一条椭圆弧。

• BezierSegment，表示两点之间的三次方贝塞尔曲线。

• LineSegment，表示两点之间的直线。

• PolyBezierSegment，表示创建一系列的三次方贝塞尔曲线。

• PolyLineSegment，表示创建一系列直线。

• PolyQuadraticBezierSegment，表示创建一系列二次贝塞尔曲线。

• QuadraticBezierSegment，表示创建一条二次贝塞尔曲线。

关于 PathFigure，有以下几点说明:

• PathFigure 内的多个线段组合成单个几何形状，每个线段的终点就是下一个线段的起点。

• PathFigure 的 StartPoint 属性指定绘制第一个线段的起点。

• 每一个线段都从上一个线段的终点开始。

关于 PathGeometry 的示例代码如下所示。

```
<Path Stroke="Black" StrokeThickness="1" >
    <Path.Data>
        <PathGeometry>
            <PathGeometry.Figures>
                <PathFigure StartPoint="10,50">
                    <PathFigure.Segments>
                        <BezierSegment Point1="100,0" Point2="200,200" Point3="300,
100"/>
                        <LineSegment Point="400,100" />
                        <ArcSegment Size="50,50" RotationAngle="45" IsLargeArc="Tru
e" SweepDirection="Clockwise" Point="200,100"/>
                    </PathFigure.Segments>
                </PathFigure>
            </PathGeometry.Figures>
        </PathGeometry>
    </Path.Data>
</Path>
```

上述 XAML 代码用 C# 实现时，如下所示。

```
PathFigure pathFigure = new PathFigure();
pathFigure.StartPoint = new Point(10, 50);
pathFigure.Segments.Add(
    new BezierSegment(
        new Point(100, 0),
        new Point(200, 200),
```

```
            new Point(300, 100),
            true /* IsStroked */  ));
    pathFigure.Segments.Add(
        new LineSegment(
            new Point(400, 100),
            true /* IsStroked */ ));
    pathFigure.Segments.Add(
        new ArcSegment(
            new Point(200, 100),
            new Size(50, 50),
            45,
            true, /* IsLargeArc */
            SweepDirection.Clockwise,
            true /* IsStroked */ ));

    /// Create a PathGeometry to contain the figure.
    PathGeometry pathGeometry = new PathGeometry();
    pathGeometry.Figures.Add(pathFigure);

    // Display the PathGeometry.
    Path path = new Path();
    path.Stroke = Brushes.Black;
    path.StrokeThickness = 1;
    path.Data = pathGeometry;
```

上述代码创建的形状如图 6-15 所示。

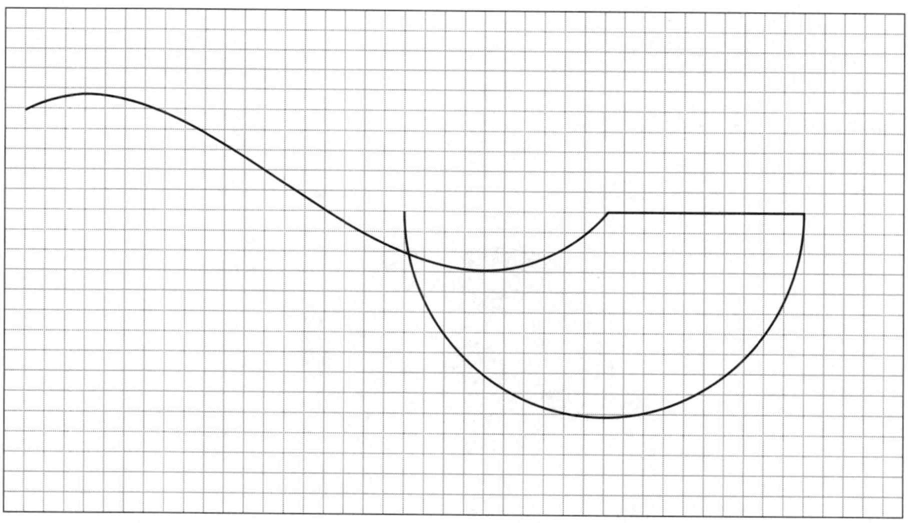

图 6-15　PathGeometry 示例

与 PathGeometry 类一样，StreamGeometry 定义可能包含曲线和直线的复杂几何形状。与 PathGeometry 不同，StreamGeometry 的内容不支持数据绑定、动画或修改。当需要描述复杂几何图形，但又不希望产生支持数据绑定、动画或修改的开销时，请使用 StreamGeometry。由于 StreamGeometry 类的高效性，该类是描述装饰器的不错选择。

6.3.4 复合几何

使用 GeometryGroup、CombinedGeometry，或通过调用静态 Geometry 方法 Combine，可以创建复合几何对象。差异如下：

• CombinedGeometry 对象和 Combine 方法执行布尔运算，以合并由两个几何图形定义的面积。没有面积的 Geometry 对象将被放弃。只能合并两个 Geometry 对象（尽管这两个几何图形也可能是复合几何对象）。

• GeometryGroup 类创建其包含的 Geometry 对象的合并，而不合并其面积。可以将任意数量的 Geometry 对象添加到 GeometryGroup。由于它们不执行合并操作，因此使用 GeometryGroup 对象的性能比使用 CombinedGeometry 对象或 Combine 方法的性能高。

简单点来说：GeometryGroup 进行对象的合并，CombinedGeometry 进行合并对象的布尔运算。CombinedGeometry 的“并集”，如下所示。

```
<Path Stroke="Black" StrokeThickness="1" Fill="#CCCCFF">
    <Path.Data>
        <CombinedGeometry GeometryCombineMode="Union">
            <CombinedGeometry.Geometry1>
                <EllipseGeometry RadiusX="50" RadiusY="50" Center="75,75" />
            </CombinedGeometry.Geometry1>
            <CombinedGeometry.Geometry2>
                <EllipseGeometry RadiusX="50" RadiusY="50" Center="125,75" />
            </CombinedGeometry.Geometry2>
        </CombinedGeometry>
    </Path.Data>
</Path>
```

CombinedGeometry 并集示例如图 6-16 所示。

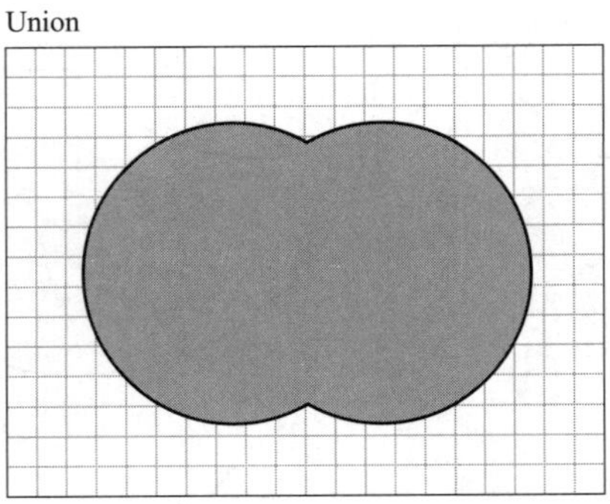

图 6-16 复合几何示例

6.3.5 路径标记语法

Path 是如此之强大，让我们可以随心所欲地绘制图形，然而它的一大缺点也是不容忽视的，那就是其标签式语法的烦琐。一般情况下，复杂图形都是由数十条线段连接而成的，按照标签式语法，每条线段（Segment）是一个标签，每个标签占据一行，因此一个图形就要占据几十行代码。而这仅仅是一个图形，一个完整的图画又往往需要多个图形组合在一起，有可能占据数百行代码！但是，我们可以借助专供 WPF 绘图使用的路径标记语法（Path Markup Syntax）来极大地简化 Path 的描述。

路径标记语法实际上就是各种线段的简单记法，比如 <LineSegment Point="150,5"> 可以简写为"L 150,5"，这个 L 就是路径绘图标记的一个"绘图命令"。不仅如此，路径标记语法还增加了一些更实用的绘图命令，比如：H 用来画水平直线，H 180 就是指从当前点画一条水平直线，终点的横坐标是 180（纵坐标和当前点的纵坐标一致）。类似的还有 V 命令，用来绘制垂直直线。

使用路径标记语法绘图一般分为三步：移动至起点→绘图→闭合图形。这三步使用的命令稍有不同。移动到起点，使用的是移动命令 M；绘图使用的是绘图命令，包括 L、H、V、A、C、Q 等，下面会逐一介绍；如果图形是闭合的，需要使用闭合命令 Z，这样最后一条线段的终点与第一条线段的起点间会连接上一条线段。

路径标记语法是不区分大小写的，所以 A 与 a、H 与 h 都是等价的。在路径标记语法中使用两个 double 类型的值来表示一个点，第一个值表示横坐标（x），第二个值表示纵坐标（y），两个值既可以使用逗号分隔，即（x,y），又可以使用空格分隔，即（x y）。由于路径标记语法中使用空格作为两个点之间的分隔，为了避免混淆，建议使用逗号作为横纵坐标的分隔符。

表 6-1 所示为常用路径标记语法的总结。

表 6-1　常用路径标记语法的总结

分类	命令	用途	语法	示例	对应的标签式语法
移动命令	M	移动到起点	M 起点	M 10,10	<PathFigure StartPoint="0,0">
绘图命令	L	绘制直线	L 终点	L 150,30	<LineSegment Point="150,30" />
	H	绘制水平直线	H 终点横坐标	H 180	
	V	绘制垂直直线	V 终点纵坐标	V 180	
	A	绘制圆弧	A 母椭圆尺寸 旋转角度是否大弧顺/逆时针终点	A 180,80 45 1 1 150, 150	<ArcSegment Size="180,80" IsLargeArc="True" SweepDirection="Clockwise" Point="150,150" />
	C	绘制三次方贝塞尔曲线	C 控制点1 控制点2 终点	C 250,0 50,200 300,200	<BezierSegment Point1="250,0" Point2="50,200" Point3="300,200" />
	Q	绘制二次方贝塞尔曲线	Q控制点1终点	Q 150,-100 300,200	<QuadraticBezierSegment Point1="150,-100" Point2="300,200" />
	S	绘制平滑三次方贝塞尔曲线	S控制点2终点	S 100,200 300,200	
	T	绘制平滑二次方贝塞尔曲线	T 终点	T 400,200	
关闭命令	Z	闭合图形	Z	M 0,0 L 40,80 L 80,40 Z	<PathFigure IsColsed="True" />

在上述命令中，S 和 T 两个命令比较特殊。S 用于绘制平滑三次方贝塞尔曲线，但只需要给出一个控制点，这个控制点相当于普通三次方贝塞尔曲线的第二个控制点。之所以第一个控制点省略不写，是因为平滑三次方贝塞尔曲线会把前一条贝塞尔曲线的第二个控制点以起点为对称中心的对称点当作自己的第一个控制点（如果前面的线段不是贝塞尔曲线，则第一个控制点与起点相同）。例如，下面两条曲线就是等价的：

```
<Path Stroke="Red" Data="M 0,0 C 30,0 70,100 100,100 S 170,0 200,0" />
<Path Stroke="Black" Data="M 0,0 C 30,0 70,100 100,100 C 130,100 170,0 200,0" />
```

与 S 命令相似，T 命令用于绘制平滑二次方贝塞尔曲线，绘制的时候如果前面线段也是一段二次方贝塞尔曲线的话，T 命令会把前面这段曲线的控制点以起点为对称中心的对称点当作自己的控制点（如果前面的线段不是二次方贝塞尔曲线，则控制点与起点相同）。例如，下面两条曲线是等价的：

```
<Path Stroke="Red" Data="M 0,200 Q 100,0 200,200 T 400,200" />
<Path Stroke="Black" Data="M 0,200 Q 100,0 200,200 Q 300,400 400,200" />
```

现在我们就可以使用路径标记语法来绘图了！使用方法是将这些命令串联起来，形成一个字符串，然后赋值给 Path 的 Data 属性。使用 Blend 绘图时，Blend 会自动使用路径标记语法来记录数据而不是使用代码量巨大的标签式语法。

6.4 图形转换

在 WPF 开发中，经常需要用到 UI 控件的 2D 转换（如：旋转、缩放、移动、倾斜等功能）。转换（Transform）定义了如何将控件从一个坐标空间映射或转换到另一个坐标空间。2D 转换可以通过 Matrix 来实现，Matrix 是一个 3 行 3 列的 double 值的集合。不过 WPF 还提供了多个 Transform 类，以便在不知道基础矩阵结构配置的情况下转换对象。

WPF 提供了 2D 转换（Transform）类，常见的有以下几种：

• RotateTransform：按指定的角度（Angle）旋转元素。

• ScaleTransform：按指定的坐标方向（ScaleX 和 ScaleY）缩放元素。

• SkewTransform：按指定的角度（AngleX 和 AngleY）倾斜元素。

• TranslateTransform：按指定的 *X* 轴和 *Y* 轴移动元素，不过这种移动并非真实的移动，只是呈现效果上的移动。

为了创建更复杂的转换，WPF 还提供了组合转换，如下所示。

• TransformGroup：将多个 TransformGroup 对象组成单个 Transform，然后就可以应用到一个 UI 元素的 Transform 属性上。

• MatrixTransform：创建自定义的转换。使用 MatrixTransform 时，可以直接操作矩阵。

6.4.1 转换和坐标系

转换对象时，同时还会转换对象所在的坐标空间，如图 6-17、图 6-18 所示。默认情况下，除 TranslateTransform 外，转换基于目标对象的坐标系的左上角（0,0）进行。如果想要修改转换基点，可以通过 CenterX、CenterY 属性进行修改。

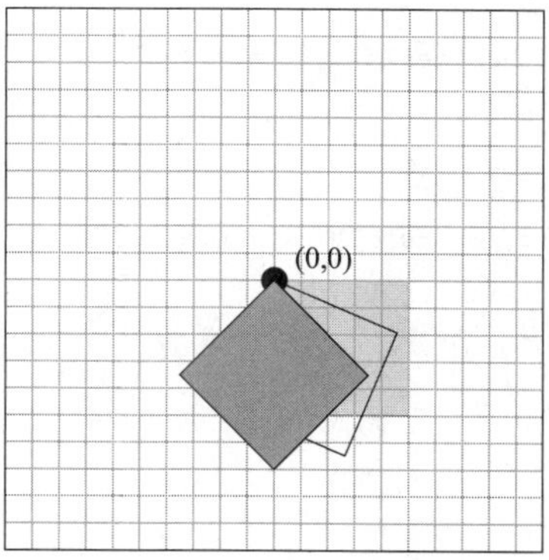

图 6-17 左上角旋转[以左上角(0,0)为基点进行旋转]

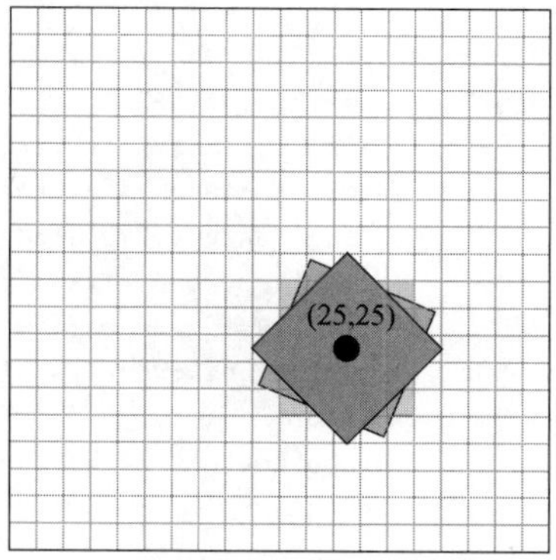

图 6-18 中心点选择(以矩形中心为基点进行旋转)

如果想要将转换应用到控件元素（FrameworkElement），需要创建 Transform 并应用到 FrameworkElement 类所提供的两个属性之一。控件所对应的两个转换属性，分别如下所示。

• LayoutTransform： 在布局之前应用转换，布局系统处理转换之后的大小和定位。

• RenderTransform： 修改元素外观的转换，在布局完成后应用。

将 Transform 应用到两个属性，都可以达到想要的效果，至于要使用哪个属性，可以根据不同场景进行区分：

• 在对元素进行缩放、选择或倾斜，并且需要父级元素来对元素转换后的大小进行调整时，可以使用 LayoutTransform 属性。

• 使用动画处理后的 Transform 对象时，可以使用 RenderTransform。并且由于 RenderTransform 属性提供性能优势，所以应尽可能地使用此属性。

6.4.2 旋转

默认情况下，RotateTransform 围绕点（0,0）旋转，如下所示。

```
<Border Margin="30" HorizontalAlignment="Left" VerticalAlignment="Top" BorderBrush=
"Black" BorderThickness="1" >
    <StackPanel Orientation="Vertical">
        <Button Content="A Button" Opacity="1" />
        <Button Content="Rotated Button">
            <Button.RenderTransform>
                <RotateTransform Angle="45" />
            </Button.RenderTransform>
```

```
        </Button>
        <Button Content="A Button" Opacity="1" />
    </StackPanel>
</Border>
```

旋转效果如图 6-19 所示。

通过 RenderTransformOrigin 属性，可以设置应用旋转变换的坐标，如下所示。

```
<Border Margin="30" HorizontalAlignment="Left" VerticalAlignment="Top" BorderBrush=
"Black" BorderThickness="1" >
    <StackPanel Orientation="Vertical">
        <Button Content="A Button" Opacity="1" />
        <Button Content="Rotated Button" RenderTransformOrigin="0.5,0.5">
            <Button.RenderTransform>
                <RotateTransform Angle="45" />
            </Button.RenderTransform>
        </Button>
        <Button Content="A Button" Opacity="1" />
    </StackPanel>
</Border>
```

修改应用变换坐标后，如图 6-20 所示。

上述 RenderTransformOrigin 是相对坐标，范围从（0,0）到（1,1），同样也可以通过 RotateTransform 的 CenterX、CenterY 属性实现相同的效果。

如果将 Transform 应用到 LayoutTransform，则将导致影响按钮的布局，从而触发布局系统的整个处理过程，如下所示。

```
<Border Margin="30" HorizontalAlignment="Left" VerticalAlignment="Top" BorderBrush=
"Black" BorderThickness="1">
    <StackPanel Orientation="Vertical">
        <Button Content="A Button" Opacity="1" />
        <Button Content="Rotated Button">
            <Button.LayoutTransform>
                <RotateTransform Angle="45"  />
            </Button.LayoutTransform>
        </Button>
        <Button Content="A Button" Opacity="1" />
    </StackPanel>
</Border>
```

应用到 LayoutTransform 的选择效果，如图 6-21 所示。

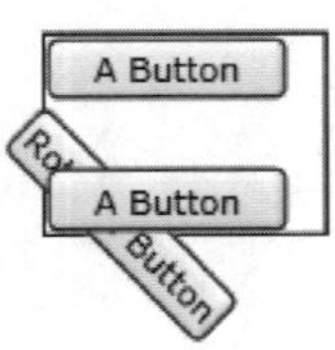

图 6-19 旋转效果（一）

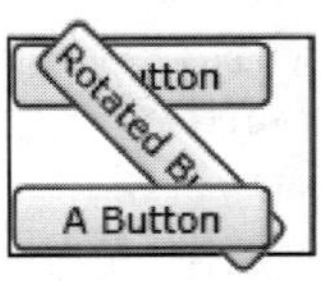

图 6-20 旋转效果（二）

图 6-21 旋转效果（三）

6.4.3　缩放

通过 ScaleTransform 可以对元素进行缩放，通过使用 ScaleX、ScaleY 属性进行缩放。这两个属性是相对值，表示缩放的倍数：小于 1 表示缩小，大于 1 表示放大，等于 1 表示原始大小。使用 CenterX、CenterY 属性指定缩放操作的中心点。缩放示例代码如下所示。

```
<Rectangle Height="50" Width="50" Fill="#CCCCCCFF" Stroke="Blue" StrokeThickness="2
" Canvas.Left="100" Canvas.Top="100">
    <Rectangle.RenderTransform>
        <ScaleTransform CenterX="0" CenterY="0" ScaleX="2" ScaleY="2" />
    </Rectangle.RenderTransform>
</Rectangle>
```

通常，将 CenterX 和 CenterY 设置为缩放对象的中心：（Width/2，Height/2）。

```
<Rectangle Height="50" Width="50" Fill="#CCCCCCFF" Canvas.Left="100" Canvas.Top="100"
Stroke="Blue" StrokeThickness="2">
    <Rectangle.RenderTransform>
        <ScaleTransform CenterX="25" CenterY="25" ScaleX="2" ScaleY="2" />
    </Rectangle.RenderTransform>
</Rectangle>
```

图 6-22 显示了两个 ScaleTransform 操作之间的差异。虚线显示的是矩形在缩放之前的大小和位置。

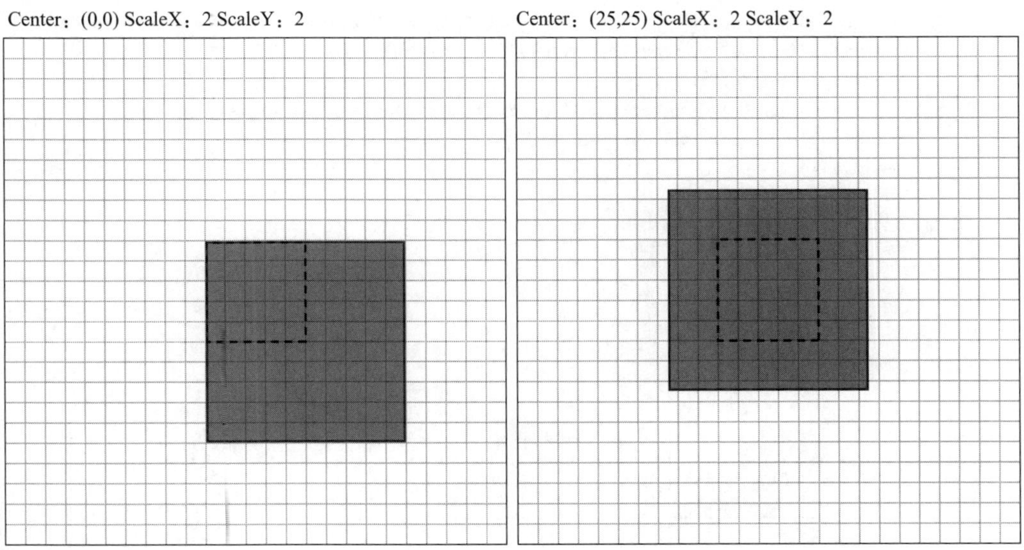

图 6-22　控件缩放效果

6.4.4　拉伸变形

拉伸变形是一种以非均匀方式拉伸坐标空间的转换。SkewTransform 的一种典型用途是在 2D 对象中模拟 3D 深度。SkewTransform 的主要特点如下。

• 使用 CenterX 和 CenterY 属性指定 SkewTransform 的中心点。

• 使用 AngleX 和 AngleY 属性指定 x 轴和 y 轴的扭曲角度，并沿这些轴扭曲当前坐标系统。

示例：如果 AngleX 为 30，则 x 轴绕原点旋转 30°，将 x 轴的值以该原点为基点扭曲 30°。同样地，如果 AngleY 为 30，则将形状的 y 值以原点为基点扭曲 30°。

以下代码为向 Rectangle 应用自中心点 (0,0) 的 45°水平扭曲示例。

```
<Rectangle Height="50" Width="50" Fill="#CCCCCCFF" Stroke="Blue" StrokeThickness=
"2" Canvas.Left="100" Canvas.Top="100">
    <Rectangle.RenderTransform>
        <SkewTransform CenterX="0" CenterY="0" AngleX="45" AngleY="0" />
    </Rectangle.RenderTransform>
</Rectangle>
```

以下代码为向 Rectangle 应用自中心点 (25,25) 的 45°水平扭曲示例。

```
<Rectangle Height="50" Width="50" Fill="#CCCCCCFF" Canvas.Left="100" Canvas.Top=
"100" Stroke="Blue" StrokeThickness="2">
    <Rectangle.RenderTransform>
        <SkewTransform CenterX="25" CenterY="25" AngleX="45" AngleY="0" />
    </Rectangle.RenderTransform>
</Rectangle>
```

以下代码为向 Rectangle 应用自中心点 (25,25) 的 45°垂直扭曲示例。

```
<Rectangle Height="50" Width="50" Fill="#CCCCCCFF" Stroke="Blue" StrokeThickness=
"2" Canvas.Left="100" Canvas.Top="100">
    <Rectangle.RenderTransform>
        <SkewTransform CenterX="25" CenterY="25" AngleX="0" AngleY="45" />
    </Rectangle.RenderTransform>
</Rectangle>
```

上述三个示例的效果图如图 6-23 所示。

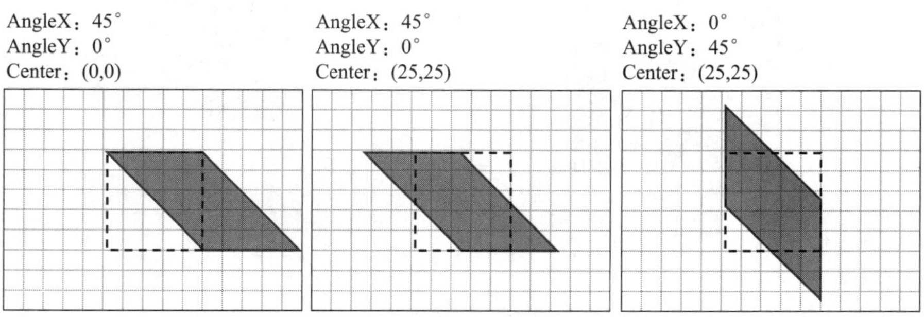

图 6-23　倾斜扭曲效果

6.4.5　位移

TranslateTransform 主要用于元素的平移（移动），如将 TranslateTransform 应用于

元素的 RenderTransform 属性，可以在 StackPanel 或 DockPanel 内移动元素。可以使用 TranslateTransform 的 X 属性和 Y 属性指定按哪个轴进行移动（单位是像素）。

以下示例使用 TranslateTransform 将元素向右移动 50 个像素，向下移动 50 个像素。

```
<Rectangle Height="50" Width="50" Fill="#CCCCCCFF" Stroke="Blue" StrokeThickness=
"2" Canvas.Left="100" Canvas.Top="100">
    <Rectangle.RenderTransform>
        <TranslateTransform X="50" Y="50" />
    </Rectangle.RenderTransform>
</Rectangle>
```

6.4.6 组合转换

通过 TransformGroup 可以将多个 Transform 对象合并成一个复合的 Transform，并应用到元素的属性。下面的示例使用 TransformGroup 将 ScaleTransform 和 RotateTransform 应用到 Button。

```
<Button RenderTransformOrigin="0.5,0.5" HorizontalAlignment="Center" Content=
"Click">
    <Button.RenderTransform>
        <TransformGroup>
            <ScaleTransform ScaleY="3" />
            <RotateTransform Angle="45" />
        </TransformGroup>
    </Button.RenderTransform>
</Button>
```

6.5 动画

在软件中应用动画不仅可以引起用户的注意与兴趣，而且还使软件更加便于使用。在电影电视中，动画是快速播放一系列图像（其中每个图像与下一个图像略微不同）给人造成的一种错觉。当图像播放速度超过了人眼识别的速度，人们就会感觉这些图像形成了一个连贯的变化的场景。在电影中，摄像机每秒拍摄许多张照片（每一张成为一帧），便可给人造成这种错觉。不同的帧速率会影响视频的流畅度。常见的帧速率包括 24 帧 /s、25 帧 /s、30 帧 /s 等，这些速率各有其适用场景和特点:

• 24 帧 /s：这是电影行业标准的帧速率，尤其是在拍摄无声电影时期，24 帧 /s 被广泛采用以节省胶片。24 帧 /s 在今天仍然被一些艺术家和独立电影制作人使用，以追求特定的视觉效果。

• 25 帧 /s：适用于 PAL 制式，主要在欧洲和一些使用 50Hz 交流电的地区（如中国）使用。这种帧速率能提供流畅的视频播放效果，适用于大多数日常视频拍摄。

• 30 帧 /s： 属于 NTSC 制式，主要在美国和日本等使用 60Hz 交流电的地区使用。30 帧 /s 提供了与 25 帧 /s 相似的流畅度，但在 60Hz 的地区更为常见。

虽然理论上高帧速率（如 100 帧 /s 甚至更高）能提供更流畅的画面，但在实际拍摄中，高帧速率的采用受到设备能力、存储空间和后期处理成本的限制。因此，在选择帧速率时，需要综合考虑技术可行性、艺术效果和成本等因素。

6.5.1 动画类型

在 WPF 中，不同的属性值对应不同的动画类型，常见的类型主要有三种：基本动画（又称“From/To/By”动画），关键帧动画，路径动画。这些类型的动画位于 System.Windows.Media.Animation 命名空间，幸运的是，它们都遵循严格的命名约定，因此可以轻松地区分它们:

• <类型>Animation： 这些动画称为“From/To/By”或“基本”动画，它们在起始值和目标值之间进行动画处理，或者通过将偏移量值与其起始值相加来进行动画处理。

■ 若要指定起始值，请设置动画的“From”属性。

■ 若要指定终止值，请设置动画的“To”属性。

■ 若要指定偏移量值，请设置动画的“By”属性。

• <类型>AnimationUsingKeyFrames： 关键帧动画。其功能比“From/To/By”动画的功能更强大，因为可以指定任意多个目标值，甚至可以控制它们的插值方法。某些类型只能用关键帧动画进行动画处理。

• <类型>AnimationUsingPath： 路径动画，支持使用几何路径来生成动画值。

• <类型>AnimationBase： 在实现时对 <类型> 值进行动画处理的抽象类。此类用作 <类型>Animation 和 <类型>AnimationUsingKeyFrames 类的基类。只有在想要创建自己的自定义动画时，才需要直接处理这些类。否则，请使用 <类型>Animation 或 KeyFrame<类型>Animation。

表 6-2 显示了一些常用动画类型以及一些与这些类型一起使用的属性。

表 6-2 常用动画类型汇总

属性类型	对应基本动画	对应关键帧动画	对应路径动画	示例
Color	ColorAnimation	ColorAnimationUsingKeyFrames	无	对 SolidColorBrush 或 GradientStop 的 Color 进行动画处理
Double	DoubleAnimation	DoubleAnimationUsingKeyFrames	DoubleAnimationUsingPath	对 DockPanel 的 Width 或 Button 的 Height 进行动画处理
Point	PointAnimation	PointAnimationUsingKeyFrames	PointAnimationUsingPath	对 EllipseGeometry 的 Center 位置进行动画处理
String	无	StringAnimationUsingKeyFrames	无	对 TextBlock 的 Text 或 Button 的 Content 进行动画处理

6.5.2 时间线

所有的动画类型均继承自 Timeline 类，所以所有的动画都是专用类型的时间线。Timeline 定义一个时间段，通过 Timeline 的相关属性可以指定时间线的计时方式。三个经常使用的计时属性分别为 Duration、AutoReverse 和 RepeatBehavior。

• Duration 表示时间线完成一次迭代需要的时间，默认值为 1 秒。Duration 的赋值格式为“小时 : 分钟 : 秒”。

• AutoReverse 表示在执行一次迭代的时间线完成后，是否倒退到初始状态。如果设置为 true，则将进行反向播放动画。默认值为 false。

• RepeatBehavior 表示事件线的播放次数。默认时间线的迭代次数为 1，即动画播放 1 次，不进行重复。

6.5.3 基本动画

在 WPF 中，基本动画又称为“From/To/By”动画，通过对对象的个别属性应用动画，可以使控件产生动画效果。基本动画可以根据对象的属性类型不同从而选择不同的动画：如果是 double 类型的属性（如：Width、Height、Opacity 等）进行动画处理，则可以使用双精度值动画（DoubleAnimation）；如果是 Pointg 类型的属性，则可以使用 Point 动画（PointAnimation）；如果是颜色类型的属性，则可以使用 ColorAnimation。如：若要使 UI 元素变大、缩小，可以对其 Width 和 Height 属性进行动画处理；若要使 UI 对象从视野中消失或出现，可以对 Opacity 属性进行动画处理。若要使属性具有动画功能，属性必须满足以下三个要求：

• 属性必须是依赖属性。

• 属性必须派生自 DependencyObject，并实现 IAnimatable 接口类。

• 必须存在可兼容的动画类型。

由于 UIElement 类实现 IAnimatable 接口，而 FramworkElement 又派生自 UIElement，所以大部分的 UI 控件都包含 IAnimatable 属性的对象、如 Button、TabControl、Panel 和 Shape 等，且大多数属性都是依赖属性。

如果要使一个 Rectangle 元素从视野中逐渐消失，然后再次出现，并循环播放，应该怎么实现呢?

• 创建双精度值动画：首先，UI 元素从视野中消失的一种方法是对 Opacity 属性进行动画处理，而 Opacity 是 [0,1] 的 double 类型的值，因此可以创建一个双精度值动画（DoubleAnimation）。双精度值动画主要用于创建两个 double 类型值之间的转换，可以指定 DoubleAnimation 的起始值（From）、终止值（To）。Opacity 属性中，0 表示完全不可见，1 表示完全可见。若要使 UI 元素从不透明到透明完整过渡，可以设置 DoubleAnimation 的 From 值为 1.0，To 设置为 0。

• 设置动画时长：动画需要在多长的时间内完成，可以通过 DoubleAnimation 的 Duration 属性设置。Duration 属性在 XAML 中设置格式为 HH:mm:ss，在 C# 中 Duration

接收 TimeSpan 类型的参数。

• 设置动画反向执行：动画完成后，是否恢复初始状态，可以通过 AutoReverse 属性来设置，其中 true 表示恢复到初始状态，false 表示停留在结束状态。

• 设置重复执行：动画是否重复执行，可以通过 RepeatBehavior 属性来设置。可指定重复执行的次数或时长，如果设置为 Forever，则永久执行。

•创建故事板：动画创建好以后，需要装填到故事板（Storyboard）并使用 TargetName 和 TargetProperty 属性来指定动画应用的目标对象和属性。

• 设置触发事件：通常情况下，可以将开始故事板（BeginStoryboard）与事件触发器（EventTrigger）进行关联，并添加到 EventTrigger 的 Actions 中，指定 RoutedEvent 属性以设置启动 Storyboard 的路由事件。

属性动画完整示例如下所示。

```
<StackPanel Margin="10">
    <Rectangle Name="MyRectangle" Width="100" Height="100" Fill="Blue">
        <Rectangle.Triggers>
            <EventTrigger RoutedEvent="Rectangle.Loaded">
                <BeginStoryboard>
                    <Storyboard>
                        <DoubleAnimation Storyboard.TargetName="MyRectangle"
Storyboard.TargetProperty="Opacity"
                                         From="1.0" To="0.0" Duration="0:0:5"
                                         AutoReverse="True" RepeatBehavior=
                                 "Forever" />
                    </Storyboard>
                </BeginStoryboard>
            </EventTrigger>
        </Rectangle.Triggers>
    </Rectangle>
</StackPanel>
```

上述代码在 C# 中实现时，如下所示。

```
StackPanel panel = new StackPanel();
panel.Margin = new Thickness(10);

Rectangle rectangle = new Rectangle();
rectangle.Name = "rectangle";
this.RegisterName(rectangle.Name, rectangle);
rectangle.Width = 100;
rectangle.Height = 100;
rectangle.Fill = Brushes.Blue;

DoubleAnimation animation = new DoubleAnimation();
animation.From = 1.0;
animation.To = 0.0;
animation.Duration = new Duration(TimeSpan.FromSeconds(5));
animation.AutoReverse = true;
animation.RepeatBehavior = RepeatBehavior.Forever;

var storyboard = new Storyboard();
```

```
storyboard.Children.Add(animation);
Storyboard.SetTargetName(animation, rectangle.Name);
Storyboard.SetTargetProperty(animation, new PropertyPath(Rectangle.
OpacityProperty));

rectangle.Loaded += new RoutedEventHandler((sender,e) =>{
    storyboard.Begin(this);
});
panel.Children.Add(rectangle);
this.Content = panel;
```

6.5.4 关键帧动画

与基本动画（From/To/By 动画）类似，关键帧动画对目标类型的属性进行动画处理。它通过 Duration 值属性在目标值之间创建过渡。但是 From/To/By 动画可以在两个值之间创建过渡，而单个关键帧动画则可以在任意数量的目标值之间创建过渡。关键帧动画没有设置其目标值所需要的 From、To、By 属性。关键帧动画的目标值使用关键帧对象进行定义，因此称之为“关键帧动画”。动画启动后，在各个关键帧之间进行过渡。

关键帧动画创建步骤：

• 像 From/To/By 动画一样声明动画，并指定 Duration。

• 对每一个目标值创建一个相应类型的关键帧，并设置值和 KeyTime，然后将关键帧添加到 KeyFrames 集合。

• 将关键帧动画添加到 Storyboard，并指定动画对象和属性。

以下示例使用 DoubleAnimationUsingKeyFrames 对 Rectangle 元素进行四个不同位置的动画处理。

```
<Border Width="400" BorderBrush="Black">
    <Rectangle Fill="Blue" Width="50" Height="50" HorizontalAlignment="Left">
        <Rectangle.RenderTransform>
            <TranslateTransform x:Name="MyAnimatedTranslateTransform" X="0" Y="0" />
        </Rectangle.RenderTransform>
        <Rectangle.Triggers>
            <EventTrigger RoutedEvent="Rectangle.MouseLeftButtonDown">
                <BeginStoryboard>
                    <Storyboard>
                        <DoubleAnimationUsingKeyFrames Storyboard.TargetName=
"MyAnimatedTranslateTransform" Storyboard.TargetProperty="X" Duration="0:0:10">
                            <LinearDoubleKeyFrame Value="0" KeyTime="0:0:0" />
                            <LinearDoubleKeyFrame Value="350" KeyTime="0:0:2" />
                            <LinearDoubleKeyFrame Value="50" KeyTime="0:0:7" />
                            <LinearDoubleKeyFrame Value="200" KeyTime="0:0:8" />
                        </DoubleAnimationUsingKeyFrames>
                    </Storyboard>
                </BeginStoryboard>
            </EventTrigger>
        </Rectangle.Triggers>
    </Rectangle>
</Border>
```

关键帧动画类位于 System.Windows.Media.Animation 命名空间，且都遵循“<类型>AnimationUsingKeyFrames”格式的命名约定。关键帧动画支持三种不同的插值类型，因此关键帧定义格式遵循如下规则: <InterpolationMethod><Type>KeyFrame。其中，<InterpolationMethod> 是关键帧使用的内插方法，<Type> 是类进行动画处理的值的类型。

例如，可以针对 DoubleAnimationUsingKeyFrames 使用三种关键帧类型: DiscreteDoubleKeyFrame（离散内插关键帧）、LinearDoubleKeyFrame（线性内插关键帧）和 SplineDoubleKeyFrame（曲线内插关键帧）。

使用关键帧的主要目的是定义 KeyTime 和 Value 值。

• Value 属性指定关键帧的目标值。

• KeyTime 属性指定何时（在动画的 Duration 内）到达关键帧的 Value。

关键帧动画开始后，会按关键帧的 KeyTime 属性定义的顺序来循环访问其关键帧。

• 如果 0 时刻没有关键帧，动画将在目标属性的当前值和第一个关键帧的 Value 之间创建一个过渡；否则，动画的输出值将成为第一个关键帧的值。

• 动画将使用由第二个关键帧指定的内插方法来创建第一个和第二个关键帧的 Value 之间的过渡。过渡起始自第一个关键帧的 KeyTime，在到达第二个关键帧的 KeyTime 时结束。

• 动画将继续，这会创建每个后续关键帧和其前面的关键帧之间的过渡。

• 最后，该动画过渡到具有最大关键时间（等于或小于动画的 Duration）的关键帧的值。

注意: KeyTime 指定方式可以是“小时 : 分钟 : 秒”的 Timespan 方式，也可以是百分比方式（该值必须大于或等于 0，并且小于或等于 100%）。

6.5.5 路径动画

路径动画是一种使用 PathGeometry 作为输入的动画时间线（AnimationTimeline），可以定义一个几何路径并使用它来设置路径动画的 PathGeometry 属性，而不是使用 From、To、By 属性或使用关键帧。路径动画运行时，会从路径中读取 *x*、*y* 和角度信息并使用该信息生成其输出。路径动画对沿着复杂路径的对象进行动画处理非常有用。不同的属性值类型，对应不同的路径动画类型。

路径动画类属于 System.Windows.Media.Animation 命名空间，并使用以下命名约定:

<Type>AnimationUsingPath

其中，<Type> 为该类进行动画处理的值的类型。常见的路径动画如表 6-3 所示。

表 6-3　常见路径动画

属性类型	相应的路径动画	说明
Double	DoubleAnimationUsingPath	沿着路径进行动画处理（双重动画）
Matrix	MatrixAnimationUsingPath	沿着路径进行动画处理（矩阵动画）
Point	PointAnimationUsingPath	沿着路径进行动画处理（点动画）

路径动画说明：

• MatrixAnimationUsingPath 从其 PathGeometry 生成 Matrix 值。与 MatrixTransform 一起使用时，MatrixAnimationUsingPath 可以沿路径移动对象。如果将 MatrixAnimationUsingPath 的 DoesRotateWithTangent 属性设置为 true，它还会沿路径曲线旋转对象。

• PointAnimationUsingPath 从其 PathGeometry 的 x 和 y 坐标生成 Point 值。通过使用 PointAnimationUsingPath 对采用 Point 值的属性进行动画处理，可以沿路径移动对象。PointAnimationUsingPath 不能旋转对象。

• DoubleAnimationUsingPath 从其 PathGeometry 生成 Double 值。通过设置 Source 属性，可以指定 DoubleAnimationUsingPath 是使用 x 坐标、y 坐标还是路径的角度作为其输出。可以使用 DoubleAnimationUsingPath 来沿着 x 轴或 y 轴旋转或移动对象。

以下路径动画演示了 MatrixAnimationUsingPath 的使用方式。

```
<Window x:Class="WpfApp5.MainWindow"
        xmlns="http://schemas.microsoft.com/winfx/2006/xaml/presentation"
        xmlns:x="http://schemas.microsoft.com/winfx/2006/xaml"
        xmlns:d="http://schemas.microsoft.com/expression/blend/2008"
        xmlns:mc="http://schemas.openxmlformats.org/markup-compatibility/2006"
        xmlns:local="clr-namespace:WpfApp5"
        xmlns:PresentationOptions="http://schemas.microsoft.com/winfx/2006/xaml/
presentation/options"
        mc:Ignorable="d"
        Title="MainWindow" Height="450" Width="800">
    <Canvas Width="400" Height="400">
        <Button MinWidth="100" Content="A Button">
            <Button.RenderTransform>
                <MatrixTransform x:Name="ButtonMatrixTransform">
                    <MatrixTransform.Matrix >
                        <Matrix />
                    </MatrixTransform.Matrix>
                </MatrixTransform>
            </Button.RenderTransform>
            <Button.Triggers>
                <EventTrigger RoutedEvent="Button.Loaded">
                    <BeginStoryboard>
                        <Storyboard>
                            <MatrixAnimationUsingPath Storyboard.TargetName=
"ButtonMatrixTransform"
                                                      Storyboard.TargetProperty=
"Matrix"
                                                      DoesRotateWithTangent="True"
                                                      Duration="0:0:5"
                                                      RepeatBehavior="Forever" >
                                <MatrixAnimationUsingPath.PathGeometry>
                                    <PathGeometry Figures="M 10,100 C 35,0 135,0
160,100 180,190 285,200 310,100"
                                                  PresentationOptions:Freeze=
"True" />
                                </MatrixAnimationUsingPath.PathGeometry>
                            </MatrixAnimationUsingPath>
                        </Storyboard>
```

```
                    </BeginStoryboard>
                </EventTrigger>
            </Button.Triggers>
        </Button>
    </Canvas>
</Window>
```

6.6 开发实例：深圳地铁

学习了绘图和动画相关技术后，是不是已经摩拳擦掌，跃跃欲试了呢？本实例就带领大家绘制深圳地铁路线图。

WPF 在绘制矢量图方面有非常强大的优势，利用 WPF 可以绘制出各种矢量图形，如线、圆、多边形及组合图形。

6.6.1 查看深圳地铁官网

首先打开深圳地铁官网查看深圳地铁的路线图，如图 6-24 所示。

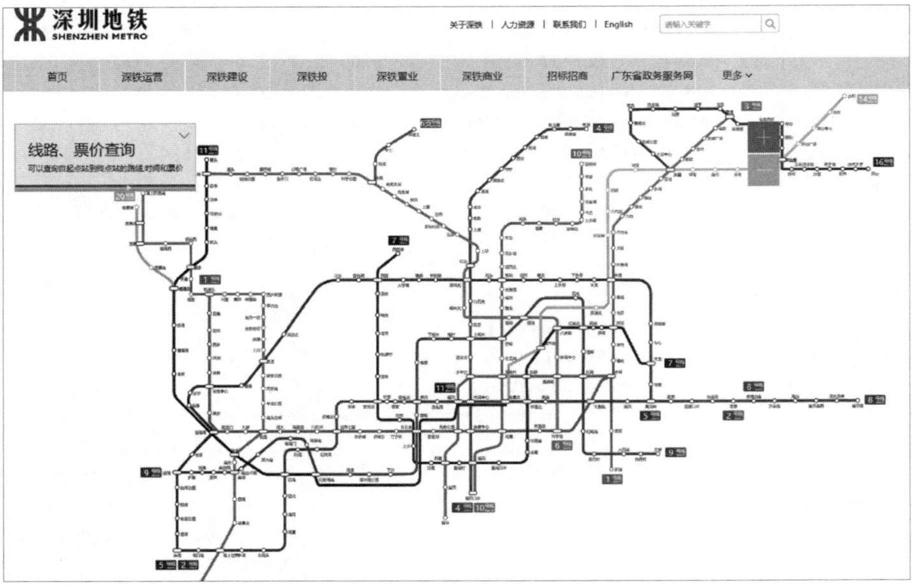

图 6-24 深圳地铁官网路线图

6.6.2 获取深圳地铁数据

获取地铁数据的原始 JSON 文件，将原始 JSON 文件保存到本地，在程序中进行引用，如图 6-25 所示。

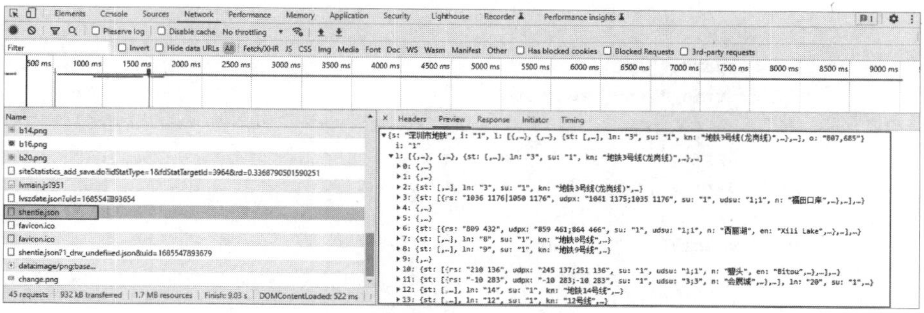

图 6-25　深圳地铁原始数据

6.6.3　构建地铁数据模型

在得到 shentie.json 文件后，通过分析，构建模型类，代码如下所示。

```
namespace DemoSubway.Models
{
    /// <summary>
    /// 深圳地铁模型
    /// </summary>
    public class ShenTie
    {
        [JsonProperty("s")]
        public string? Name { get; set; }

        [JsonProperty("i")]
        public string? Index { get; set; }

        [JsonProperty("l")]
        public SubwayLine[]? SubwayLines { get; set; }

        [JsonProperty("o")]
        public string? Obj { get;set; }
    }

    public class SubwayLine
    {
        [JsonProperty("st")]
        public St[]? Sites { get; set; }

        [JsonProperty("ln")]
        public string? LineNumber { get; set; }

        [JsonProperty("su")]
        public string? Su { get; set; }

        [JsonProperty("kn")]
        public string? KName { get; set; }

        [JsonProperty("c")]
        public string[]? Circles { get;set; }
```

```
    [JsonProperty("lo")]
    public string? Lo { get; set; }

    [JsonProperty("lp")]
    public string[]? LinePosition { get; set; }

    [JsonProperty("ls")]
    public string? Ls { get; set; }

    [JsonProperty("cl")]
    public string? Color { get; set; }

    [JsonProperty("la")]
    public string? La { get; set; }

    [JsonProperty("x")]
    public string? X { get; set; }

    [JsonProperty("li")]
    public string? Li { get; set; }
}

public class St
{
    [JsonProperty("rs")]
    public string? Rs { get; set; }

    [JsonProperty("udpx")]
    public string? Udpx { get; set; }

    [JsonProperty("su")]
    public string? Su { get; set; }

    [JsonProperty("udsu")]
    public string? Udsu { get; set;}

    [JsonProperty("n")]
    public string? Name { get; set;}

    [JsonProperty("en")]
    public string? En { get; set; }

    [JsonProperty("sid")]
    public string? Sid { get; set; }

    [JsonProperty("p")]
    public string? Position { get; set; }

    [JsonProperty("r")]
    public string? R { get; set; }

    [JsonProperty("udsi")]
    public string? Udsi { get; set; }
```

```
        [JsonProperty("t")]
        public string? T { get; set;}

        [JsonProperty("si")]
        public string? Si { get; set; }

        [JsonProperty("sl")]
        public string? Sl { get; set;}

        [JsonProperty("udli")]
        public string? Udli { get; set; }

        [JsonProperty("poiid")]
        public string? Poiid { get; set; }

        [JsonProperty("lg")]
        public string? Lg { get; set; }

        [JsonProperty("sp")]
        public string? Sp { get; set; }
    }
}
```

6.6.4　反序列化对象

通过反序列化，将 shentie.json 文件内容加载到内存并实例化为 ShenTie 对象，在此需要用到第三方库“Newtonsoft.Json”，如图 6-26 所示。

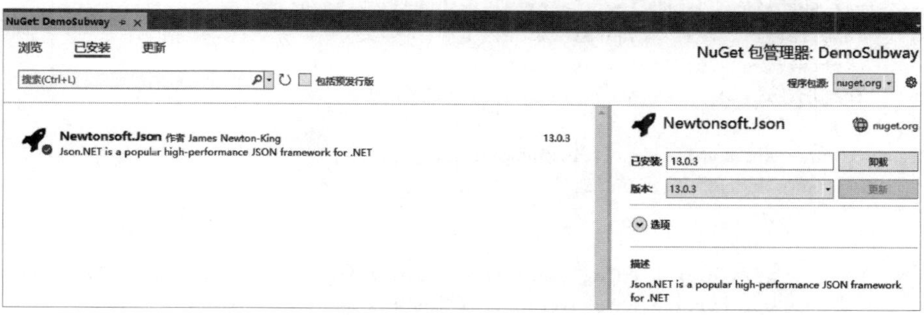

图 6-26　Newtonsoft.Json 安装

6.6.5　绘制路线

地铁路线图在 WPF 主页面显示，用 Grid 作为容器（subwayBox），代码如下所示。

```
<Window x:Class="DemoSubway.MainWindow"
        xmlns="http://schemas.microsoft.com/winfx/2006/xaml/presentation"
        xmlns:x="http://schemas.microsoft.com/winfx/2006/xaml"
        xmlns:d="http://schemas.microsoft.com/expression/blend/2008"
```

```
        xmlns:mc="http://schemas.openxmlformats.org/markup-compatibility/2006"
        xmlns:local="clr-namespace:DemoSubway"
        mc:Ignorable="d"
        Title="MainWindow" Height="450" Width="800" Loaded="Window_Loaded">

    <Grid>
        <Grid.RowDefinitions>
            <RowDefinition Height="Auto"></RowDefinition>
            <RowDefinition Height="*"></RowDefinition>
        </Grid.RowDefinitions>
        <StackPanel Grid.Row="0" Orientation="Horizontal" HorizontalAlignment="Cent
er">
            <TextBlock x:Name="tbTitle" FontSize="30" HorizontalAlignment="Center">
</TextBlock>
        </StackPanel>
        <Viewbox Stretch="Fill" Grid.Row="1">
            <Grid x:Name="subwayBox">

            </Grid>
        </Viewbox>
    </Grid>
</Window>
```

ShenTie 对象创建成功后，就可以获取路线数据，然后创建地铁路线元素，代码如下所示。

```
private void Window_Loaded(object sender, RoutedEventArgs e)
{
    string jsonFile = "shentie.json";
    JsonHelper jsonHelper = new JsonHelper();
    var shentie = jsonHelper.Deserialize<ShenTie>(jsonFile);
    this.tbTitle.Text = shentie.Name;
    List<string> lstSites = new List<string>();
    for(int i = 0; i < shentie.SubwayLines?.Length; i++)
    {
        var subwayLine= shentie.SubwayLines[i];
        if(subwayLine != null)
        {
            //地铁线路
            var color = ColorTranslator.FromHtml($"#{subwayLine.Color}");//线路颜色
            var circles = subwayLine.Circles;//线路节点
            Path line = new Path();
            PathFigureCollection lineFigures = new PathFigureCollection();
            PathFigure lineFigure = new PathFigure();
            lineFigure.IsClosed= false;
            var start = circles?[0].Split(" ");//线路起始位置
            lineFigure.StartPoint = new System.Windows.Point(int.
Parse(start[0]), int.Parse(start[1]));

            for (int j= 0;j< circles?.Length;j++)
            {
                var circle= circles[j].Split(" ");
                LineSegment lineSegment = new LineSegment(new System.Windows.
```

```
Point(int.Parse(circle[0]), int.Parse(circle[1])),true);
                lineFigure.Segments.Add(lineSegment);
            }
            lineFigures.Add(lineFigure);
            line.Data = new PathGeometry(lineFigures, FillRule.Nonzero, null);
            line.Stroke = new SolidColorBrush(System.Windows.Media.Color.
FromArgb(color.A, color.R, color.G, color.B));
            line.StrokeThickness = 4;
            this.subwayBox.Children.Add(line);
            //地铁站点
            for (int j = 0; j < subwayLine.Sites?.Length; j++)
            {
                var site = subwayLine.Sites[j];
                if (site != null)
                {

                    //站点标识，圆圈
                    Path siteCirclePath = new Path();
                    var sitePosition = site?.Position?.Split(" ");
                    EllipseGeometry ellipse = new EllipseGeometry();
                    ellipse.Center = new System.Windows.Point(int.
Parse(sitePosition[0]), int.Parse(sitePosition[1]));
                    ellipse.RadiusX = 4;
                    ellipse.RadiusY=4;
                    siteCirclePath.Data=ellipse;
                    siteCirclePath.Fill = Brushes.White;
                    siteCirclePath.Stroke = new SolidColorBrush(System.Windows.
Media.Color.FromArgb(color.A, color.R, color.G, color.B));
                    siteCirclePath.Cursor= Cursors.Hand;
                    siteCirclePath.Focusable = true;
                    siteCirclePath.Tag = site?.Name;
                    siteCirclePath.MouseDown += SiteCirclePath_MouseDown;
                    this.subwayBox.Children.Add(siteCirclePath);
                    //站点名字
                    if (lstSites.Contains(site?.Name))
                    {
                        continue;//对于交汇站点，只绘制一次
                    }
                    //站点名称
                    Path siteTextPath = new Path();
                    FormattedText siteContent = new FormattedText(site?.
Name,CultureInfo.CurrentCulture,FlowDirection.LeftToRight,new Typeface("Arial"),14,
Brushes.Black, 1.25);
                    var x = int.Parse(sitePosition[0]);
                    var y = int.Parse(sitePosition[1]);
                    if (j + 1 < subwayLine.Sites?.Length)
                    {
                        //站点位置适当偏移
                        var next = subwayLine.Sites[j + 1]?.Position?.Split(" ");
                        var nextx = int.Parse(next[0]);
                        var nexty = int.Parse(next[1]);
                        if (x == nextx)
                        {
                            x = x + 6;
```

```
                    }
                    else if (y == nexty)
                    {
                        y = y + 6;
                    }
                    else
                    {
                        x = x + 1;
                        y = y + 1;
                    }
                }
                Geometry geometry = siteContent.BuildGeometry(new System.
Windows.Point(x, y));
                siteTextPath.Data = geometry;
                siteTextPath.Stroke = Brushes.Black;
                siteTextPath.Focusable = true;
                siteTextPath.Cursor = Cursors.Hand;
                siteTextPath.MouseDown += SiteTextPath_MouseDown;
                siteTextPath.Tag = site?.Name;
                this.subwayBox.Children.Add(siteTextPath);
                lstSites.Add(site?.Name);
            }
        }

        var kName = subwayLine.KName;//线路名称
        var linePosition= subwayLine.LinePosition?[0].Split(" ");
        if(kName != null)
        {
            Path lineNamePath = new Path();
            FormattedText lineNameText = new FormattedText(kName, CultureI
nfo.CurrentCulture,FlowDirection.LeftToRight,new Typeface("Arial"),16,Brushes.
Black,1.25);
            var lineX = int.Parse(linePosition[0]);
            var lineY = int.Parse(linePosition[1]);
            if (subwayLine.LineNumber == "1")
            {
                lineX = lineX - 10;
                lineY = lineY + 20;
            }
            Geometry geometry = lineNameText.BuildGeometry(new System.Windows.
Point(lineX, lineY));
            lineNamePath.Data=geometry;
            lineNamePath.Stroke = new SolidColorBrush(System.Windows.Media.
Color.FromArgb(color.A, color.R, color.G, color.B));
            this.subwayBox.Children.Add(lineNamePath);
        }
    }
  }
}
```

6.6.6 功能演示

本实例效果如图 6-27 所示。

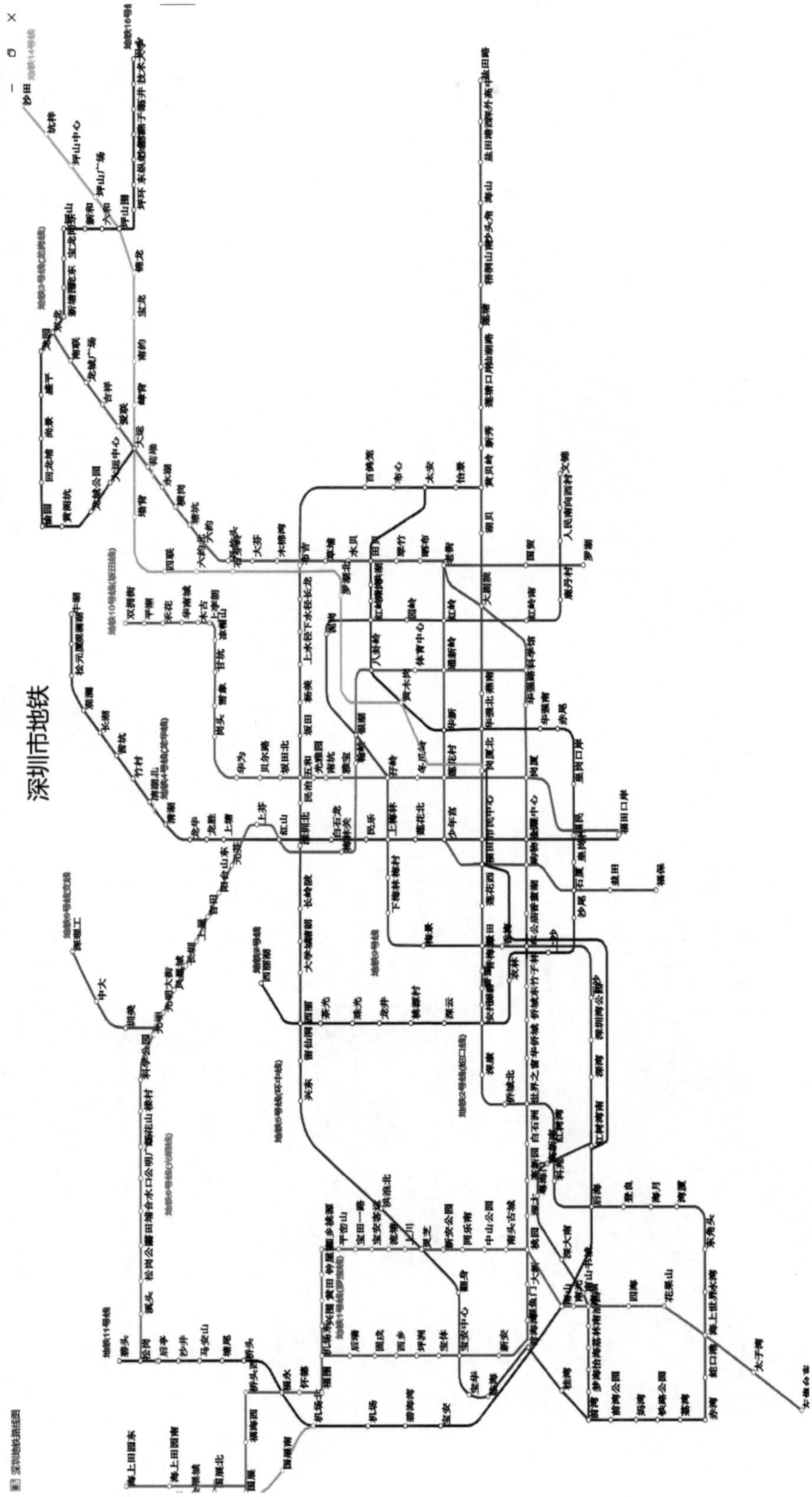

图 6-27　深圳地铁实例效果图

第 7 章 MVVM

Chapter 7

近些年来，随着 WPF 在生产、制造、工业控制等领域应用越来越广泛，很多企业对 WPF 开发的需求也逐渐增多，使得很多人看到潜在机会，不断从 Web、WinForm 开发转向了 WPF 开发。但是 WPF 开发也有很多新的概念及设计思想，如数据驱动、数据绑定、依赖属性、命令、控件模板、数据模板、MVVM 等，与传统 WinForm、ASP.NET WebForm 开发相比有很大的差异。本章主要简述 WPF 开发中 MVVM 设计思想及应用。

7.1 MVVM 概述

传统的 WinForm 开发，一般采用事件驱动，即用户点击按钮，触发对应的事件，并在事件中通过唯一标识符获取页面上用户输入的数据，然后进行业务逻辑处理。这样做会有一个弊端，就是用户界面（User Interface）和业务逻辑（Business）是紧密耦合在一起的，无法做到分离，随着项目业务不断复杂化，这种高度耦合的弊端将会越来越明显，并且会出现分工不明确（如：后端工程师，前端 UI）、工作无法拆分的现象。所以分层（如：MVC，MVVM）、可测试（Unit Test）、前后端分离，就成为必须要面对的问题。而下面要讲解的 MVVM 设计模式，就非常好地解决了我们所面临的问题。

7.1.1 什么是 MVVM？

MVVM 即模型（Model）- 视图（View）- 视图模型（ViewModel），是用于解耦 UI 代码和非 UI 代码的设计模式。借助 MVVM，可以在 XAML 中以声明方式定义 UI，并使用数据绑定标记将 UI 链接到包含数据和命令的其他层。数据绑定提供数据和结构的松散耦合，使 UI 和链接的数据保持同步，同时可以将用户输入路由到相应的命令。具体如图 7-1 所示。

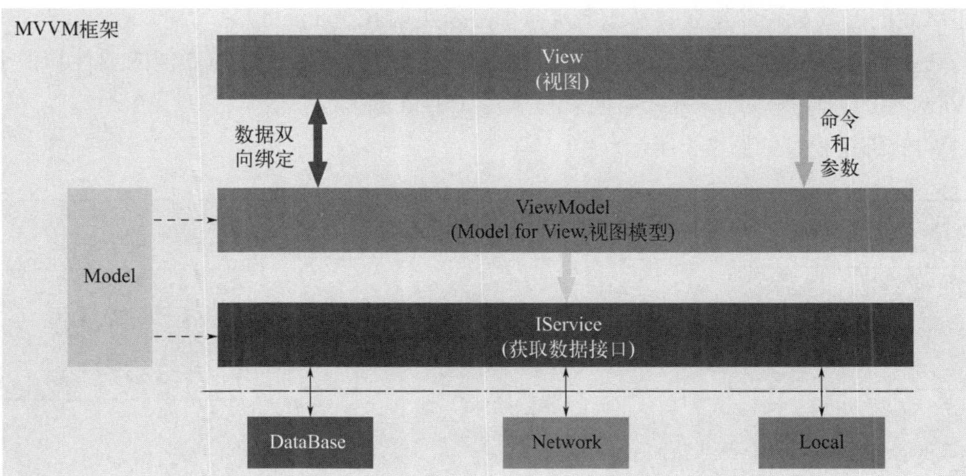

图 7-1 MVVM 框架

• View（视图）：主要用于向使用者展示信息，并接收用户输入的信息（数据绑定），及响应用户的操作（Command）。

• ViewModel（视图模型）：主要处理用户请求，以及数据呈现。

• Model（数据模型）：作为存储数据的载体，是一个个具体的模型类，通过 ViewModel 进行调用。但是在小型项目中，Model 并不是必需的。

• IService（数据接口）：提供数据访问服务，用于获取各种类型数据的服务。数据的形式有很多种，如网络数据、本地数据、数据库数据，但是在 ViewModel 调用时，都统一封装成了 Service。在小型项目中，IService 数据接口也并不是必需的，不属于 MVVM 的范畴。

在图 7-1 中，DataBase、Network、Local 等表示不同的数据源形式，并不属于 MVVM 的范畴。

MVVM 简化示意图如图 7-2 所示。

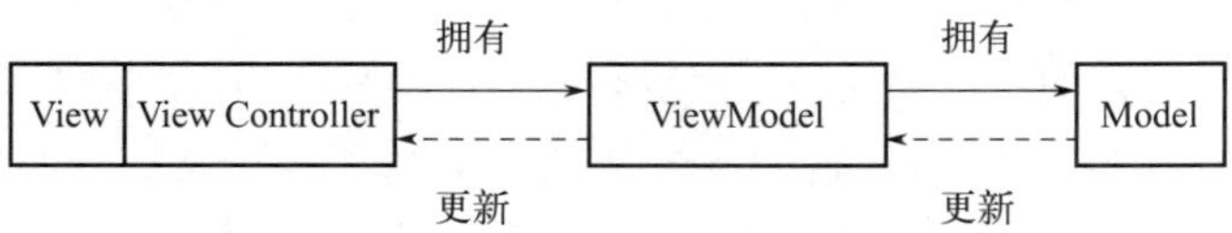

图 7-2　MVVM 简化示意图

7.1.2　MVVM 前提条件

要实现 MVVM，首先需要满足两个条件:

（1）属性变更通知

在 MVVM 思想中，WinForm 的事件驱动转变成了数据驱动。在 C# 中，普通的属性并不具备变更通知功能，要实现变更通知功能，必须要实现 INotifyPropertyChanged 接口。

（2）绑定命令

在 WPF 中，为了解决事件响应功能之间的耦合，提出了绑定命令思想，即命令可以通过绑定的方式与控件建立联系。绑定命令必须实现 ICommand 接口。

在上述两个条件都满足后，如何将 ViewModel 中具备变更通知功能的属性和命令，与 View 中的控件关联起来呢？答案就是绑定（Binding）。

WPF 绑定模型如图 7-3 所示。

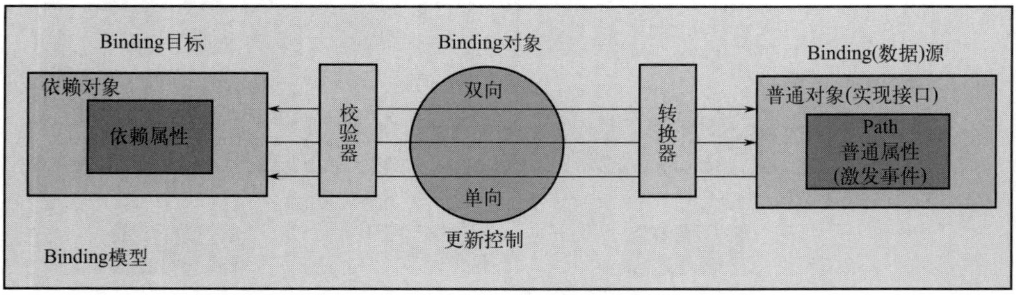

图 7-3　绑定模型

当 View 层的数据控件和具备通知功能的属性进行 Binding 后，Binging 就会自动侦听来自接口的 PropertyChanged 事件，进而达到数据驱动 UI 的效果，可谓“一桥飞架南北，天堑变通途”。

7.1.3　MVVM 实现步骤

为了帮助读者进一步感受 MVVM 的设计思想，验证上述理论知识，下面以实例进行说明。本实例的项目架构如图 7-4 所示。

图 7-4　MVVM 实例架构

7.1.3.1　具备变更通知功能的属性

首先，定义一个抽象类 ObservableObject，此接口实现 INotifyPropertyChanged 接口，代码如下所示。

```
using System.ComponentModel;
using System.Runtime.CompilerServices;

namespace DemoMVVM.Core
{
    /// <summary>
    /// 可被观测的类
    /// </summary>
    public abstract class ObservableObject : INotifyPropertyChanged
    {
        /// <summary>
        /// 属性改变事件
        /// </summary>
        public event PropertyChangedEventHandler? PropertyChanged;

        /// <summary>
        /// 属性改变触发方法
        /// </summary>
        /// <param name="propertyName">属性名称</param>
        protected void RaisePropertyChanged([CallerMemberName]
string propertyName=null)
        {
            PropertyChanged?.Invoke(this, new PropertyChangedEventArgs(propertyNa
me));
        }

        /// <summary>
        /// 设置属性值，如果发生改变，则调用通知方法
        /// </summary>
        /// <typeparam name="T"></typeparam>
        /// <param name="target"></param>
        /// <param name="value"></param>
        /// <param name="propertyName"></param>
```

```
        /// <returns></returns>
        protected bool SetProperty<T>(ref T target,T value, [CallerMemberName] stri
ng propertyName = null)
        {
            if (EqualityComparer<T>.Default.Equals(target, value))
            {
                return false;
            }
            else
            {
                target=value;
                RaisePropertyChanged(propertyName);
                return true;
            }
        }
    }
}
```

注意：上述 SetProperty 主要用于将普通属性变为具备变更通知功能的属性。

然后，定义一个 ViewModel 基类，继承自 ObservableObject，以备后续扩展，代码如下所示。

```
namespace DemoMVVM.Core
{
    /// <summary>
    /// ViewModel基类，继承自ObservableObject
    /// </summary>
    public abstract class ViewModelBase:ObservableObject
    {

    }
}
```

7.1.3.2 具备绑定功能的命令

定义一个 DelegateCommand，实现 ICommand 接口，代码如下所示。

```
namespace DemoMVVM.Core
{
    public class DelegateCommand : ICommand
    {
        private Action<object> execute;
        private Predicate<object> canExecute;


        public event EventHandler? CanExecuteChanged;

        public DelegateCommand(Action<object> execute, Predicate<object> canExecute)
        {
            if (execute == null)
```

```
            {
                throw new ArgumentNullException("execute 不能为空");
            }
            this.execute = execute;
            this.canExecute = canExecute;
        }

        public DelegateCommand(Action<object> execute):this(execute,null)
        {

        }

        public bool CanExecute(object? parameter)
        {
            return  canExecute?.Invoke(parameter)!=false;
        }

        public void Execute(object? parameter)
        {
            execute?.Invoke(parameter);
        }
    }
}
```

注意：DelegateCommand 的构造函数接收两个参数，一个是 Execute(执行的)，一个是 CarExecute(判断是否可以执行)。

7.1.3.3 应用 ViewModelBase

首先，定义 ViewModel，继承自 ViewModelBase，主要实现具备变更通知功能的属性和命令，代码如下所示。

```
using DemoMVVM.Core;
using System;
using System.Collections.Generic;
using System.Linq;
using System.Runtime;
using System.Text;
using System.Threading.Tasks;

namespace DemoMVVM
{
    public class MainWindowViewModel:ViewModelBase
    {
        private double leftNumber;
        public double LeftNumber
        {
            get { return leftNumber; }
            set { SetProperty(ref leftNumber , value); }
        }

        private double rightNumber;
```

```
        public double RightNumber
        {
            get { return rightNumber; }
            set { SetProperty(ref rightNumber , value); }
        }

        private double resultNumber;
        public double ResultNumber
        {
            get { return resultNumber; }
            set { SetProperty(ref resultNumber , value); }
        }

        public MainWindowViewModel()
        {
        }
        private DelegateCommand operationCommand;
        public DelegateCommand OperationCommand
        {
            get {
                if (operationCommand == null)
                {
                    operationCommand = new DelegateCommand(Operate);
                }
                return operationCommand; }
        }

        private void Operate(object obj)
        {
            if(obj == null)
            {
                return;
            }
            var type=obj.ToString();
            switch (type)
            {
                case "+":
                    this.ResultNumber = this.LeftNumber + this.RightNumber;
                    break;
                case "-":
                    this.ResultNumber = this.LeftNumber - this.RightNumber;
                    break;
                case "*":
                    this.ResultNumber = this.LeftNumber * this.RightNumber;
                    break;
                case "/":
                    if (this.RightNumber == 0)
                    {
                        this.ResultNumber = 0;
                    }
                    else
                    {
                        this.ResultNumber = this.LeftNumber / this.RightNumber;
```

```
                    }
                    break;
                }
            }
            #endregion
        }
    }
```

创建视图，并在视图中进行数据绑定，将 ViewModel 和 UI 关联起来，代码如下所示。

```
<Window x:Class="DemoMVVM.MainWindow"
        xmlns="http://schemas.microsoft.com/winfx/2006/xaml/presentation"
        xmlns:x="http://schemas.microsoft.com/winfx/2006/xaml"
        xmlns:d="http://schemas.microsoft.com/expression/blend/2008"
        xmlns:mc="http://schemas.openxmlformats.org/markup-compatibility/2006"
        xmlns:local="clr-namespace:DemoMVVM"
        mc:Ignorable="d"
        Title="MVVM示例" Height="350" Width="600">
    <Grid>
        <Grid.ColumnDefinitions>
            <ColumnDefinition></ColumnDefinition>
            <ColumnDefinition></ColumnDefinition>
            <ColumnDefinition Width="0.3*"></ColumnDefinition>
            <ColumnDefinition></ColumnDefinition>
        </Grid.ColumnDefinitions>
        <Grid.RowDefinitions>
            <RowDefinition></RowDefinition>
            <RowDefinition></RowDefinition>
            <RowDefinition></RowDefinition>
            <RowDefinition></RowDefinition>
        </Grid.RowDefinitions>
        <StackPanel Grid.Row="1" Grid.Column="0" Orientation="Horizontal">
            <TextBlock Text="A1:" VerticalAlignment="Center" ></TextBlock>
            <TextBox  Margin="10" Width="120" Height="35" Text="{Binding LeftNumber,
 UpdateSourceTrigger=PropertyChanged}" VerticalContentAlignment="Center"></TextBox>
        </StackPanel>
        <StackPanel Grid.Row="1" Grid.Column="1" Orientation="Horizontal">
            <TextBlock Text="A2:" VerticalAlignment="Center" ></TextBlock>
            <TextBox  Margin="10" Width="120" Height="35" Text="{Binding RightNumber,
UpdateSourceTrigger=PropertyChanged}" VerticalContentAlignment="Center"></TextBox>
        </StackPanel>
        <TextBlock Grid.Row="1" Grid.Column="2" Text="=" VerticalAlignment="Center"
HorizontalAlignment="Center"></TextBlock>
        <StackPanel Grid.Row="1" Grid.Column="3" Orientation="Horizontal">
            <TextBlock Text="A3:" VerticalAlignment="Center" ></TextBlock>
            <TextBox  Margin="10" Width="120" Height="35" Text="{Binding ResultNumber,
UpdateSourceTrigger=PropertyChanged}" VerticalContentAlignment="Center"></TextBox>
        </StackPanel>
        <StackPanel Grid.Row="2" Grid.ColumnSpan="4" Orientation="Horizontal"
HorizontalAlignment="Center">
            <Button Content="+" Width="100" Height="35" Margin="10" Command=
```

```
"{Binding OperationCommand}" CommandParameter="+"></Button>
            <Button Content="-" Width="100" Height="35" Margin="10" Command=
"{Binding OperationCommand}" CommandParameter="-"></Button>
            <Button Content="*" Width="100" Height="35" Margin="10" Command=
"{Binding OperationCommand}" CommandParameter="*"></Button>
            <Button Content="/" Width="100" Height="35" Margin="10" Command=
"{Binding OperationCommand}" CommandParameter="/"></Button>
        </StackPanel>
    </Grid>
</Window>
```

注意：在 XAML 前端 UI 代码中，分别对 TextBox 的 Text 和 Button 的 Command 进行了绑定，已实现数据驱动 UI，以及 UI 响应客户的功能。在 UI 的构造函数中，将 DataContext（数据上下文）和 ViewModel 进行关联，代码如下所示。

```
namespace DemoMVVM
{
    /// <summary>
    /// Interaction logic for MainWindow.xaml
    /// </summary>
    public partial class MainWindow : Window
    {
        private MainWindowViewModel viewModel;

        public MainWindow()
        {
            InitializeComponent();
            viewModel = new MainWindowViewModel();
            this.DataContext = viewModel;
        }
    }
}
```

7.1.3.4 验证 MVVM

通过以上步骤，已经完成了 MVVM 的简单应用。实例演示如图 7-5 所示。

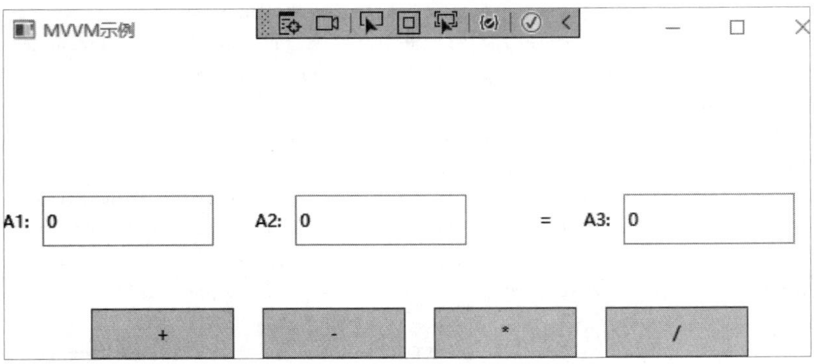

图 7-5　MVVM 简单应用

7.2 MVVM 框架介绍

学习、了解基础 MVVM 架构，主要是为了理解 MVVM 思想，改变我们在 WinForm 开发中形成的传统事件驱动观念，但在实际工作中，这些都不需要我们手动实现，第三方框架可以帮助我们快速完成 MVVM 框架的搭建。接下来将介绍两款比较流行的 MVVM 框架。

7.2.1 CommunityToolkit.Mvvm 框架

CommunityToolkit.Mvvm 包（又名 MVVM 工具包）是一个现代、快速和模块化的 MVVM 库。MVVM 工具包是 .NET 社区工具包的一部分，围绕以下原则生成：

• 独立于平台和运行环境：.NET Standard 2.0、.NET Standard 2.1 和 .NET 6（与 UI 框架无关）。

• 易于选取和使用：对应用程序结构或编码范例（“MVVM”之外）没有严格的要求，也就是可以灵活使用。

• 按需取用：自由选择要使用的组件。

• 引用实现：精简且高效，为基类库中包含的接口提供实现，但缺少直接使用它们所需的具体类型。

MVVM 工具包由 Microsoft 维护和发布，是 .NET Foundation 的一部分。

7.2.1.1 安装 MVVM 工具包

在 Visual Studio 开发工具中，可以通过 NuGet 包管理器进行安装。右键点击项目，选择“管理 NuGet 程序包”，打开 NuGet 管理窗口，然后搜索“CommunityToolkit.Mvvm”，进行安装即可，目前最新版本号为 8.2.2，如图 7-6 所示。

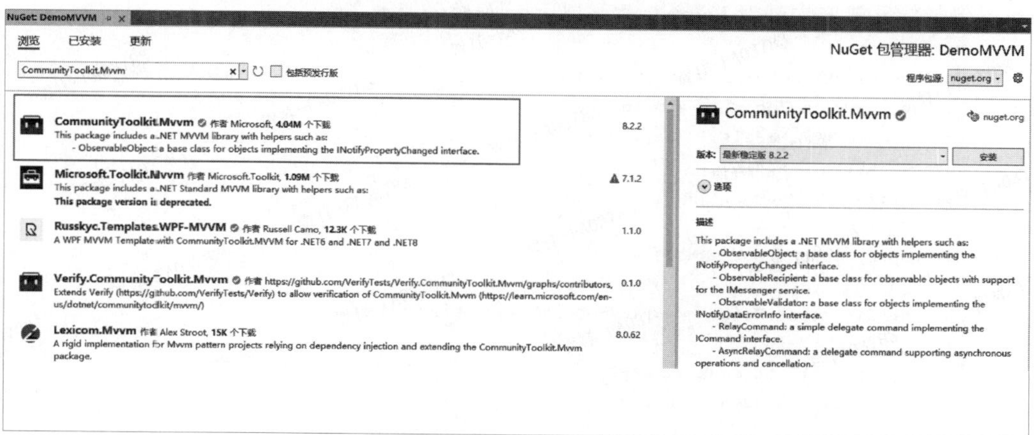

图 7-6　CommunityToolkit.Mvvm 安装

7.2.1.2 可观测对象

可观测对象（ObservableObject），实现了 INotifyPropertyChanged 和 INotifyProperty-Changing 接口，是 MVVM 工具包实现的可观测对象的基类。如果某些类中的属性需要具备变更通知功能，则可能继承此类，如 ViewModel 或者 Model 等。主要分两个步骤:

① 模型类继承 ObservableObject，即拥有了基类具有的方法和属性。

② 将传统属性的 set 方法中字段 =value，修改为 SetProperty（ref 字段名 ,value）。

以 Student 为例，代码如下所示。

```
using CommunityToolkit.Mvvm.ComponentModel;

namespace DemoMVVM.Models
{
    public class Student:ObservableObject
    {
        private int id;
        public int Id
        {
            get { return id; }
            set {SetProperty(ref id , value); }
        }

        private string name;
        public string Name
        {
            get { return name; }
            set { SetProperty(ref name , value); }
        }
    }
}
```

7.2.1.3 命令 RelayCommand

RelayCommand 是 ICommand 的实现，可以向 ViewModel 中的方法公开委托，从而可以包装标准的方法或者 Lambda 表达式。示例代码如下。

```
using CommunityToolkit.Mvvm.ComponentModel;
using CommunityToolkit.Mvvm.Input;
using DemoMVVM.Models;
using System.Windows;
using System.Windows.Input;

namespace DemoMVVM.ViewModels
{
    public class MainWindowViewModel:ObservableObject
    {
        private Student student;
        public Student Student
        {
            get { return student; }
```

```
            set { student = value; }
        }

        public MainWindowViewModel()
        {
            student = new Student();
        }

        private ICommand saveCommand;
        public ICommand SaveCommand=>saveCommand??=new RelayCommand(Save);

        private void Save()
        {
            MessageBox.Show($"需要保存的信息为Id={Student.Id},Name={Student.Name}! ");
        }
    }
}
```

7.2.1.4 控制反转

使用 MVVM 模式进行开发，最重要的目的是解耦，其中常见的方式就是通过依赖注入的方式实现控制反转，进而实现解耦。就目前来说，MVVM 工具包并未实现此功能，因为已经有专门的 API 来实现，如：Microsoft.Extensions.DependencyInjection。

首先安装依赖注入的库“Microsoft.Extensions.DependencyInjection”，选择当前最新版本，通过 NuGet 包管理器进行安装，如图 7-7 所示。

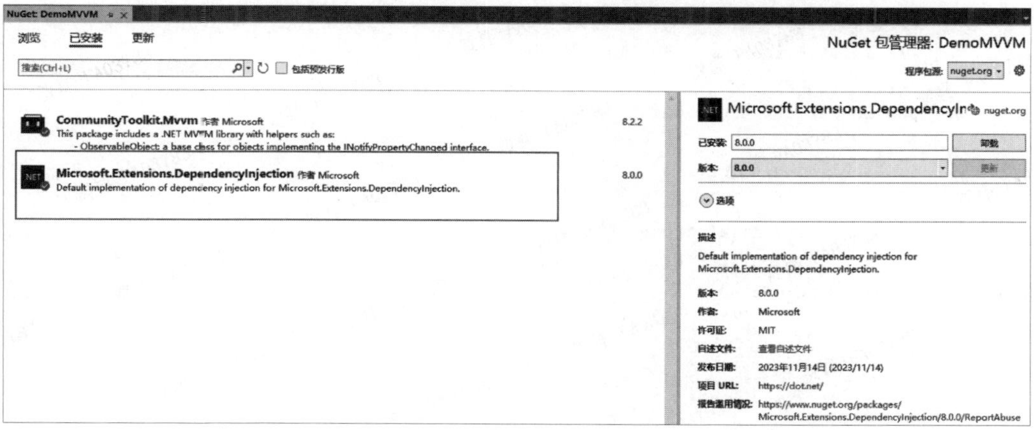

图 7-7 DependencyInjection 安装

在 App 启动程序中，创建 IServiceProvider 对象，并初始化注入 ViewModel，代码如下所示。

```
using DemoMVVM.ViewModels;
using Microsoft.Extensions.DependencyInjection;

namespace DemoMVVM
```

```
{
    /// <summary>
    /// Interaction logic for App.xaml
    /// </summary>
    public partial class App : Application
    {
        public IServiceProvider ServiceProvider { get; private set; }
        public new static App Current => (App)Application.Current;

        public App()
        {
            ServiceProvider=ConfigurationServices();
        }

        private static IServiceProvider ConfigurationServices()
        {
            var services = new ServiceCollection();
            services.AddTransient<MainWindowViewModel>();
            return services.BuildServiceProvider();
        }
    }
}
```

在视图类中，获取对应的服务即可，代码如下所示。

```
using DemoMVVM.ViewModels;

namespace DemoMVVM
{
    /// <summary>
    /// Interaction logic for MainWindow.xaml
    /// </summary>
    public partial class MainWindow : Window
    {
        public MainWindow()
        {
            InitializeComponent();
            this.DataContext = App.Current.ServiceProvider.GetService(typeof
(MainWindowViewModel));
        }
    }
}
```

以上就实现了控制反转，将对象的创建与释放交到容器去处理，而不是由视图去做。

7.2.1.5 视图数据绑定

因为视图的 DataContext 和 ViewModel 对象是同一个，所以在 UI 视图中，只需要对控件进行数据绑定即可，代码如下所示。

```
<Window x:Class="DemoMVVM.MainWindow"
        xmlns="http://schemas.microsoft.com/winfx/2006/xaml/presentation"
        xmlns:x="http://schemas.microsoft.com/winfx/2006/xaml"
```

```
        xmlns:d="http://schemas.microsoft.com/expression/blend/2008"
        xmlns:mc="http://schemas.openxmlformats.org/markup-compatibility/2006"
        xmlns:local="clr-namespace:DemoMVVM"
        mc:Ignorable="d"
        Title="MainWindow" Height="300" Width="400">
    <Grid>
        <Grid.ColumnDefinitions>
            <ColumnDefinition Width="0.6*"></ColumnDefinition>
            <ColumnDefinition></ColumnDefinition>
        </Grid.ColumnDefinitions>
        <Grid.RowDefinitions>
            <RowDefinition></RowDefinition>
            <RowDefinition></RowDefinition>
            <RowDefinition></RowDefinition>
        </Grid.RowDefinitions>
        <TextBlock Text="编号" Grid.Column="0" VerticalAlignment="Center"
HorizontalAlignment="Right" Margin="10"></TextBlock>
        <TextBox Text="{Binding Student.Id}" Grid.Column="1" HorizontalAlignment=
"Left" VerticalAlignment="Center" Width="130" Height="35" Margin="10"
VerticalContentAlignment="Center"></TextBox>
        <TextBlock Text="姓名" Grid.Column="0" Grid.Row="1" VerticalAlignment=
"Center" HorizontalAlignment="Right" Margin="10"></TextBlock>
        <TextBox Text="{Binding Student.Name}" Grid.Column="1" Grid.Row="1"
HorizontalAlignment="Left" VerticalAlignment="Center" Width="130" Height="35"
Margin="10" VerticalContentAlignment="Center"></TextBox>
        <Button Content="保存" Command="{Binding SaveCommand}"  Grid.Row="2"
Grid.ColumnSpan="2" HorizontalAlignment="Center" Height="30" Width="120"></Button>
    </Grid>
</Window>
```

7.2.1.6 MVVM 验证

经过上述步骤，就实现了 MVVM 模式的数据绑定和命令调用，工具包验证如图 7-8 所示。

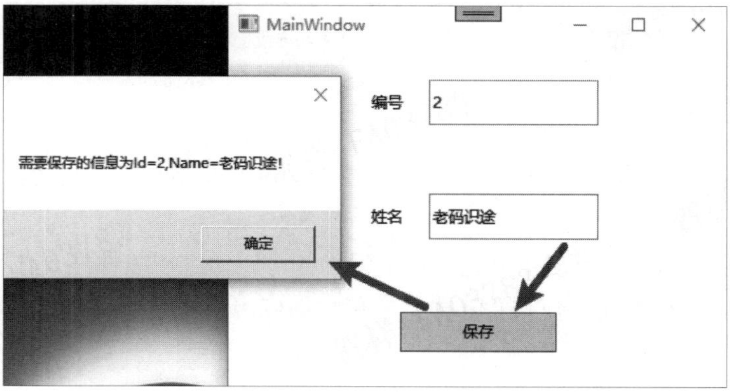

图 7-8 MVVM 工具包验证

由于篇幅有限，本节只是简单介绍了 MVVM 工具包的使用，若想具体了解更详细内容，可参考官方文档。

7.2.2 Prism 框架

Prism 是一个开源框架，用于在 WPF、Xamarin Forms、Uno/Win UI 等应用中创建松耦合、可维护、可测试的 XAML 应用程序。Prism 提供了一组设计模式的实现，这些设计模式有助于编写结构良好且可维护的 XAML 应用程序，包括 MVVM、dependency injection、commands、EventAggregator 等。

Prism 遵守开源许可协议（MIT），目前最新版本号为 8.1.97，可通过 GitHub 下载最新版本。Prism 源码库如图 7-9 所示。

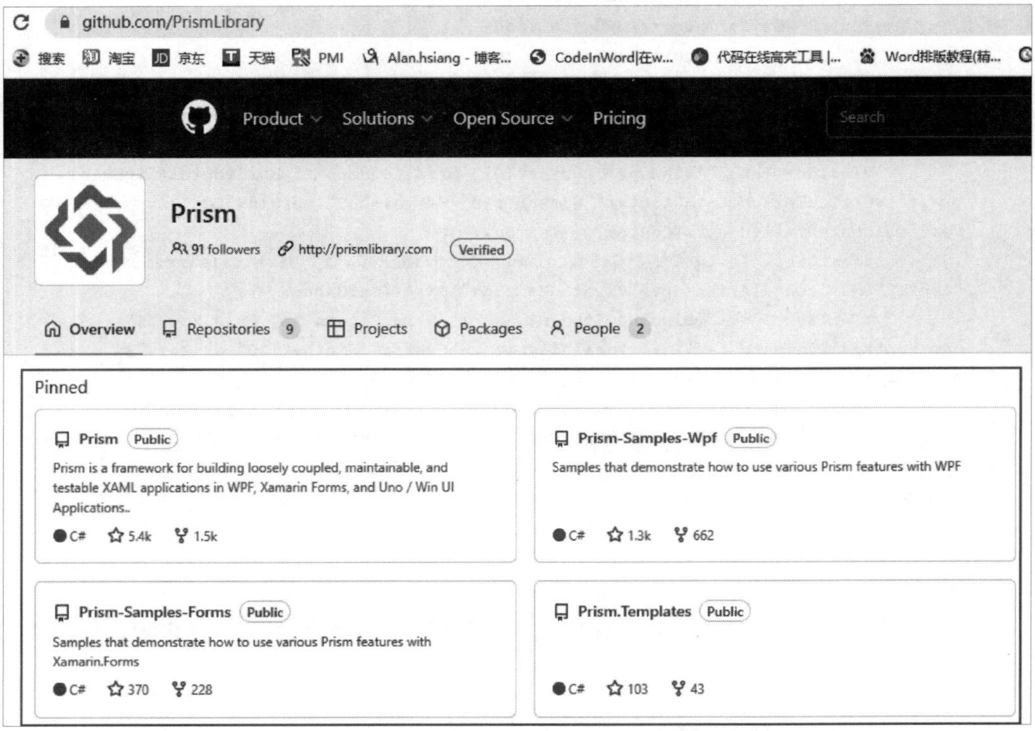

图 7-9 Prism 源码库

7.2.2.1 Prism 优点

Prism 围绕核心建筑设计原则设计，即关注点分离和松散耦合。这使得 Prism 可以提供许多好处：

• 重复使用：通过重复使用单元测试的组件，可以通过依赖性注入在运行时间轻松发现和集成；通过使用可在应用程序中重复使用的应用程序级功能封装模块，在应用级别实现重复使用。

• 可扩展性：通过管理组件依赖性、使组件在运行时间更容易集成或替换为替代实现，以及提供将应用程序分解为可独立更新和部署的模块的能力，帮助用户创建易于扩展的应用程序。

• 灵活性：Prism 有助于创建灵活的应用程序，使它们能够随着新功能的开发和集成而更容易更新。

• 团队发展：Prism 有助于最大限度地减少跨团队依赖性，并允许团队专注于不同的功能领域（如 UI 设计、业务逻辑实现和基础架构代码开发），或不同业务级别（如简介、销售、库存或物流）。

7.2.2.2 模块化思想

通过对比图 7-10、图 7-11 发现，采用模块化思想进行设计，使得程序结构清晰，符合高内聚、低耦合的设计风格。

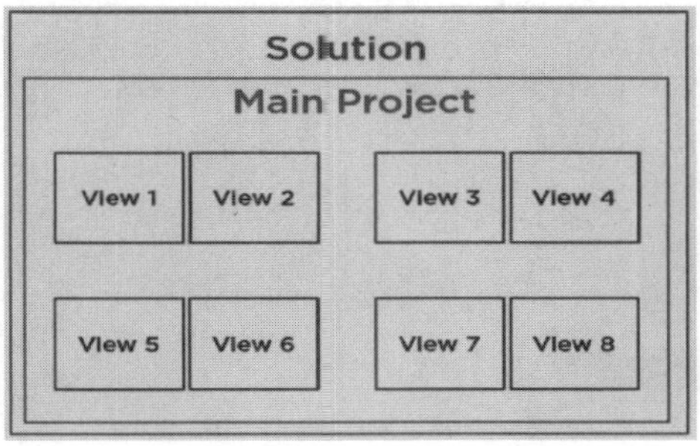

图 7-10 不采用模块化思想

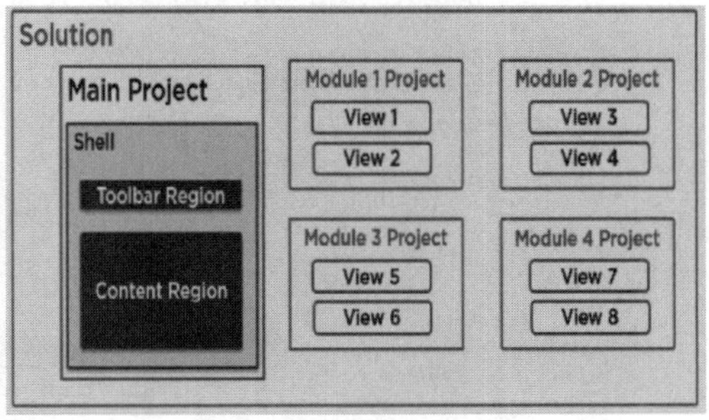

图 7-11 采用模块化思想

7.2.2.3 Prism 安装

Prism 可通过 NuGet 方案包管理器进行安装，主要安装三个：Prism.Core，Prism.Unity，Prism.Wpf。Prism 安装如图 7-12 所示。

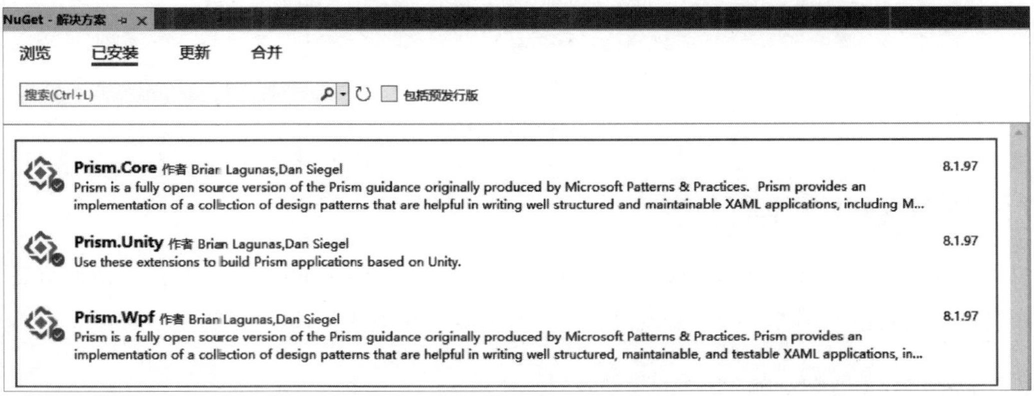

图 7-12 Prism 安装

7.2.2.4 创建模块

创建 WPF 类库，并添加用户控件视图，采用 MVVM 开发模式，具体如图 7-13 所示。

添加 Module 类，并实现 Prism.Modularity.IModule 接口，实现接口的模块，视为可以被 Prism 发现并加载的模块。以 DemoPrism.FirstModule 模块为例：

```
namespace DemoPrism.First
{
    public class FirstModule : IModule
    {
        public void OnInitialized(IContainerProvider containerProvider)
        {
            IRegionManager regionManager = containerProvider.Resolve
<IRegionManager>();
            regionManager.RegisterViewWithRegion("FirstRegion", typeof(Views.
FirstView));
        }

        public void RegisterTypes(IContainerRegistry containerRegistry)
        {
            containerRegistry.RegisterForNavigation<Views.FirstView, ViewModels.
FirstViewModel>();
        }
    }
}
```

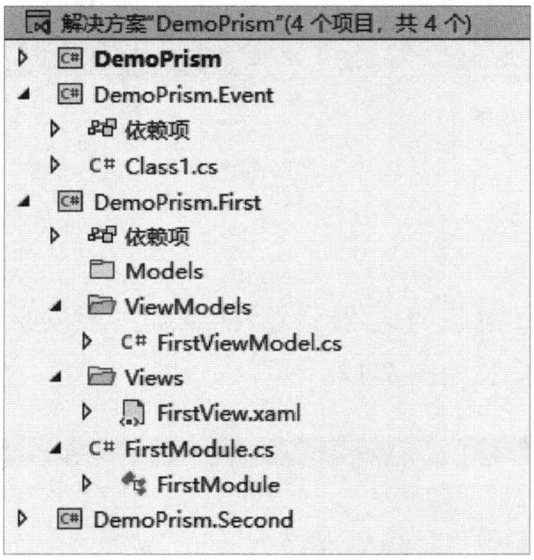

图 7-13　创建模块

7.2.2.5　ViewModel

在 Prism 框架中，提供了数据绑定基类 Prism.Mvvm.BindableBase，可以方便地将普通属性转换为依赖属性，减少开发过程中的代码量。相关代码如下。

```
namespace DemoPrism.Second.ViewModels
{
    internal class SecondViewModel : BindableBase
    {
        #region 属性及构造函数
        private int id;
        public int Id
        {
            get { return id; }
```

```
            set { SetProperty(ref id, value); }
        }

        /// <summary>
        /// 模块间交互
        /// </summary>
        private readonly IEventAggregator eventAggregator;
        public SecondViewModel(IEventAggregator eventAggregator)
        {
            this.eventAggregator = eventAggregator;
            this.eventAggregator.GetEvent<DemoOneEvent>().
Subscribe(DemoOneRecived);
        }
        #endregion
        private void DemoOneRecived(int id)
        {
            this.Id = id;
        }
    }
}
```

7.2.2.6 模块配置

Prism 提供了多种模块加载方式，常用的有 App.config 配置文件方法。

① 在 App.config 节点，添加 configSections 配置，增加 modules 节点配置。

② modules 节点主要配置需要加载的 Prism 模块。

相关代码如下。

```
<?xml version="1.0" encoding="utf-8" ?>
<configuration>
  <configSections>
    <!--prism配置-->
    <section name="modules" type="Prism.Modularity.ModulesConfigurationSection, Pri
sm.Wpf"/>
  </configSections>
  <modules>
    <!--注册模块-->
    <module assemblyFile="Modules\DemoPrism.First.dll" moduleType="DemoPrism.First.
FirstModule, DemoPrism.First" moduleName="First" startupLoaded="true" />
    <module assemblyFile="Modules\DemoPrism.Second.dll" moduleType="DemoPrism.
Second.SecondModule, DemoPrism.Second" moduleName="Second" startupLoaded="true" />
  </modules>
</configuration>
```

7.2.2.7 模块加载

模块配置好后，需要在启动的时候加载模块。修改 WPF 入口启动程序 App.xaml.cs 文件，让 App 类继承自 Prism.Unity.PrismApplication 基类，并重写相关初始化函数。PrismApplication 派生关系如图 7-14 所示。

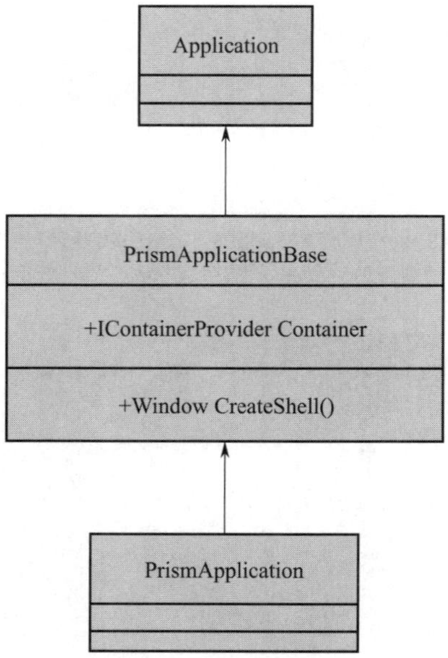

图 7-14　PrismApplication 派生关系

相关代码如下。

```
namespace DemoPrism
{
    /// <summary>
    /// Interaction logic for App.xaml
    /// </summary>
    public partial class App : PrismApplication
    {
        //使用容器创建主窗体
        protected override Window CreateShell() => Container.Resolve<MainWindow>();

        protected override void ConfigureViewModelLocator()
        {
            base.ConfigureViewModelLocator();
        }

        protected override void ConfigureModuleCatalog(IModuleCatal
og moduleCatalog)
        {
            //通过代码的方式添加模块
            //moduleCatalog.AddModule<NavigationModule.NavigationModule>();
            //将MedicineModule模块设置为按需加载
            base.ConfigureModuleCatalog(moduleCatalog);
        }

        protected override void RegisterTypes(IContainerRegistry containerRegistry)
        {
        }

        protected override IModuleCatalog CreateModuleCatalog()
        {
```

```
            ConfigurationModuleCatalog configurationModuleCatalog = new Configurati
onModuleCatalog();
            configurationModuleCatalog.Load();

            //通过Xaml配置文件读取模块加载信息

            return configurationModuleCatalog;
            //return directoryModuleCatalog;
        }

        /// <summary>
        /// 注册适配器（区域容器:Region）
        /// </summary>
        /// <param name="regionAdapterMappings"></param>
        protected override void ConfigureRegionAdapterMappings(RegionAdapterMappin
gs regionAdapterMappings)
        {
            base.ConfigureRegionAdapterMappings(regionAdapterMappings);
        }
    }
}
```

7.2.2.8 Region

在 Prism 框架中，模块可以注册到导航菜单（Navigation），也可以注册到区域（Region），根据实际业务需要进行选择。Region 可以更加方便地进行模块化布局等。

在普通容器控件中，增加 prism:RegionManager.RegionName=" 名称"，就可以将普通容器变成 Prism 的区域 Region，如图 7-15 所示。

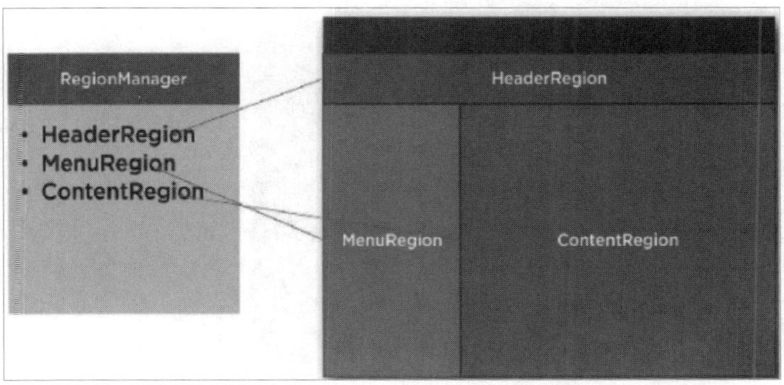

图 7-15 Region 示例

示例代码如下。

```
<Window x:Class="DemoPrism.MainWindow"
        xmlns="http://schemas.microsoft.com/winfx/2006/xaml/presentation"
        xmlns:x="http://schemas.microsoft.com/winfx/2006/xaml"
        xmlns:d="http://schemas.microsoft.com/expression/blend/2008"
        xmlns:mc="http://schemas.openxmlformats.org/markup-compatibility/2006"
```

```
        xmlns:prism="http://prismlibrary.com/"
        xmlns:local="clr-namespace:DemoPrism"
        mc:Ignorable="d"
        Title="MainWindow" Height="450" Width="800"
        prism:ViewModelLocator.AutoWireViewModel="True">
    <Grid>
        <Grid.ColumnDefinitions>
            <ColumnDefinition></ColumnDefinition>
            <ColumnDefinition></ColumnDefinition>
        </Grid.ColumnDefinitions>
        <ContentControl Grid.Column="0" prism:RegionManager.
RegionName="FirstRegion"></ContentControl>
        <ContentControl Grid.Column="1" prism:RegionManager.
RegionName="SecondRegion"></ContentControl>
    </Grid>
</Window>
```

7.2.2.9 模块交互

模块与模块之间相互独立，如果需要交互，可以通过事件聚合器 IEventAggregator，采用事件的订阅和发布方式进行通信。

交互步骤：

① 定义事件：定义一个类，继承自 Prism.Events.PubSubEvent 泛型类。

② 事件发布：通过事件聚合器的 Publish 方法进行发布。

③ 事件订阅：通过事件聚合器的 Subscribe 进行订阅。

示例代码如下。

```
namespace DemoPrism.Event
{
    /// <summary>
    /// 注册事件
    /// </summary>
    public class DemoOneEvent : PubSubEvent<int>
    {

    }
}
```

7.2.2.10 模态窗口

在 Prism 框架下，弹出模态窗口，需要以下 3 个步骤：

① 在 Prism 框架中，页面 UserControl 实现弹窗功能，被弹出页面需要实现 Prism.Services.Dialogs.IDialogAware 接口。

② 注册窗口，将 UserControl 注册成窗口。

③ 调用弹出服务，弹出窗口。

Prism 框架功能非常强大，本节由于篇幅有限，不能面面俱到，想进一步学习的读者可以参考官方文档进行学习。

7.3 开发实例：增删改查

在软件开发过程中，实战是检验学习效果的唯一标准。所谓“学而时习之”，就是要我们不断地练习，才能掌握基本的知识点。接下来，我们一起通过 CommunityToolkit.Mvvm 框架实现 MVVM 的增删改查功能。

7.3.1 创建项目

首先创建一个 WPF 应用程序项目（项目名称为：DemoMvvm），创建成功后安装 CommunityToolkit.Mvvm 框架，然后创建 MVVM 的基本结构文件夹（Views，ViewModels，Models），具体如图 7-16 所示。

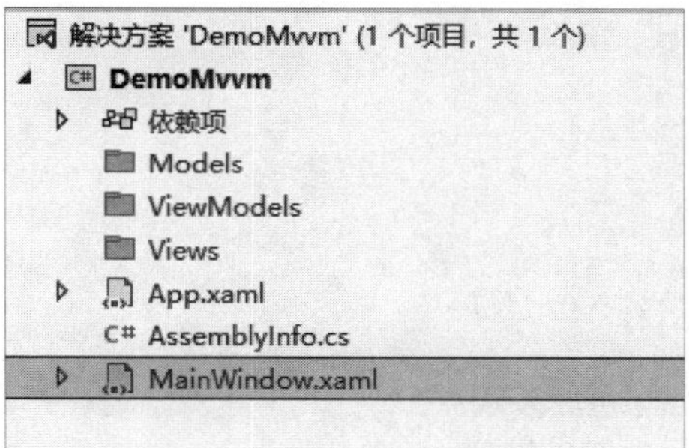

图 7-16　MVVM 框架基本结构

7.3.2 创建模型

本实例主要实现学生信息的增删改查，需要创建学生模型，代码如下所示。

```
public class Student
{
    /// <summary>
    /// 唯一标识
    /// </summary>
    public int Id { get; set; }

    /// <summary>
    /// 学生姓名
    /// </summary>
    public string Name { get; set; }

    /// <summary>
    /// 分数
    /// </summary>
    public int Score { get; set; }
```

```
        /// <summary>
        /// 班级
        /// </summary>
        public string Classes { get; set; }
    }
```

7.3.3 创建 DAL 层

学生信息一般存储在数据库中。本实例为了简化，使用本地内存列表代替数据库，创建 DAL（Data Access Layer，数据访问层）进行数据管理，代码如下所示。

```
    public class LocalDb
    {
        private List<Student> students;

        public LocalDb()
        {
            init();
        }

        /// <summary>
        /// 初始化数据
        /// </summary>
        private void init()
        {
            students = new List<Student>();
            for (int i = 0; i < 30; i++)
            {
                students.Add(new Student()
                {
                    Id = i,
                    Name = string.Format("学生{0}", i),
                    Score = new Random(i).Next(0, 100),
                    Classes = i % 2 == 0 ? "一班" : "二班"
                });
            }
        }

        /// <summary>
        /// 查询数据
        /// </summary>
        /// <returns></returns>
        public List<Student> Query()
        {
            return students;
        }

        /// <summary>
        /// 按名字查询
        /// </summary>
        /// <param name="name"></param>
```

```
        /// <returns></returns>
        public List<Student> QueryByName(string name)
        {
            return students.Where((t) => t.Name.Contains(name)).ToList();//
FindAll((t) => t.Name.Contains(name));
        }

        public Student QueryById(int Id)
        {
            var student = students.FirstOrDefault((t) => t.Id == Id);
            if (student != null)
            {
                return new Student()
                {
                    Id = student.Id,
                    Name = student.Name,
                    Score = student.Score,
                    Classes = student.Classes
                };
            }
            return null;
        }


        /// <summary>
        /// 新增学生
        /// </summary>
        /// <param name="student"></param>
        public void AddStudent(Student student)
        {
            if (student != null)
            {
                students.Add(student);
            }
        }

        /// <summary>
        /// 删除学生
        /// </summary>
        /// <param name="Id"></param>
        public void DelStudent(int Id)
        {
            var student = students.FirstOrDefault((t) => t.Id == Id); //students.
Find((t) => t.Id == Id);
            if (student != null)
            {
                students.Remove(student);
            }

        }
    }
```

上述代码主要是为了构建基础数据。

7.3.4 创建视图

View 层用于与用户进行交互、用户数据的展示，及事件的响应。在本例中，View 层主要有数据查询、新增及编辑页面。

在 View 层，主要是命令的绑定，及数据的绑定。

① 在 DataGridTextColumn 中通过 Binding=”{Binding Id}”的形式绑定要展示的列属性名。

② 在 Button 按钮上通过 Command=”{Binding AddCommand}”的形式绑定要响应的命令。

③ 在 TextBox 文本框中通过 Text=”{Binding Search}”的形式绑定查询条件属性。

数据展示窗口代码如下所示。

```
<Window x:Class="DemoMvvm.MainWindow"
        xmlns="http://schemas.microsoft.com/winfx/2006/xaml/presentation"
        xmlns:x="http://schemas.microsoft.com/winfx/2006/xaml"
        xmlns:d="http://schemas.microsoft.com/expression/blend/2008"
        xmlns:mc="http://schemas.openxmlformats.org/markup-compatibility/2006"
        xmlns:local="clr-namespace:DemoMvvm"
        mc:Ignorable="d"
        Title="DemoMvvm" Height="450" Width="800">
    <Grid>
        <Grid.RowDefinitions>
            <RowDefinition Height="80"></RowDefinition>
            <RowDefinition Height="*"></RowDefinition>
        </Grid.RowDefinitions>
        <StackPanel Orientation="Horizontal" Grid.Row="0" Margin="5" VerticalAlignm
ent="Center">
            <TextBlock Text="姓名：" Margin="10" Padding="5"></TextBlock>
            <TextBox x:Name="sname" Text="{Binding Search}" Width="120" Margin="10
" Padding="5"></TextBox>
            <Button x:Name="btnQuery" Content="查询" Margin="10" Padding="5" Width=
"80" Command="{Binding QueryCommand}"></Button>
            <Button x:Name="btnReset" Content="重置" Margin="10" Padding="5" Width=
"80" Command="{Binding ResetCommand}"></Button>
            <Button x:Name="btnAdd" Content="创建" Margin="10" Padding="5" Width=
"80"  Command="{Binding AddCommand}"></Button>
        </StackPanel>
        <DataGrid x:Name="dgInfo" Grid.Row="1" AutoGenerateColumns="False"
CanUserAddRows="False" CanUserSortColumns="False" Margin="10" ItemsSource=
"{Binding GridModelList}">
            <DataGrid.Columns>
                <DataGridTextColumn Header="Id" Width="100"  Binding="{Binding
Id}"></DataGridTextColumn>
                <DataGridTextColumn Header="姓名" Width="100" Binding="{Binding
Name}"></DataGridTextColumn>
                <DataGridTextColumn Header="分数" Width="100" Binding="{Binding
Score}"></DataGridTextColumn>
                <DataGridTextColumn Header="班级" Width="100" Binding="{Binding
Classes}"></DataGridTextColumn>
                <DataGridTemplateColumn Header="操作" Width="*">
```

```
                    <DataGridTemplateColumn.CellTemplate>
                        <DataTemplate>
                            <StackPanel Orientation="Horizontal" VerticalAlignment=
"Center" HorizontalAlignment="Center">
                                <Button x:Name="edit" Content="编辑" Width="60"
Margin="3" Height="25" CommandParameter="{Binding Id}" Command="{Binding
DataContext.EditCommand, RelativeSource={RelativeSource Mode=FindAncestor,
AncestorType=DataGrid}}" IsEnabled="True"></Button>
                                <Button x:Name="delete" Content="删除" Width="60"
Margin="3" Height="25"  CommandParameter="{Binding Id}" Command="{Binding
DataContext.DeleteCommand, RelativeSource={RelativeSource Mode=FindAncestor,
AncestorType=DataGrid}}" IsEnabled="True"></Button>
                            </StackPanel>
                        </DataTemplate>
                    </DataGridTemplateColumn.CellTemplate>
                </DataGridTemplateColumn>
            </DataGrid.Columns>
        </DataGrid>
    </Grid>
</Window>
```

新增及编辑页面代码如下所示。

```
<Window x:Class="DemoMvvm.Views.StudentWindow"
        xmlns="http://schemas.microsoft.com/winfx/2006/xaml/presentation"
        xmlns:x="http://schemas.microsoft.com/winfx/2006/xaml"
        xmlns:d="http://schemas.microsoft.com/expression/blend/2008"
        xmlns:mc="http://schemas.openxmlformats.org/markup-compatibility/2006"
        xmlns:local="clr-namespace:DemoMvvm.Views"
        mc:Ignorable="d"
        Title="StudentWindow" Height="450" Width="800" AllowsTransparency="False"
WindowStartupLocation="CenterScreen" WindowStyle="None">
    <Grid>
        <Grid.RowDefinitions>
            <RowDefinition Height="60"></RowDefinition>
            <RowDefinition></RowDefinition>
            <RowDefinition Height="60"></RowDefinition>
        </Grid.RowDefinitions>
        <TextBlock FontSize="30" Margin="10">修改学生信息</TextBlock>
        <StackPanel Grid.Row="1" Orientation="Vertical">
            <TextBlock FontSize="20" Margin="10" Padding="5">姓名</TextBlock>
            <TextBox x:Name="txtName" FontSize="20"  Padding="5" Text="{Binding
Model.Name}"></TextBox>
            <TextBlock FontSize="20" Margin="10"  Padding="5">分数</TextBlock>
            <TextBox x:Name="txtAge" FontSize="20"  Padding="5" Text="{Binding
Model.Score}"></TextBox>
            <TextBlock FontSize="20" Margin="10"  Padding="5">班级</TextBlock>
            <TextBox x:Name="txtClasses" FontSize="20"  Padding="5" Text="{Binding
Model.Classes}"></TextBox>
        </StackPanel>
        <StackPanel Grid.Row="2" Orientation="Horizontal" HorizontalAlignment=
"Right">
            <Button x:Name="btnSave" Content="保存" Margin="10" FontSize="20"
Width="100" Click="btnSave_Click" ></Button>
```

```
            <Button x:Name="btnCancel" Content="取消" Margin="10" FontSize="20"
Width="100" Click="btnCancel_Click" ></Button>
        </StackPanel>
    </Grid>
</Window>
```

7.3.5 创建 ViewModel

ViewModel 层是 MVVM 的核心所在，起到承上启下的作用。ViewModel 需要继承可观测对象（ObservableObject）。ViewModel 中属性实现数据的绑定，命令实现用户交互的响应。代码如下所示。

```
internal class MainWindowViewModel : ObservableObject
{

    #region 属性及构造函数

    private LocalDb localDb;

    private ObservableCollection<Student> gridModelList;

    public ObservableCollection<Student> GridModelList
    {
        get { return gridModelList; }
        set
        {
            SetProperty(ref gridModelList, value);
        }
    }

    /// <summary>
    /// 查询条件
    /// </summary>
    private string search;

    public string Search
    {
        get { return search; }
        set
        {
            SetProperty(ref search, value);
        }
    }


    /// <summary>
    ///
    /// </summary>
    public MainWindowViewModel()
    {
        localDb = new LocalDb();
```

```
        QueryCommand = new RelayCommand(this.Query);
        ResetCommand = new RelayCommand(this.Reset);
        EditCommand = new RelayCommand<int>(this.Edit);
        DeleteCommand = new RelayCommand<int>(this.Delete);
        AddCommand = new RelayCommand(this.Add);
    }

    #endregion

    #region command

    /// <summary>
    /// 查询命令
    /// </summary>
    public RelayCommand QueryCommand { get; set; }

    /// <summary>
    /// 重置命令
    /// </summary>
    public RelayCommand ResetCommand { get; set; }

    /// <summary>
    /// 编辑
    /// </summary>
    public RelayCommand<int> EditCommand { get; set; }

    /// <summary>
    /// 删除
    /// </summary>
    public RelayCommand<int> DeleteCommand { get; set; }

    /// <summary>
    /// 新增
    /// </summary>
    public RelayCommand AddCommand { get; set; }

    #endregion

    public void Query()
    {
        List<Student> students;
        if (string.IsNullOrEmpty(search))
        {
            students = localDb.Query();
        }
        else
        {
            students = localDb.QueryByName(search);
        }

        GridModelList = new ObservableCollection<Student>();
        if (students != null)
        {
            students.ForEach((t) =>
```

```
            {
                GridModelList.Add(t);
            });
        }
    }

    /// <summary>
    /// 重置
    /// </summary>
    public void Reset()
    {
        this.Search = string.Empty;
        this.Query();
    }

    /// <summary>
    /// 编辑
    /// </summary>
    /// <param name="Id"></param>
    public void Edit(int Id)
    {
        var model = localDb.QueryById(Id);
        if (model != null)
        {
            StudentWindow view = new StudentWindow(model);
            var r = view.ShowDialog();
            if (r.Value)
            {
                var newModel = GridModelList.FirstOrDefault(t => t.Id == model.Id);
                if (newModel != null)
                {
                    newModel.Name = model.Name;
                    newModel.Score = model.Score;
                    newModel.Classes = model.Classes;
                }
                this.Query();
            }
        }
    }

    /// <summary>
    /// 删除
    /// </summary>
    /// <param name="Id"></param>
    public void Delete(int Id)
    {
        var model = localDb.QueryById(Id);
        if (model != null)
        {
            var r = MessageBox.Show($"确定要删除吗【{model.Name}】？", "提示",
MessageBoxButton.YesNo);
            if (r == MessageBoxResult.Yes)
            {
                localDb.DelStudent(Id);
```

```
                this.Query();
            }
        }
    }

    /// <summary>
    /// 新增
    /// </summary>
    public void Add()
    {
        Student model = new Student();
        StudentWindow view = new StudentWindow(model);
        var r = view.ShowDialog();
        if (r.Value)
        {
            model.Id = GridModelList.Max(t => t.Id) + 1;
            localDb.AddStudent(model);
            this.Query();
        }
    }
}
```

7.3.6　创建数据上下文

当各个层分别创建好后，如何关联起来呢？答案就是 DataContext（数据上下文）。查询页面上下文，代码如下所示。

```
public partial class MainWindow : Window
{
    public MainWindow()
    {
        InitializeComponent();
        InitializeComponent();
        MainWindowViewModel viewModel = new MainWindowViewModel();
        viewModel.Query();
        this.DataContext = viewModel;
    }
}
```

新增页面上下文，代码如下所示。

```
public partial class StudentWindow : Window
{
    public StudentWindow(Student student)
    {
        InitializeComponent();
        this.DataContext = new
        {
            Model = student
        };
    }
```

```
        private void btnSave_Click(object sender, RoutedEventArgs e)
        {
            this.DialogResult = true;
        }

        private void btnCancel_Click(object sender, RoutedEventArgs e)
        {
            this.DialogResult = false;
        }
    }
```

7.3.7 功能演示

本实例主要通过 MVVM 实现数据的 CRUD（增删改查）基础操作，如图 7-17 所示。

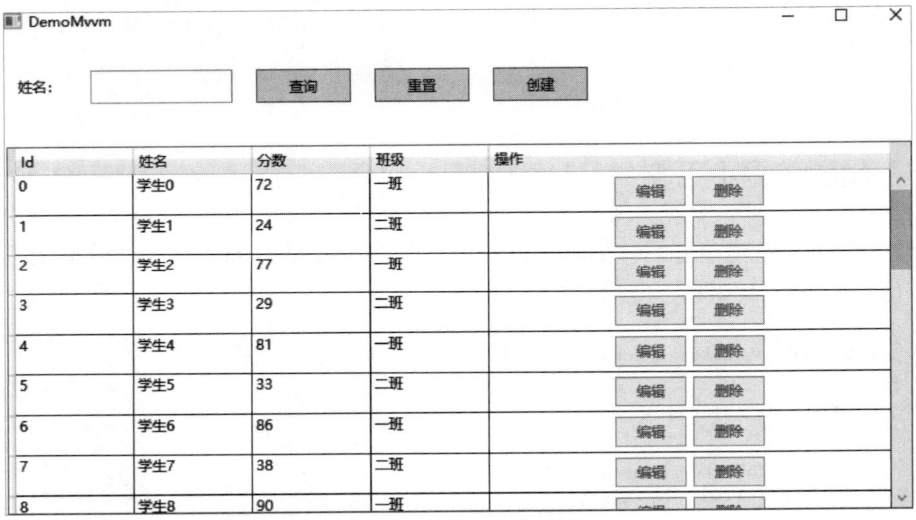

图 7-17　增删改查示例

通过以上实例可以发现：MVVM 具有低耦合、可重用、可测试、独立开发的优点。核心要素就两个：

- 属性发生变化时的通知，即可实现数据的实时更新。
- 命令是实现用户与程序之间数据和算法交互的桥梁。

Chapter 8

第 8 章

综合实战

本章主要用两个综合实例，进一步说明 WPF 开发的整体内容，进而帮助读者融会贯通。

8.1 WPF 开发抽奖软件实例

本实例主要内容是开发“一款基于 WPF+Sqlite 版的抽奖软件”，包括客户端和管理端，主要涉及知识点如下所示。

- 开发工具：Visual Studio 2022；
- 开发框架：.NET6.0 + WPF ；
- MVVM 框架：CommunityToolkit.Mvvm 8.2.2；
- 数据库：Sqlite ；
- ORM 框架：SqlSugarCore 5.1.4.154；
- 数据库客户端：SQLiteStudio 3.4.4。

8.1.1 功能设计

抽奖软件主要包括客户端和管理端，主要功能如下：

• 客户端，主要用于抽奖，包括首页、抽奖页面（点击 Enter 键开始和停止抽奖，点击 Next 键切换奖项）、结束语页面。

• 管理端，主要用于管理数据信息，包括用户管理、礼品管理、奖品管理、中奖管理等功能，主要内容是对各个数据表的增删改查。

8.1.2 数据表设计

根据抽奖软件的功能进行拆解，主要包括：Gift（礼品表），Lucky（奖品表），User（抽奖用户表），Winner（中奖表）。各个表详细创建语句如下所示。

① Gift（礼品表），主要包括礼品名称、图片路径等。创建语句如下所示。

```
CREATE TABLE gift (
    Id       INTEGER       PRIMARY KEY AUTOINCREMENT,
    Name     VARCHAR (255),
    ImageUrl VARCHAR (255)
);
```

② Lucky（奖品表），主要包括奖品名称、数量，对应礼品 ID，奖品等级（如：一等奖，二等奖），奖品类型，奖品排序（抽奖顺序）。创建语句如下所示。

```
CREATE TABLE lucky (
    Id          INTEGER       PRIMARY KEY AUTOINCREMENT,
```

```
    Name        VARCHAR (50),
    Count       INTEGER,
    GiftId      INTEGER,
    Level       INTEGER,
    LuckyType   VARCHAR (50),
    LuckyOrder  INTEGER
);
```

③ User（抽奖用户表），主要用于存储参与抽奖的用户信息，包含 ID 和用户的名称两列。创建语句如下所示。

```
CREATE TABLE user (
    Id   INTEGER      PRIMARY KEY AUTOINCREMENT,
    Name VARCHAR (50)
);
```

④ Winner（中奖表），主要包括中奖用户 ID、奖品 ID、中奖时间等。创建语句如下所示。

```
CREATE TABLE winner (
    Id          INTEGER  PRIMARY KEY AUTOINCREMENT,
    userid      INTEGER,
    luckyid     INTEGER,
    winnertime DATETIME
);
```

8.1.3 核心代码

本实例项目虽然比较小，但作为一个完整的项目，为了层次清晰及便于维护，采用 MVVM 开发模式，UI 和业务逻辑分层处理，并单独封装 DAL 层。

8.1.3.1 抽奖页面代码

整个项目最核心的就是抽奖页面，UI 层代码如下所示。

```
<UserControl x:Class="EasyLucky.Views.Lucky"
             xmlns="http://schemas.microsoft.com/winfx/2006/xaml/presentation"
             xmlns:x="http://schemas.microsoft.com/winfx/2006/xaml"
             xmlns:mc="http://schemas.openxmlformats.org/markup-compatibility/2006"
             xmlns:d="http://schemas.microsoft.com/expression/blend/2008"
             xmlns:i="http://schemas.microsoft.com/xaml/behaviors"
             xmlns:local="clr-namespace:EasyLucky.Views"
             mc:Ignorable="d"
             d:DesignHeight="450" d:DesignWidth="1000">
    <i:Interaction.Triggers>
        <i:EventTrigger EventName="Loaded">
            <i:InvokeCommandAction Command="{Binding LoadedCommand}"
PassEventArgsToCommand="True" ></i:InvokeCommandAction>
        </i:EventTrigger>
    </i:Interaction.Triggers>
    <Grid>
```

```
        <i:Interaction.Triggers>
            <i:EventTrigger EventName="MouseDown">
                <i:InvokeCommandAction Command="{Binding MouseDownCommand}"
PassEventArgsToCommand="True" ></i:InvokeCommandAction>
            </i:EventTrigger>
        </i:Interaction.Triggers>
        <Grid.ColumnDefinitions>
            <ColumnDefinition></ColumnDefinition>
            <ColumnDefinition></ColumnDefinition>
        </Grid.ColumnDefinitions>
        <Grid.RowDefinitions>
            <RowDefinition Height="Auto"></RowDefinition>
            <RowDefinition Height="*"></RowDefinition>
            <RowDefinition Height="Auto"></RowDefinition>
        </Grid.RowDefinitions>
        <Border Grid.ColumnSpan="2" Grid.RowSpan="3">
            <Image Source="/imgs/BG_12.jpg"  Stretch="Fill"></Image>
        </Border>
        <StackPanel Orientation="Horizontal" VerticalAlignment="Top" Margin=
"0 40 0 0" Grid.Column="0" Grid.ColumnSpan="2" HorizontalAlignment="Center">
            <TextBlock Text="正在抽取的是 " FontSize="40" Foreground="White"
VerticalAlignment="Center"></TextBlock>
            <TextBlock Text="{Binding DataM.CurLucky.Lucky.Level}" FontSize="60"
Foreground="Gold" FontWeight="DemiBold"></TextBlock>
            <TextBlock Text=" 等奖，共 " FontSize="40" Foreground="White"
VerticalAlignment="Center"></TextBlock>
            <TextBlock Text="{Binding DataM.CurLucky.Lucky.Count}" FontSize="60"
Foreground="Gold" FontWeight="DemiBold"></TextBlock>
            <TextBlock Text=" 名" FontSize="40" Foreground="White"
VerticalAlignment="Center"></TextBlock>
        </StackPanel>
        <ItemsControl Grid.Row="1" Grid.Column="0" ItemsSource="{Binding DataM.
CurUsers}" Grid.ColumnSpan="2" HorizontalAlignment="Center" VerticalAlignment=
"Center" VerticalContentAlignment="Center">
            <ItemsControl.ItemsPanel>
                <ItemsPanelTemplate>
                    <UniformGrid Columns="{Binding RelativeSource={RelativeSource
Mode=FindAncestor, AncestorType={x:Type UserControl}}, Path=DataContext.DataM.
Column}" Rows="{Binding RelativeSource={RelativeSource Mode=FindAncestor,
AncestorType={x:Type UserControl}},Path=DataContext.DataM.Row}" >
                    </UniformGrid>
                </ItemsPanelTemplate>
            </ItemsControl.ItemsPanel>
            <ItemsControl.ItemTemplate>
                <DataTemplate>
                    <TextBlock Text="{Binding Name}" HorizontalAlignment="Center"
VerticalAlignment="Center" FontSize="40" FontWeight="DemiBold" Foreground="White"
Margin="30"></TextBlock>
                </DataTemplate>
            </ItemsControl.ItemTemplate>
        </ItemsControl>

        <StackPanel Margin="100 0 0 10" Grid.Row="2" Grid.Column="0" Grid.
ColumnSpan="2" Orientation="Horizontal" HorizontalAlignment="Center">
```

```
            <Grid>
                <Grid.ColumnDefinitions>
                    <ColumnDefinition></ColumnDefinition>
                    <ColumnDefinition></ColumnDefinition>
                </Grid.ColumnDefinitions>
                <Grid.RowDefinitions>
                    <RowDefinition></RowDefinition>
                    <RowDefinition></RowDefinition>
                </Grid.RowDefinitions>
                <StackPanel Orientation="Horizontal" Grid.Row="0" Grid.Column="0">
                    <TextBlock Text="{Binding DataM.CurLucky.Lucky.Level}" Font
Size="40" Foreground="Gold" FontWeight="DemiBold" VerticalAlignment="Center"></
TextBlock>
                    <TextBlock Text=" 等奖奖品" FontSize="40" Foreground="White"
VerticalAlignment="Center"></TextBlock>
                </StackPanel>
                <TextBlock Text="{Binding DataM.CurLucky.Gift.
Name}" FontSize="40" Grid.Row="1" Grid.Column="0" Foreground="Gold" FontWeight=
"DemiBold" VerticalAlignment="Center" HorizontalAlignment="Center"></TextBlock>
                <Image Margin="20 0 0 0" Source="{Binding DataM.CurLucky.Gift.
ImageSource}" Stretch="Fill" Grid.Row="0" Grid.Column="1" Grid.RowSpan="2" Width=
"200" Height="150"></Image>
            </Grid>
        </StackPanel>
        <TextBlock x:Name="btn" Grid.Column="1" Grid.Row="2" Background=
"Transparent" Width="10" Height="10" Focusable="True" HorizontalAlignment="Right"
VerticalAlignment="Bottom">
            <i:Interaction.Triggers>
                <i:EventTrigger EventName="KeyDown">
                    <i:InvokeCommandAction Command="{Binding KeyDownCommand}"
PassEventArgsToCommand="True"></i:InvokeCommandAction>
                </i:EventTrigger>
            </i:Interaction.Triggers>
        </TextBlock>
    </Grid>
</UserControl>
```

8.1.3.2　业务逻辑代码

业务逻辑代码在 ViewModel 中，由于篇幅有限，本节主要列出核心功能代码。

开始抽奖，通过 Enter 键触发，代码如下所示。

```
private void Start()
{
    cts = new CancellationTokenSource();
    token = cts.Token;
    task = Task.Run(() =>
    {
        var luckyCount = this.DataM.CurLucky.Lucky.Count;
        var userCount = this.DataM.Users.Count;
        var random = new Random(DateTime.Now.Second);
        var rnd = random.Next(0,userCount);
        int index = rnd;
```

```
        if(index+luckyCount > userCount)
        {
            index = userCount - luckyCount;
        }

        while (!token.IsCancellationRequested)
        {
            var users=new List<User>();
            if(index+luckyCount > userCount)
            {
                //读到最后再循环读取
                for(int i = index; i < userCount; i++)
                {
                    users.Add(this.DataM.Users[i]);
                }
                for(int i = 0; i < luckyCount - (userCount - index); i++)
                {
                    users.Add(this.DataM.Users[i]);
                }
                index = luckyCount - (userCount - index);
            }
            else
            {
                //顺序读取
                for (int i = index; i < index+luckyCount; i++)
                {
                    users.Add(this.DataM.Users[i]);
                }
                index=index+luckyCount;
            }
            Application.Current.Dispatcher.Invoke(new Action(() =>
            {
                this.DataM.CurUsers = new ObservableCollection<User>(users);
            }));
            Thread.Sleep(100);
        }
    },token);
    this.DataM.State = 1;
}
```

停止抽奖，并保存中奖结果：

```
private void Stop()
{
    cts.Cancel();
    //获取当前获奖名单
    var users = this.DataM.CurUsers.ToList();
    var lucky = this.DataM.CurLucky.Lucky;
    if (winnerDal == null)
    {
        winnerDal = new WinnerDal();
    }
    foreach(var user in users)
    {
```

```
            var entity = new WinnerEntity()
            {
                UserId = user.Id,
                LuckyId = lucky.Id,
                WinnerTime = DateTime.Now,
            };
            int id= this.winnerDal.AddWinner(entity);
            if(id <1)
            {
                MessageBox.Show("添加失败");
                break;
            }
        }
        //
        for(int i=0; i<users.Count; i++)
        {
            var user = users[i];
            this.DataM.Users.Remove(user);//从列表中移除中奖名单
        }
        this.DataM.State=0;
    }
```

按照奖项顺序选择下一个奖项，通过 Next 键触发，代码如下所示。

```
    private void Next()
    {
        int order = this.DataM.CurLucky.Lucky.LuckyOrder;
        var next = this.DataM.Luckys.FirstOrDefault(item => item.LuckyOrder > order);
        if (next != null)
        {
            this.DataM.CurLucky.Lucky = next;
            var giftId = this.DataM.CurLucky.Lucky.GiftId;
            this.DataM.CurLucky.Gift = this.DataM.Gifts.FirstOrDefault(item => item.
    Id == giftId);
            if (next.Count > 4)
            {
                this.DataM.Row = 2;
                this.DataM.Column = (int)Math.Ceiling(next.Count * 1.0d / 2);
            }
            this.DataM.State = 0;
            this.DataM.CurUsers.Clear();
        }
        else
        {
            WeakReferenceMessenger.Default.Send(new StateChangedMessage(2));
        }
    }
```

8.1.4　功能演示

抽奖软件实例演示如下。

客户端主要包括首页、抽奖页面、结束语页面，如图 8-1 ～图 8-3 所示。

图 8-1　抽奖首页

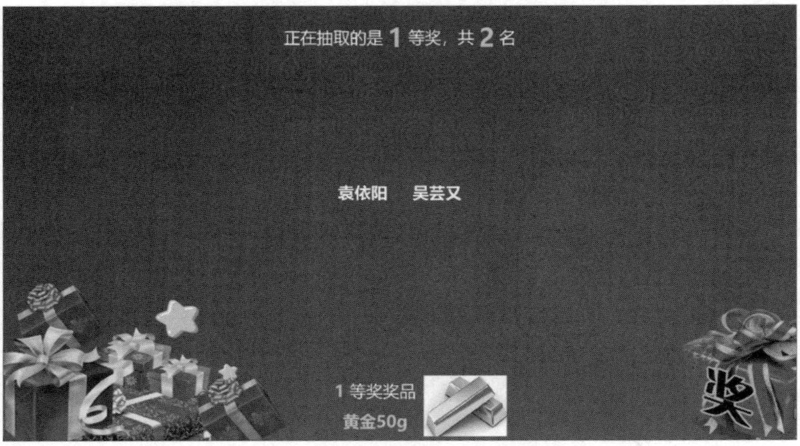

图 8-2　抽奖页面

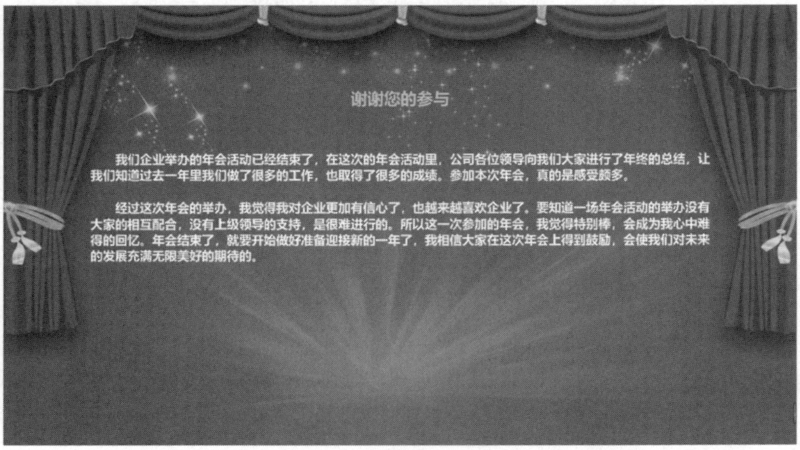

图 8-3　抽奖结束语页面

管理端主要内容是对数据的管理，包括礼品管理、用户管理、奖项管理、中奖管理，属于常规的数据管理页面，如图 8-4 所示。

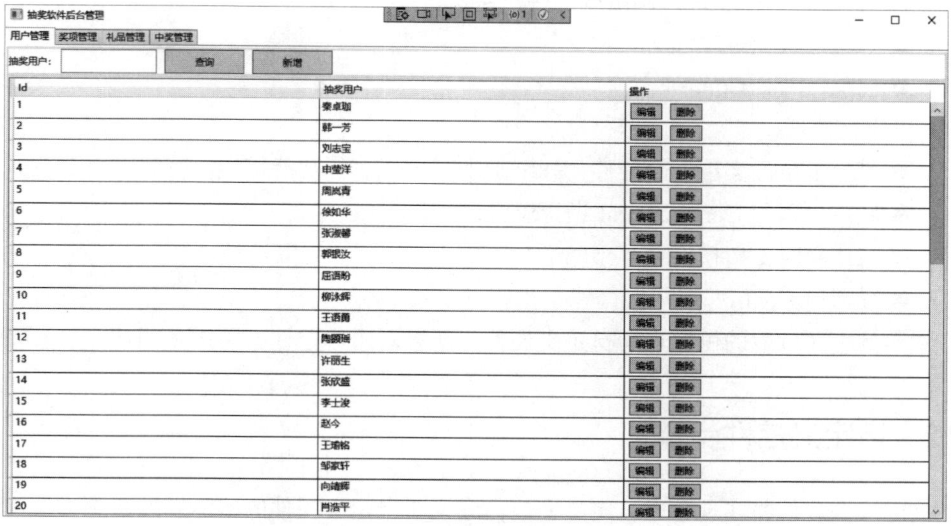

图 8-4　抽奖后台管理页面

8.2 WPF 自定义控件实例

在 WPF 开发中，默认控件的样式常常无法满足实际的应用需求，我们通常都会采用引入第三方控件库的方式来美化 UI，使得应用软件的设计风格更加统一。常用的 WPF 的 UI 控件库主要有以下几种，如：Modern UI for WPF，MaterialDesignInXamlToolkit，PanuonUI，Newbeecoder.UI，WPF UI，AduSkin，Panuon.UI.Silver，HandyControl，MahApps.Metro，Kino.Toolkit.Wpf，Xceed Extended WPF Toolkit™，Kino.Toolkit.Wpf，PP.Wpf，Adonis-ui，CC.WPFTools，CookPopularControl，PropertyTools，RRQMSkin，Layui-WPF，Arthas-WPFUI，fruit-vent-design，Fluent.Ribbon，DMSkin WPF，EASkins_WPF，Rubyer-WPF，WPFDevelopers.Minimal，WPFDevelopers，DevExpress WPF UI Library，ReactiveUI，Telerik UI for WPF，等等。这些 WPF 第三方 UI 控件库，各有特色，在实际工作中，软件经过统一的 UI 设计以后和具体的业务紧密相连，往往很难与这些通用的 UI 框架百分之百地契合，这时候，就需要我们自己去实现自定义控件（Custom Control）来解决。

8.2.1　自定义控件简介

自定义控件，通过继承现有控件（如：Button，Window 等），或者继承 Control 基类两种方式进行扩展，和用户控件（UserControl）不太相同，具体差异如下所示。

- 用户控件：
  - ■ 注重复合控件的使用，也就是多个现有控件组成一个可复用的控件组；
  - ■ 由 XAML 和后台代码组成，绑定紧密；
  - ■ 不支持模板重写；
  - ■ 继承自 UserControl。
- 自定义控件：
  - ■ 完全由自己实现一个控件，如继承现有控件进行功能扩展，并添加新功能；
  - ■ 后台代码和 Generic.xaml 进行组合；
  - ■ 在使用时支持模板重写；
  - ■ 继承自 Control。

本实例中所讲解的侧重点为自定义控件，所以对用户控件不再过多阐述。

8.2.2 自定义控件步骤

接下来，我们将实现一个自定义窗口，来说明自定义控件的实际开发步骤。

8.2.2.1 创建控件库

首先，创建一个 WPF 类库项目“SmallSixUI.Templates”作为控件库，后续所有自定义控件都可以在此项目中开发。并创建 Controls、Styles、Themes、Utils 等文件夹，分别存放控件类、样式、主题、帮助类等内容，作为控件库的基础结构，如图 8-5 所示。

图 8-5　自定义控件目录结构

8.2.2.2 创建自定义控件

在 Controls 目录中，创建自定义窗口 AiWindow，继承自 Window 类，即此类具有窗口的一切功能，并具有扩展出来的自定义功能。在此自定义窗口中，我们可以自定义窗口标题的字体颜色（HeaderForeground）、背景色（HeaderBackground）、是否显示标题（IsShowHeader）、标题高度（HeaderHeight）、窗口动画类型（Type）等内容，具体代码如下所示。

```
using System;
using System.Collections.Generic;
using System.ComponentModel;
using System.Linq;
```

```
using System.Text;
using System.Threading.Tasks;
using System.Windows.Automation.Text;
using System.Windows;
using SmallSixUI.Templates.Utils;
using System.Windows.Controls;
using System.Windows.Media;
using System.Windows.Shell;

namespace SmallSixUI.Templates.Controls
{
    [TemplatePart(Name = "PART_CloseWindowButton", Type = typeof(Button))]
    [TemplatePart(Name = "PART_MaxWindowButton", Type = typeof(Button))]
    [TemplatePart(Name = "PART_MinWindowButton", Type = typeof(Button))]
    public class AiWindow : Window
    {
        /// <summary>
        /// 关闭窗体
        /// </summary>
        private Button PART_CloseWindowButton = null;
        /// <summary>
        /// 窗体缩放
        /// </summary>
        private Button PART_MaxWindowButton = null;
        /// <summary>
        /// 最小化窗体
        /// </summary>
        private Button PART_MinWindowButton = null;

        /// <summary>
        /// 设置重写默认样式
        /// </summary>
        static AiWindow()
        {
            StyleProperty.OverrideMetadata(typeof(AiWindow), new FrameworkProperty
Metadata(AiResourceHelper.GetStyle(nameof(AiWindow) + "Style")));
        }


        /// <summary>
        /// 顶部内容
        /// </summary>
        [Bindable(true)]
        public object HeaderContent
        {
            get { return (object)GetValue(HeaderContentProperty); }
            set { SetValue(HeaderContentProperty, value); }
        }

        // Using a DependencyProperty as the backing store for HeaderContent.  This
enables animation, styling, binding, etc...
        public static readonly DependencyProperty HeaderContentProperty =
            DependencyProperty.Register("HeaderContent", typeof(object), typeof
(AiWindow));
```

```
        /// <summary>
        /// 头部标题栏文字颜色
        /// </summary>
        [Bindable(true)]
        public Brush HeaderForeground
        {
            get { return (Brush)GetValue(HeaderForegroundProperty); }
            set { SetValue(HeaderForegroundProperty, value); }
        }

        // Using a DependencyProperty as the backing store for HeaderForeground.
This enables animation, styling, binding, etc...
        public static readonly DependencyProperty HeaderForegroundProperty =
            DependencyProperty.Register("HeaderForeground", typeof(Brush), typeof
(AiWindow), new PropertyMetadata(Brushes.White));


        /// <summary>
        /// 头部标题栏背景色
        /// </summary>
        [Bindable(true)]
        public Brush HeaderBackground
        {
            get { return (Brush)GetValue(HeaderBackgroundProperty); }
            set { SetValue(HeaderBackgroundProperty, value); }
        }

        // Using a DependencyProperty as the backing store for MyProperty.  This
enables animation, styling, binding, etc...
        public static readonly DependencyProperty HeaderBackgroundProperty =
            DependencyProperty.Register("HeaderBackground", typeof(Brush), typeof
(AiWindow));
        /// <summary>
        /// 是否显示头部标题栏
        /// </summary>
        [Bindable(true)]
        public bool IsShowHeader
        {
            get { return (bool)GetValue(IsShowHeaderProperty); }
            set { SetValue(IsShowHeaderProperty, value); }
        }

        // Using a DependencyProperty as the backing store for IsShowHeader.  This
enables animation, styling, binding, etc...
        public static readonly DependencyProperty IsShowHeaderProperty =
            DependencyProperty.Register("IsShowHeader", typeof(bool), typeof
(AiWindow), new PropertyMetadata(false));

        /// <summary>
        /// 动画类型
        /// </summary>
        [Bindable(true)]
```

```
        public AnimationType Type
        {
            get { return (AnimationType)GetValue(TypeProperty); }
            set { SetValue(TypeProperty, value); }
        }

        // Using a DependencyProperty as the backing store for Type.  This enables
animation, styling, binding, etc...
        public static readonly DependencyProperty TypeProperty =
            DependencyProperty.Register("Type", typeof(AnimationType), typeof
(AiWindow), new PropertyMetadata(AnimationType.Default));



        /// <summary>
        /// 头部高度
        /// </summary>
        public int HeaderHeight
        {
            get { return (int)GetValue(HeaderHeightProperty); }
            set { SetValue(HeaderHeightProperty, value); }
        }

        // Using a DependencyProperty as the backing store for HeaderHeight.  This
enables animation, styling, binding, etc...
        public static readonly DependencyProperty HeaderHeightProperty =
            DependencyProperty.Register("HeaderHeight", typeof(int), typeof
(AiWindow), new PropertyMetadata(50));


        public override void OnApplyTemplate()
        {
            base.OnApplyTemplate();
            PART_CloseWindowButton = GetTemplateChild("PART_CloseWindowButton")
 as Button;
            PART_MaxWindowButton = GetTemplateChild("PART_MaxWindowButton")
 as Button;
            PART_MinWindowButton = GetTemplateChild("PART_MinWindowButton")
 as Button;
            if (PART_MaxWindowButton != null && PART_MinWindowButton !
= null && PART_CloseWindowButton != null)
            {
                PART_MaxWindowButton.Click -= PART_MaxWindowButton_Click;
                PART_MinWindowButton.Click -= PART_MinWindowButton_Click;
                PART_CloseWindowButton.Click -= PART_CloseWindowButton_Click;
                PART_MaxWindowButton.Click += PART_MaxWindowButton_Click;
                PART_MinWindowButton.Click += PART_MinWindowButton_Click;
                PART_CloseWindowButton.Click += PART_CloseWindowButton_Click;
            }
        }

        private void PART_CloseWindowButton_Click(object sender, RoutedEventArgs e)
        {
            Close();
```

```
        }

        private void PART_MinWindowButton_Click(object sender, RoutedEventArgs e)
        {
            WindowState = WindowState.Minimized;
        }

        private void PART_MaxWindowButton_Click(object sender, RoutedEventArgs e)
        {
            if (WindowState == WindowState.Normal)
            {
                WindowState = WindowState.Maximized;
            }
            else
            {
                WindowState = WindowState.Normal;
            }
        }

        protected override void OnSourceInitialized(EventArgs e)
        {
            base.OnSourceInitialized(e);
            if (SizeToContent == SizeToContent.WidthAndHeight && WindowChrome.
GetWindowChrome(this) != null)
            {
                InvalidateMeasure();
            }
        }
    }
}
```

8.2.2.3 创建自定义控件样式

在 Styles 文件夹中，创建样式资源文件“AiWindowStyle.xaml”，并将样式的 TargetType 指定为 Cotrols 中创建的自定义类 AiWindow。然后修改控件的 Template 属性，为其定义新的 ControlTemplate，从而改变控件的样式。代码如下所示。

```
<ResourceDictionary
    xmlns="http://schemas.microsoft.com/winfx/2006/xaml/presentation"
    xmlns:x="http://schemas.microsoft.com/winfx/2006/xaml"
    xmlns:Ai="clr-namespace:SmallSixUI.Templates.Controls">
    <WindowChrome
        x:Key="LayWindowChromeStyle"
        CaptionHeight="56"
        CornerRadius="0"
        GlassFrameThickness="1"
        NonClientFrameEdges="None"
        ResizeBorderThickness="4"
        UseAeroCaptionButtons="False" />
    <Style x:Key="AiWindowStyle" TargetType="Ai:AiWindow">
        <Setter Property="Background" Value="White" />
        <Setter Property="HeaderBackground" Value="#23262E" />
```

```
        <Setter Property="WindowChrome.WindowChrome">
            <Setter.Value>
                <WindowChrome
                    CaptionHeight="50"
                    CornerRadius="0"
                    GlassFrameThickness="1"
                    NonClientFrameEdges="None"
                    ResizeBorderThickness="4"
                    UseAeroCaptionButtons="False" />
            </Setter.Value>
        </Setter>
        <Setter Property="Template">
            <Setter.Value>
                <ControlTemplate TargetType="Ai:AiWindow">
                    <Border
                        Height="{TemplateBinding HeaderHeight}"
                        Background="{TemplateBinding Background}"
                        BorderBrush="{TemplateBinding BorderBrush}"
                        BorderThickness="{TemplateBinding BorderThickness}"
                        ClipToBounds="True">
                        <Border.Style>
                            <Style TargetType="Border">
                                <Style.Triggers>
                                    <DataTrigger Binding="{Binding RelativeSource=
{RelativeSource AncestorType=Ai:AiWindow}, Path=WindowState}" Value="Maximized">
                                        <Setter Property="Padding" Value="7" />
                                    </DataTrigger>
                                </Style.Triggers>
                            </Style>
                        </Border.Style>
                        <Ai:AiTransition Style="{DynamicResource LayTransitionStyle}"
Type="{TemplateBinding Type}">
                            <Grid>
                                <Grid.RowDefinitions>
                                    <RowDefinition Height="auto" />
                                    <RowDefinition />
                                </Grid.RowDefinitions>
                                <Grid
                                    x:Name="PART_Header"
                                    Background="{TemplateBinding HeaderBackground}">
                                    <Grid.ColumnDefinitions>
                                        <ColumnDefinition Width="auto" />
                                        <ColumnDefinition Width="auto" />
                                        <ColumnDefinition Width="*" />
                                        <ColumnDefinition Width="auto" />
                                    </Grid.ColumnDefinitions>
                                    <Image
                                        x:Name="Icon"
                                        Width="32"
                                        Height="32"
                                        Margin="5"
                                        Source="{TemplateBinding Icon}"
                                        Stretch="Fill" />
                                    <TextBlock
```

```
                                        x:Name="HeaderText"
                                        Grid.Column="1"
                                        Margin="5,0"
                                        FontSize="13"
                                        VerticalAlignment="Center"
                                        Foreground="{TemplateBinding
    HeaderForeground}"

                                        Text="{TemplateBinding Title}" />
                                    <ContentPresenter
                                        Grid.Column="2"
                                        ContentSource="HeaderContent"
                                        WindowChrome.IsHitTestVisibleInChrome=
    "true" />
                                    <StackPanel Grid.Column="3" Orientation=
    "Horizontal">
                                        <StackPanel.Resources>
                                            <ControlTemplate x:Key=
    "WindowButtonTemplate" TargetType="Button">
                                                <Grid x:Name="body" Background=
    "Transparent">
                                                    <Border
                                                        Margin="3"
                                                        Background="Transparent"
                                                        WindowChrome.
    IsHitTestVisibleInChrome="True" />
                                                    <ContentPresenter
    HorizontalAlignment="{TemplateBinding HorizontalContentAlignment}"
    VerticalAlignment="{TemplateBinding VerticalContentAlignment}" />
                                                </Grid>
                                                <ControlTemplate.Triggers>
                                                    <Trigger Property=
    "IsMouseOver" Value="True">
                                                        <Setter TargetName=
    "body" Property="Background">
                                                            <Setter.Value>
                                                                <SolidColorBrush
    Opacity="0.1" Color="Black" />
                                                            </Setter.Value>
                                                        </Setter>
                                                    </Trigger>
                                                </ControlTemplate.Triggers>
                                            </ControlTemplate>
                                        </StackPanel.Resources>
                                        <Button
                                            x:Name="PART_MinWindowButton"
                                            Width="{Binding RelativeSource=
    {RelativeSource Mode=Self}, Path=ActualHeight}"
                                            Cursor="Hand"
                                            Template="{DynamicResource
    WindowButtonTemplate}">
                                            <Path
                                                Width="15"
                                                Height="2"
                                                Data="M772.963422 533.491105l-
```

```
528.06716 0c-12.38297 0-22.514491-10.131521-22.514491-22.514491l0 0c0-12.38297 10.131521-22.514491 22.514491-22.514491l528.06716 0c12.38297 0 22.514491 10.131521 22.514491 22.514491l0 0C795.477913 523.359584 785.346392 533.491105 772.963422 533.491105z"
                                        Fill="{TemplateBinding HeaderForeground}"
                                        IsHitTestVisible="false"
                                        Stretch="Fill" />
                                </Button>
                                <Button
                                    x:Name="PART_MaxWindowButton"
                                    Width="{Binding RelativeSource={RelativeSource Mode=Self}, Path=ActualHeight}"
                                    Cursor="Hand"
                                    Template="{DynamicResource WindowButtonTemplate}">
                                    <Path
                                        x:Name="winCnangePath"
                                        Width="15"
                                        Height="15"
                                        Data="M10.62,72a9.92,9.92,0,0,1-4-.86A11.15,11.15,0,0,1,.86,65.43,9.92,9.92,0,0,1,0,61.38V25A9.86,9.86,0,0,1,.86,21,11.32,11.32,0,0,1,3.18,17.6a11,11,0,0,1,3.38-2.32,9.68,9.68,0,0,1,4.06-.87H47a9.84,9.84,0,0,1,4.08.87A11,11,0,0,1,56.72,21,9.84,9.84,0,0,1,57.59,25V61.38a9.68,9.68,0,0,1-.87,4.06,11,11,0,0,1-2.32,3.38A11.32,11.32,0,0,1,51,71.14,9.86,9.86,0,0,1,47,72Zm36.17-7.21a3.39,3.39,0,0,0,1.39-.28,3.79,3.79,0,0,0,1.16-.77,3.47,3.47,0,0,0,1.07-2.53v-36a3.55,3.55,0,0,0-.28-1.41,3.51,3.51,0,0,0-.77-1.16,3.67,3.67,0,0,0-1.16-.77,3.55,3.55,0,0,0-1.41-.28h-36a3.45,3.45,0,0,0-1.39.28,3.59,3.59,0,0,0-1.14.79,3.79,3.79,0,0,0-.77,1.16,3.39,3.39,0,0,0-.28,1.39v36a3.45,3.45,0,0,0,.28,1.39A3.62,3.62,0,0,0,9.4,64.51a3.45,3.45,0,0,0,1.39.28Zm18-43.45a13.14,13.14,0,0,0-1.16-5.5,14.41,14.41,0,0,0-3.14-4.5,15,15,0,0,0-4.61-3,14.14,14.14,0,0,0-5.5-1.1H15A10.73,10.73,0,0,1,21.88.51,10.93,10.93,0,0,1,25.21,0H50.38a20.82,20.82,0,0,1,8.4,1.71A21.72,21.72,0,0,1,70.29,13.18,20.91,20.91,0,0,1,72,21.59v25.2a10.93,10.93,0,0,1-.51,3.33A10.71,10.71,0,0,1,70,53.05a10.84,10.84,0,0,1-2.28,2.36,10.66,10.66,0,0,1-3,1.58Z"
                                        Fill="{TemplateBinding HeaderForeground}"
                                        IsHitTestVisible="false"
                                        Stretch="Fill" />
                                </Button>
                                <Button
                                    x:Name="PART_CloseWindowButton"
                                    Width="{Binding RelativeSource={RelativeSource Mode=Self}, Path=ActualHeight}"
                                    Cursor="Hand"
                                    Template="{DynamicResource WindowButtonTemplate}">
                                    <Path
                                        Width="15"
                                        Height="15"
                                        Data="M550.848 502.496l308.64-308.896a31.968 31.968 0 1 0-45.248-45.248l-308.608 308.896-308.64-308.928a31.968 31.968 0 1 0-45.248 45.248l308.64 308.896-308.64 308.896a31.968 31.968 0 1 0 45.248 45.248l308.64-308.896 308.608 308.896a31.968 31.968 0 1 0 45.248-45.248l-308.64-
```

```
308.864z"
                                                Fill="{TemplateBinding
HeaderForeground}"
                                                IsHitTestVisible="false"
                                                Stretch="Fill" />
                                        </Button>
                                    </StackPanel>
                                </Grid>
                                <Grid Grid.Row="1" ClipToBounds="True">
                                    <ContentPresenter />
                                </Grid>
                            </Grid>
                        </Ai:AiTransition>
                    </Border>
                    <ControlTemplate.Triggers>
                        <Trigger Property="WindowState" Value="Normal">
                            <Setter TargetName="winCnangePath" Property="Data" Value=
"M10.62,72a9.92,9.92,0,0,1-4-.86A11.15,11.15,0,0,1,.86,65.43,9.92,9.92,0,0,1,0,
61.38V10.62a9.92,9.92,0,0,1,.86-4A11.15,11.15,0,0,1,6.57.86a9.92,9.92,0,0,1,
4-.86H61.38a9.92,9.92,0,0,1,4.05.86,11.15,11.15,0,0,1,5.71,5.71,9.92,9.92,0,
0,1,.86,4V61.38a9.92,9.92,0,0,1-.86,4.05,11.15,11.15,0,0,1-5.71,5.71,9.92,9.92,
0,0,1-4.05.86Zm50.59-7.21a3.45,3.45,0,0,0,1.39-.28,3.62,3.62,0,0,0,1.91-1.91,3.45,
3.45,0,0,0,.28-1.39V10.79a3.45,3.45,0,0,0-.28-1.39A3.62,3.62,0,0,0,62.6,7.49a3.45,
3.45,0,0,0-1.39-.28H10.79a3.45,3.45,0,0,0-1.39.28A3.62,3.62,0,0,0,7.49,9.4a3.45,
3.45,0,0,0-.28,1.39V61.21a3.45,3.45,0,0,0,.28,1.39A3.62,3.62,0,0,0,9.4,64.51a3.45,
3.45,0,0,0,1.39.28Z" />
                        </Trigger>
                        <Trigger Property="IsShowHeader" Value="false">
                            <Setter TargetName="PART_Header" Property="Visibility"
Value="Collapsed" />
                        </Trigger>
                        <Trigger Property="ResizeMode" Value="NoResize">
                            <Setter TargetName="PART_MaxWindowButton" Property="Vis
ibility" Value="Collapsed" />
                        </Trigger>
                        <Trigger Property="Icon" Value="{x:Null}">
                            <Setter TargetName="Icon" Property="Visibility" Value="
Collapsed" />
                        </Trigger>
                        <Trigger SourceName="HeaderText" Property="Text" Value="">
                            <Setter TargetName="HeaderText" Property="Visibility"
Value="Collapsed" />
                        </Trigger>
                        <Trigger SourceName="HeaderText" Property="Text" Value=
"{x:Null}">
                            <Setter TargetName="HeaderText" Property="Visibility"
Value="Collapsed" />
                        </Trigger>
                    </ControlTemplate.Triggers>
                </ControlTemplate>
            </Setter.Value>
        </Setter>
    </Style>
</ResourceDictionary>
```

8.2.2.4 创建默认主题

主题资源文件，作用是整合一组资源样式，来形成一套主题。同一主题之内，风格统一；不同主题之间相互独立，风格迥异。

在 Themes 文件夹中，创建主题资源文件“Generic.xaml”，并在主题资源文件中引用上述样式资源，代码如下所示。

```
<ResourceDictionary xmlns="http://schemas.microsoft.com/winfx/2006/xaml/
presentation"
                    xmlns:x="http://schemas.microsoft.com/winfx/2006/xaml">
    <ResourceDictionary.MergedDictionaries>
        <ResourceDictionary Source="pack://application:,,,/SmallSixUI.
Templates;component/Styles/AiWindowStyle.xaml"></ResourceDictionary>
        <ResourceDictionary Source="pack://application:,,,/SmallSixUI.
Templates;component/Styles/AiTransitionStyle.xaml"></ResourceDictionary>
    </ResourceDictionary.MergedDictionaries>
</ResourceDictionary>
```

8.2.3 应用自定义控件

自定义控件库是一个独立的类库，需要在应用程序中引用才可以调用。

8.2.3.1 创建应用程序

在解决方案中，创建 WPF 应用程序“SmallSixUI.App”，并引用控件库“SmallSixUI.Templates”，如图 8-6 所示。

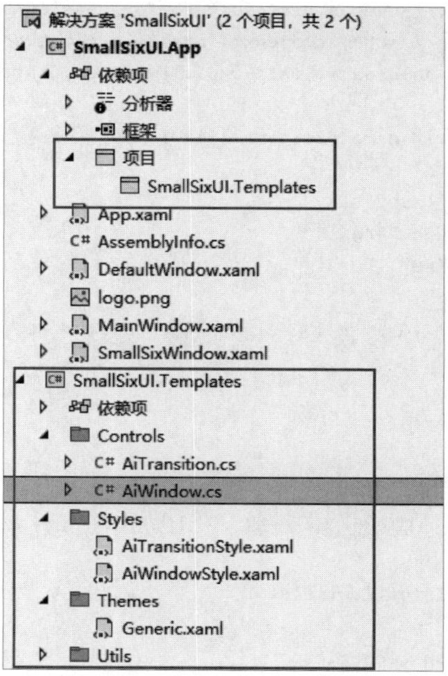

图 8-6 控件库应用示例

8.2.3.2 引入主题资源

在应用程序的启动类 App.xaml 中，引入主题资源文件，代码如下所示。

```
<Application x:Class="SmallSixUI.App.App"
             xmlns="http://schemas.microsoft.com/winfx/2006/xaml/presentation"
             xmlns:x="http://schemas.microsoft.com/winfx/2006/xaml"
             xmlns:local="clr-namespace:SmallSixUI.App"
             StartupUri="MainWindow.xaml">
    <Application.Resources>
        <ResourceDictionary>
            <ResourceDictionary.MergedDictionaries>
                <ResourceDictionary Source="pack://application:,,,/SmallSixUI.
Templates;component/Themes/Generic.xaml"></ResourceDictionary>
            </ResourceDictionary.MergedDictionaries>
        </ResourceDictionary>
    </Application.Resources>
</Application>
```

8.2.3.3 创建测试窗口

在应用程序中，创建测试窗口“SmallSixWindow.xaml”，添加控件库命名控件“Ai”，并修改窗口的继承类为“AiWindow”，然后设置窗口的背景色、标识（logo）、标题等，如下所示。

SmallSixWindow.xaml 文件中，代码如下所示。

```
<Ai:AiWindow x:Class="SmallSixUI.App.SmallSixWindow"
        xmlns="http://schemas.microsoft.com/winfx/2006/xaml/presentation"
        xmlns:x="http://schemas.microsoft.com/winfx/2006/xaml"
        xmlns:d="http://schemas.microsoft.com/expression/blend/2008"
        xmlns:mc="http://schemas.openxmlformats.org/markup-compatibility/2006"
        xmlns:Ai="clr-namespace:SmallSixUI.Templates.Controls;assembly=SmallSixUI.
Templates"
        xmlns:local="clr-namespace:SmallSixUI.App"
        mc:Ignorable="d"
        IsShowHeader="True"
        HeaderBackground="#446180"
        HeaderHeight="80"
        Icon="logo.png"
        Title="小六公子的UI设计窗口" Height="450" Width="800">
    <Grid>

    </Grid>
</Ai:AiWindow>
```

SmallSixWindow.xaml.cs 中修改继承类，代码如下所示。

```
using SmallSixUI.Templates.Controls;
using System;
using System.Collections.Generic;
using System.Linq;
```

```
using System.Text;
using System.Threading.Tasks;
using System.Windows;
using System.Windows.Controls;
using System.Windows.Data;
using System.Windows.Documents;
using System.Windows.Input;
using System.Windows.Media;
using System.Windows.Media.Imaging;
using System.Windows.Shapes;

namespace SmallSixUI.App
{
    /// <summary>
    /// XWindow.xaml 的交互逻辑
    /// </summary>
    public partial class SmallSixWindow : AiWindow
    {
        public SmallSixWindow()
        {
            InitializeComponent();
        }
    }
}
```

8.2.4 功能演示

通过 Visual Studio 中 F5 快捷键运行程序，默认窗口和自定义窗口对比效果如图 8-7、图 8-8 所示。

图 8-7　默认窗口

图 8-8　自定义窗口

附录

附录 1
C# 运算符优先级

运算符的优先级确定表达式中项的组合。这会影响一个表达式如何计算。某些运算符比其他运算符有更高的优先级，如“先乘除，后加减”。表 1 将按运算符的优先级从高到低列出各个运算符，优先级高的在表格的上面，优先级低的在表格的下面。

表 1　运算符优先级

<table>
<tr><th>类型</th><th>运算符</th><th>结合性</th></tr>
<tr><td>后缀</td><td>() [] -> . ++ --</td><td>从左到右</td></tr>
<tr><td>一元</td><td>+ - ! ~ ++ -- (type) * & sizeof()</td><td>从右到左</td></tr>
<tr><td>乘除</td><td>* / %</td><td>从左到右</td></tr>
<tr><td>加减</td><td>+ -</td><td>从左到右</td></tr>
<tr><td>移位</td><td><< >></td><td>从左到右</td></tr>
<tr><td>关系</td><td>< <= > >=</td><td>从左到右</td></tr>
<tr><td>相等</td><td>== !=</td><td>从左到右</td></tr>
<tr><td>位与</td><td>&</td><td>从左到右</td></tr>
<tr><td>位异或</td><td>^</td><td>从左到右</td></tr>
<tr><td>位非</td><td>|</td><td>从左到右</td></tr>
<tr><td>逻辑与</td><td>&&</td><td>从左到右</td></tr>
<tr><td>逻辑或</td><td>||</td><td>从左到右</td></tr>
<tr><td>条件</td><td>? :</td><td>从右到左</td></tr>
<tr><td>赋值</td><td>= += -= *= /= >>= <<= ^= |=</td><td>从右到左</td></tr>
</table>

附录 2
WPF 自带命令

WPF 自带的命令有很多，根据不同的功能，分为不同的模块。ApplicationCommands 提供的命令如表 2 所示。

表 2　ApplicationCommands 命令

命令名称					
CancelPrint 取消打印	Close 关闭	Help 帮助	New 新建	Redo 重做	Replace 替换
ContextMenu 上下文菜单	Copy 复制	NotACommand 始终被忽略	Open 打开	Save 保存	SaveAs 另存为
CorrectionList 更正列表	Cut 剪切	Paste 粘贴	Print 打印	SelectAll 全选	Stop 停止
Delete 删除	Find 查找	PrintPreview 打印预览	Properties 属性	Undo 撤销	

NavigationCommands 提供的命令如表 3 所示。

表 3　NavigationCommands 命令

命令名称					
BrowseBack 浏览向后	BrowseForward 浏览向前	Favorites 收藏夹	BrowseHome 浏览首页	NavigateJournal 导航日志	BrowseStop 浏览停止
Refresh 刷新	GoToPage 跳转页	FirstPage 第一页	PreviousPage 前一页	NextPage 下一页	Search 查询
IncreaseZoom 增大缩放	DecreaseZoom 减小缩放	Zoom 缩放	LastPage 最后一页		

MediaCommands 提供的命令，如表 4 所示。

表 4　MediaCommands 提供的命令

命令名称				
Play 播放	Stop 停止	IncreaseMicrophoneVolume 提高麦克风音量	FastForward 快进	ChannelDown 频道递减
Record 记录	Pause 暂停	TogglePlayPause 切换播放暂停	DecreaseBass 降低低音	ChannelUp 频道递增
Rewind 后退	Select 选择	ToggleMicrophoneOnOff 打开/关闭麦克风	IncreaseBass 提高低音	BoostBass 增强低音
PreviousTrack 上一曲目	NextTrack 下一曲目	DecreaseMicrophoneVolume 降低麦克风音量	DecreaseVolume 降低音量	IncreaseVolume 提高音量
MuteVolume 静音		MuteMicrophoneVolume 将麦克风静音	DecreaseTreble 降低高音	IncreaseTreble 提高高音

EditingCommands 提供的命令，如表 5 所示。

表 5　EditingCommands 提供的命令

命令名称			
AlignCenter 居中对齐	ToggleBold 切换加粗	MoveDownByLine 向下移动行	CorrectSpellingError 修正拼写错误
AlignJustify 两端对齐	ToggleInsert 切换插入	EnterLineBreak 输入换行	MoveDownByPage 向下移动页
AlignLeft 左对齐	ToggleSubscript 切换下标	DeleteNextWord 删除下一字	EnterParagraphBreak 输入换段
AlignRight 右对齐	ToggleSuperscript 切换上标	IgnoreSpellingError 忽略拼写错误	MoveLeftByCharacter 向左移动字符
Backspace 退格	ToggleItalic 切换斜体	IncreaseFontSize 增大字号	MoveLeftByWord 向左移动字
Delete 删除	ToggleUnderline 切换下划线	SelectDownByLine 向下选择行	MoveToDocumentStart 移动到文档开始
ToggleBullets 切换项目符号	ToggleNumbering 切换数字	SelectDownByPage 向下选择页	DecreaseFontSize 减小字号
MoveUpByLine 向上移动行	SelectUpByLine 向上选择行	SelectLeftByWord 向左选择字	SelectLeftByCharacter 向左选择字符
MoveUpByPage 向上移动页	TabBackward Tab 退后	SelectRightByWord 向右选择字	SelectToLineStart 选择到行头
MoveToLineEnd 移动到行尾	TabForward Tab 向前	SelectUpByPage 向上选择页	SelectUpByParagraph 向上选择段落
SelectToLineEnd 选择到行尾	MoveToLineStart 移动到行头	MoveDownByParagraph 向下移动段落	DecreaseIndentation 减少缩进
IncreaseIndentation 增加缩进	MoveRightByCharacter 向右移动字符	MoveRightByWord 向右移动字	MoveToDocumentEnd 移动到文档结尾
SelectRightByCharacter 向右选择字符	SelectToDocumentStart 选择到文档开始	SelectDownByParagraph 向下选择段落	MoveUpByParagraph 向上移动段落
DeletePreviousWord 删除前一个字			

ComponentCommands 提供的命令，如表 6 所示。

表 6　ComponentCommands 提供的命令

命令名称				
ExtendSelectionDown 向下扩展选择	MoveLeft 左移	MoveToHome 移动到开头	MoveToEnd 移动到末尾	MoveFocusUp 焦点上移
ExtendSelectionUp 向上扩展选择	MoveRight 右移	ScrollPageRight 向右滚动一页	MoveFocusBack 焦点后移	MoveFocusDown 焦点下移
MoveFocusPageDown 焦点页下移	MoveDown 下移	ScrollPageLeft 向左滚动一页	MoveToPageUp 移动到上一页	MoveToPageDown 移动到下一页
MoveFocusPageUp 焦点页上移	MoveUp 上移	ScrollPageDown 向下滚动一页	ScrollPageUp 向上滚动一页	ScrollByLine 按行滚动
ExtendSelectionLeft 向左扩展选择	SelectToHome 选择到开头	SelectToPageDown 选择下一页	SelectToPageUp 选择上一页	SelectToEnd 选择到末尾
ExtendSelectionRight 向右扩展选择	MoveFocusForward 焦点前移			